二、隐藻门（Cryptophyta）

蓝隐藻属（*Chroomonas*）

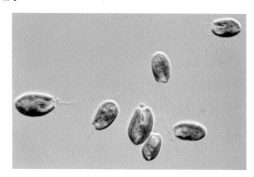

三、金藻门（Chrysophyta）

1. 鱼鳞藻属（*Mallomonas*）

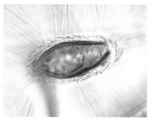 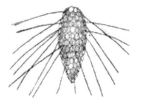

2. 黄群藻属（*Synura*）

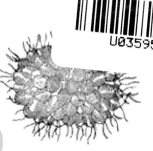

四、甲藻门（Pyrrophyta）

1. 裸甲藻属（*Gymnodinium*）

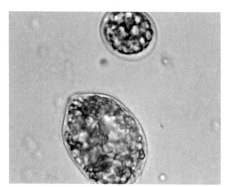 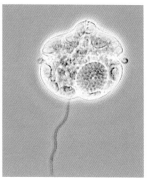

2. 角甲藻属（*Ceratium*）

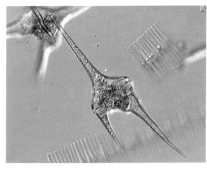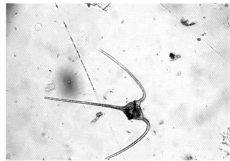

五、黄藻门（Xanthophyta）

黄丝藻属（*Tribonema*）

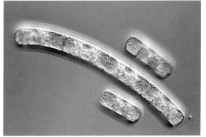

六、裸藻门（Euglenophyta）

1. 裸藻属（*Euglena*）

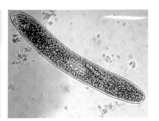

2. 扁裸藻属（*Phacus*）

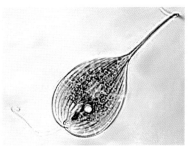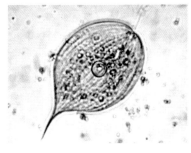

七、硅藻门（Bacillariophyta）

1. 直链藻属（*Melosira*）

2. 舟形藻属（*Navicula*）

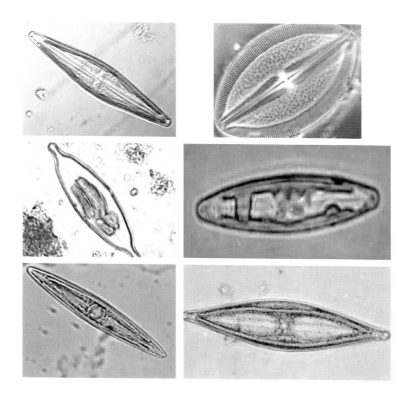

3. 羽纹藻属（*Pinnularia*）

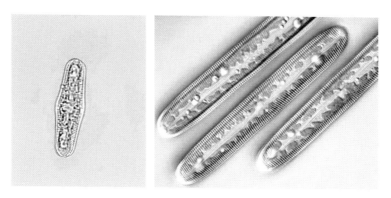

4. 异级藻属（*Gomphonema*）

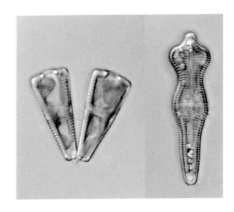

5. 桥弯藻属（*Cymbella*）

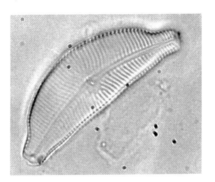

八、绿藻门（Chlorophyta）

1. 绿梭藻属（*Chlorogonium*）

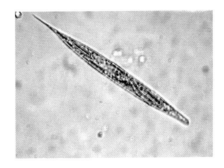

2. 纤维藻属（*Ankistrodesmus*）

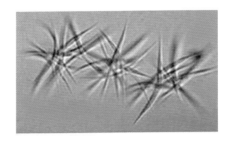

3. 盘星藻属（*Pediastrum*）

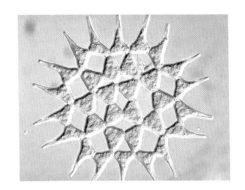

4. 栅藻属（*Scenedesmus*）

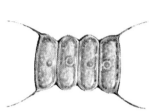 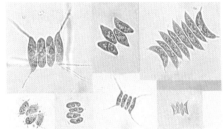

5. 鼓藻属（*Cosmarium*）

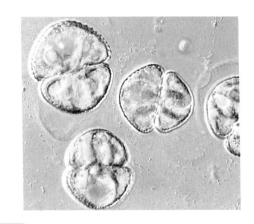

九、原生动物门（Protozoa）

（一）肉足虫纲

1. 变形虫属（*Amoeba*）

  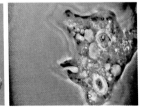

2. 盖氏虫属（*Glaeseria*）

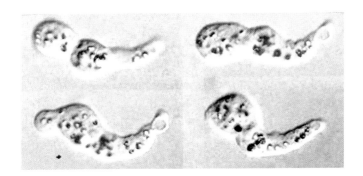

3. 表壳虫属（*Arcella*）

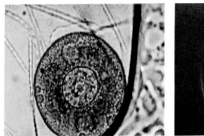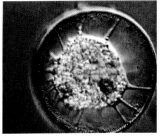

4. 砂壳虫属（*Difflugia*）

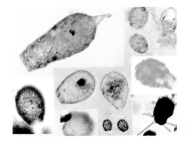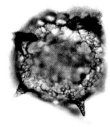

5. 太阳虫属（*Actinophrys*）

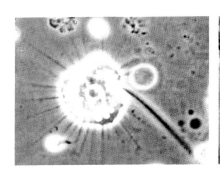

（二）纤毛虫纲

6. 喙纤虫属（*Loxodes*）

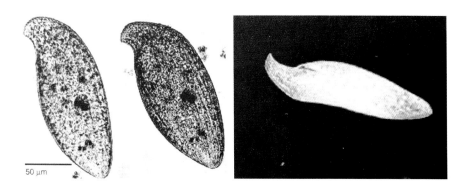

7. 刀口虫属（*Spathidium*）

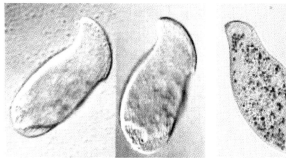
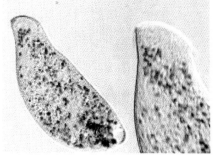

8. 漫游虫属（*Litonotus*）

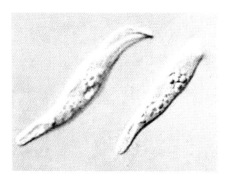
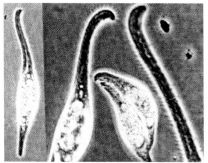

9. 篮口虫属（*Nassula*）

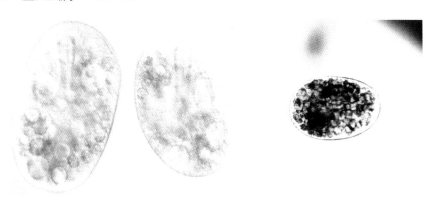

10. 足吸管虫属（*Podophrya*）

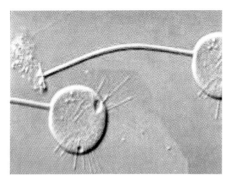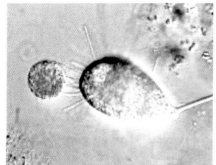

11. 锤吸管虫属（*Tokophrya*）

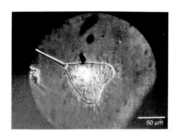

12. 草履虫属（*Paramecium*）

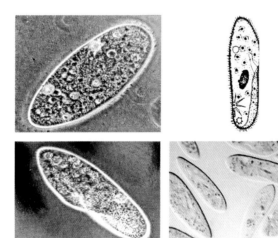

13. 钟虫属（*Vorticella*）

14. 独缩虫属（*Carchesium*）

15. 聚缩虫属（*Zoothamnium*）

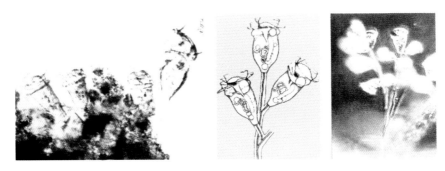

16. 累枝虫属（*Epistylis*）

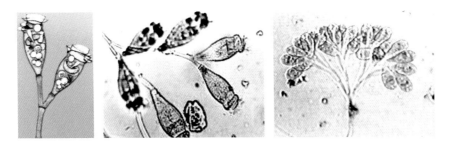

17. 旋口虫属（*Spirostomum*）

18．喇叭虫属（*Stentor*）

19．棘尾虫属（*Stylonychia*）

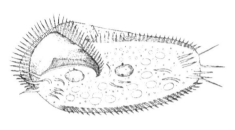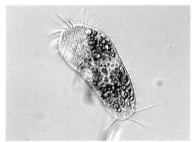

20．楯纤虫属（*Aspidisca*）

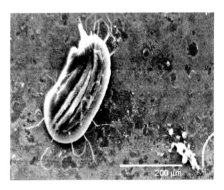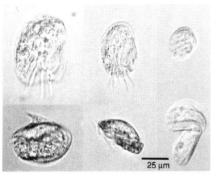

21．游仆虫属（*Euplotes*）

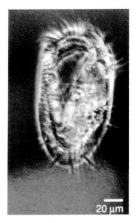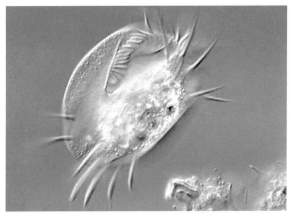

1. 旋轮虫属（*Philodina*）

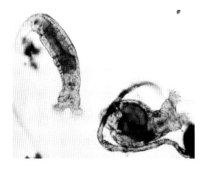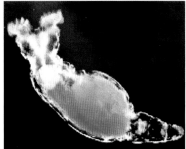

2. 猪吻轮虫属（*Dicranophorus*）

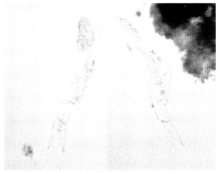

3. 臂尾轮虫属（*Brachionus*）

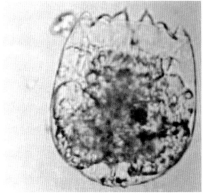

4. 异尾轮虫属（*Trichocerca*）

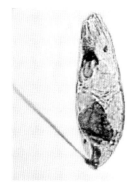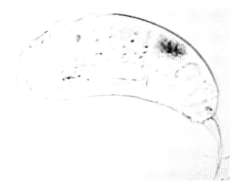

5. 平甲轮虫属（*Platyas*）

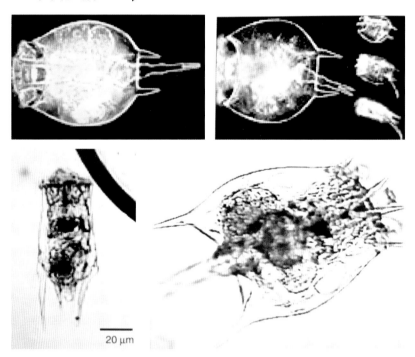

20 μm

6. 单趾轮虫属（*Monostyla*）

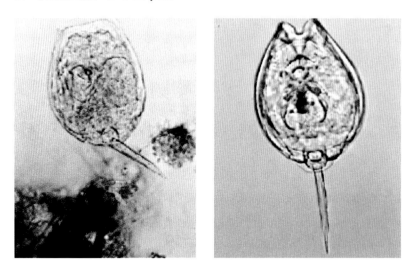

7. 巨头轮虫属（*Cephalodella*）

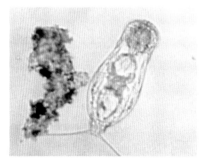
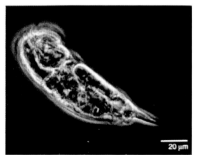

20 μm

"十四五"职业教育国家规划教材

荣获中国石油和化学工业优秀教材奖一等奖

环境微生物

第四版

周凤霞　主编

白京生　副主编

化学工业出版社

·北京·

内 容 提 要

本书内容包括微生物学的理论基础、微生物在自然界物质循环中的作用、微生物对环境的污染与危害、微生物对自然界中各种天然的及人工合成的污染物转化与降解的作用和机理、微生物在污水和固体废物处理中的应用、水的卫生细菌学检验、环境微生物新技术以及环境微生物实训。在保证理论知识的前提下，突出了技能的培养。

本书贯彻生态文明思想，践行绿水青山就是金山银山的理念。推动绿色发展，促进人与自然和谐共生，充分体现了党的二十大精神进教材。

本书为高职高专环境类专业教材，也可供其他相关专业师生和从事环境保护工作的科技人员参考。

图书在版编目（CIP）数据

环境微生物/周凤霞主编．—4 版．—北京：化学工业出版社，2020.7（2025.6重印）

普通高等教育"十一五"国家级规划教材 "十二五"职业教育国家规划教材 经全国职业教育教材审定委员会审定

ISBN 978-7-122-36759-4

Ⅰ.①环… Ⅱ.①周… Ⅲ.①环境微生物学-高等职业教育-教材 Ⅳ.①X172

中国版本图书馆 CIP 数据核字（2020）第 078466 号

责任编辑：王文峡　　　　　　　　装帧设计：韩　飞
责任校对：王　静

出版发行：化学工业出版社（北京市东城区青年湖南街 13 号　邮政编码 100011）
印　　装：高教社（天津）印务有限公司
787mm×1092mm　1/16　印张 14　彩插 6　字数 347 千字　2025 年 6 月北京第 4 版第 13 次印刷

购书咨询：010-64518888　　　　　　售后服务：010-64518899
网　　址：http://www.cip.com.cn
凡购买本书，如有缺损质量问题，本社销售中心负责调换。

定　　价：49.00 元

前　言

《环境微生物》自 2003 年出版以来，分别在 2008 年、2014 年进行了两次修订，更新完善了内容。

该教材通过评审立项为普通高等教育"十一五"国家级规划教材和"十二五"职业教育国家规划教材，深受广大师生和相关科技工作者的喜爱，实现了多次重印。随着职业教育的不断发展，对教材的要求越来越高，因此不断提高教材质量和实用性势在必行。本次修订的内容如下。

（1）增加了一些配套的数字化素材，读者通过扫二维码就可以直接观看学习。

（2）增加了一些藻类、原生动物和轮虫的彩色图片。

（3）更新了一些内容和数据。

本书充分体现了党的二十大精神进教材，贯彻生态文明思想，践行绿水青山就是金山银山的理念。推动绿色发展，促进人与自然和谐共生。

本书经过修改后，有配套的电子素材，其实用性和可读性更强。可供高职高专环境类专业使用，也可用于广大从事环境保护工作的科技人员参考。

本书第一版由周凤霞、白京生主编，王春莲参编，第四版由周凤霞主编，白京生副主编，长沙环境保护职业技术学院的周凤霞、胡肖容和湖南省生态环境监测总站尹福祥执笔修订，全书由周凤霞统稿。

由于编者水平有限，书中难免有疏漏和不妥之处，恳请广大读者批评指正。

编者

第一版前言

环境科学是一门综合性极强的学科，涉及自然科学、人文社会科学和工程技术等广泛领域。环境微生物学是环境科学的一个重要分支。环境微生物学是 20 世纪 60 年代环境问题成为全球性重大问题时，由微生物学和环境科学相互渗透而形成的一门边缘学科。了解和掌握环境微生物学的基本原理和方法，是环境类专业人才认识和解决环境问题所必需的。本教材是教育部高职高专国家规划教材，供高等职业技术学院和高等专科学校环境类专业使用。也可供其他专业师生和从事环境保护工作的科技人员参考。

高等职业教育面向生产和服务第一线，培养实用型的高级专门人才。因此，本书的指导思想是突出高职特色，着力体现实用性和实践性，使理论与实践相结合，着重培养学生的应用能力。在编写过程中，适当地降低了理论知识的深度和广度，以"实用、够用"为原则，力求创新，努力反映新知识、新技术和新的科研成果，尽量与生产应用实践保持同步。在章节之间链接一些相关的知识或阅读材料，拓展学生的知识视野，增加本书的可读性。本书共分为 9 章，在每章之前提出学习指南，章后进行小结并给出复习思考题，以便于学生更好地学习和掌握有关知识。

本教材全面地阐述了环境微生物学的理论基础、微生物在自然界物质循环中的作用、微生物对环境的污染与危害、微生物降解与转化污染物质的机理、微生物在污水和固体废物处理中的应用、水的卫生细菌学检验、环境微生物新技术在环境工程中的应用以及环境微生物学实验技术。在编写中既重视理论知识，又突出技能的培养。

本书分为理论教学和实践教学两部分，理论教学第 1 章、第 8 章由白京生编写，第 2 章由周凤霞编写，第 3 章、第 5 章由周凤霞和白京生编写，第 4 章、第 6 章由王春莲编写，第 7 章、第 9 章由白京生和周凤霞编写，实验一、二、四、六、八由王春莲编写，实验三、五、七由王春莲和周凤霞编写，全书由周凤霞统稿。

本书由南开大学环境科学与工程学院胡国臣教授主审，并提出了宝贵的意见和建议，在此表示感谢。

鉴于编写水平和时间的限制，本书可能存在疏漏和不足之处，真诚希望有关专家及老师和同学们批评指正。

编者谨向被本书引用为参考资料的书刊的作者表示衷心感谢。

编者

2003 年 4 月

第二版前言

《环境微生物》第 1 版于 2003 年出版，至今已经有 5 年了。 5 年来，作为教育部高职高专规划教材，被广大相关的高职高专院校选用，深受广大使用者好评，实现了多次重印。 2006 年该书被列入普通高等教育"十一五"国家级规划教材。随着科学的不断发展和社会的进步，环境微生物与环境保护的关系越来越受到人们的重视，学科之间的相互渗透使环境微生物的内容越来越丰富，极大地促进了环境微生物的发展。尤其是近几年职业教育的不断深入，环境微生物的教学内容、教学方法和教学目标等都在不断地进行改革，以培养适应环保职业岗位需求的高素质技能型人才。因此，适时修改、更新《环境微生物》的内容，就显得十分必要。

笔者总结了这 5 年来教学和科研实践经验，在广泛听取教师和学生意见的基础上，阅读了大量的参考资料，对教材在如下几个方面进行了修改和更新。

① 在每章之前都增加了本章学习要求，使教学目标更加明确。

② 第 7 章增加了"活性污泥的培养""活性污泥运行中的常见问题"和"挂膜"的方法。

③ 实训部分增加了"蓝细菌的形态观察""藻类的形态观察""微型动物的形态观察""酵母菌的形态观察与大小测定技术""微生物显微直接计数法""空气中微生物的检测""水中细菌菌落总数（CFU）的测定""水中大肠菌群数的检测——多管发酵法""水中粪大肠菌群数的检测——多管发酵法""大肠菌群数的检测——滤膜法" 10 个实训内容。

本教材经修改和更新后，更加明确了教学目标，体现了高职教育的应用特色和能力本位。可供高职高专环境类专业使用，也可供其他专业师生和从事环境保护工作的科技人员参考。

本书分为 10 章，前 9 章为理论部分，第 10 章为实训部分。本书由周凤霞、白京生、王春莲编写，第二版由长沙环境保护职业技术学院的周凤霞统稿，其中实训部分由周凤霞和熊美阳编写，其他章节均由周凤霞执笔改编。

由于编者水平有限，书中难免有不妥之处，恳请广大同仁、读者批评指正。

编者
2008 年 4 月

第三版前言

本书第一版于 2003 年出版，至今已有 10 余年了。 10 多年来，作为教育部高职高专规划教材，广为各兄弟院校采用，实现了多次重印。环境微生物作为环境科学的一个重要分支，与环境保护的关系越来越受到人们的重视，学科之间的相互渗透使环境微生物的内容更加丰富，极大地促进了环境微生物的发展。随着职业教育的不断深入和提高，根据技术领域和职业岗位的任职要求，参考相关的职业资格标准，环境微生物在教学内容，教学方法与手段及教学目标等各方面，体现职业特色，强化职业能力培养。

笔者总结了这些年来教学和科研实践经验，广泛听取教师和学生的意见，并阅读了大量的参考资料，在第二版的基础上对教材以下几个方面进行了更新和完善。

① 第 1 章内容增加了"微生物命名"。

② 第 2 章对"芽孢"内容进行了修改，增加了"环境工程中常见的细菌种属""原生动物在污水生物处理中的作用""污水处理过程中对病毒的去除效果"。

③ 第 3 章增加了"生长曲线在污水生物处理中的应用""影响高温灭菌效果的因素"。

④ 第 5 章节中对相关链接 5-1 的内容进行了更新。

⑤ 实训部分将第一个实训内容更换为"光学显微镜的使用及微生物个体形态的观察"和"细菌的革兰染色"两个实训内容，将原实训四和实训八的内容合并为一个实训，即"环境中主要微生物菌落、菌体形态的识别及大小测定技术"、原实训五和实训六的内容合并为一个实训，即"蓝细菌及藻类的形态观察"，对原实训"水中细菌菌落总数（CFU）的测定"及"水中大肠菌群数的检测——多管发酵法"和"水中粪大肠菌群数的检测——多管发酵法"的内容进行了修改。

本教材经过修改和更新后，更加明确了教学目标，体现了高职教育的应用特色和能力本位。可供高职高专环境类专业使用，也可供其他专业师生和从事环境保护工作的科技人员参考。

本书分为 10 章，前 9 章为理论部分，第 10 章为实训部分。本书由周凤霞、白京生、王春莲编写，第三版由长沙环境保护职业技术学院的周凤霞、张璐和湖南省环境监测中心站的尹福祥改编，由周凤霞统稿。

由于编者水平有限，书中难免有不妥之处，恳请广大同仁、读者批评指正。

编者

2014 年 11 月

目　录

8 水的卫生细菌学检验 139

9 环境微生物新技术 147

附录　　　　　　　　　　　　　　　　　　　　　　　　　　　　　　　208

参考文献　　　　　　　　　　　　　　　　　　　　　　　　　　　　　212

二维码一览表

1 绪 论

学习指南

环境微生物学是由微生物学发展起来的新兴学科，是环境科学和环境工程的基础学科。它以微生物学理论和技术为基础，在研究微生物学一般规律的同时，注重微生物和环境之间相互作用的规律，并将其作用规律运用于环境质量监测、污染控制和环境调控。微生物活动对环境和人类产生的有益和有害的影响以及在环境污染控制工程中有关的微生物学原理的研究，是环境科学的重要理论基础。

本章学习要求

知识目标：了解微生物的分类、命名，它与动植物和人类的关系；
　　　　　掌握微生物的概念、微生物的特点；
　　　　　明确环境微生物的学习内容和主要任务。

技能目标：学会在生活中发现微生物的存在；
　　　　　在日常活动中能合理利用微生物；
　　　　　懂得预防微生物的危害性。

素质目标：树立"坚持人与自然和谐共生"的生态文明建设理念；
　　　　　树立健康安全意识。

重点：微生物的特点。

难点：合理利用微生物；安全预防微生物。

1.1　微生物在自然界的地位

微生物（microorganism）不是分类学上的名词，它是一切肉眼看不见的或看不清的微小生物的总称。它们包括：原核生物，如细菌、放线菌和蓝细菌（蓝藻）等；真核生物，如真菌（霉菌和酵母菌）、微型藻类和原生动物等；非细胞生物，病毒类。也有人将多细胞的微小动物（微型后生动物）归属微生物。不同微生物分属不同生物类群，在自然界具有不同的作用。

1.1.1　微生物的分类

在旧的两界生物分类系统中，根据生物细胞有无细胞壁、主动运动能力和合成各种细胞物质的能力等，将生物分为动物界和植物界。据此，微生物中的病毒、细菌、放线菌、真菌和藻类被分在植物界，而原生动物被分在动物界。这种分类方法在科研实践中发现具有诸多不便和矛盾，所以产生了三界、五界和六界分类系统。在六界分类系统中，将所有生物分为植物界、动物界、真核原生生物界、真菌界、原核生物界和病毒界。据此，根据微生物

1.1　微生物的分类

的形态结构，它们的分类地位如表 1-1 所示。

表 1-1　微生物的分类地位

微生物类群	所属生物界	微生物类群	所属生物界
病毒	病毒界	细菌 放线菌 蓝细菌(蓝绿藻)	原核生物界
霉菌 酵母菌	真菌界	原生动物 藻类	真核原生生物界

1.1.2　微生物命名

与其他生物一样，每种微生物（除病毒外）均有一个国际通用的用拉丁文命名的名字，采用瑞典植物学家林奈的"双名法"命名原则，即：属名＋种名＋定名人。

双名制就是采用 2 个拉丁文组成一个学名，由微生物所属的属名和种名组成。属名在前，种名在后，均用斜体字。属名第一个字母必须大写，是拉丁文名词或拉丁化的名词。种名则需小写，是拉丁文或拉丁化的形容词。命名者的姓名或发表年份用正体字表示，写在学名后，一般可省略，例如大肠埃希杆菌的学名为 *Esoherichia coli.* 如果只将细菌鉴定到属，没有鉴定到种，则该细菌的名称只有属名，没有种名。如芽孢杆菌属的名称是 *Bacillus*。

病毒的命名方法目前采用英语通用名。

1.1.3　微生物与动植物和人类的关系

由微生物在自然界的功能可知，若没有微生物，植物所需 CO_2 和氮素营养物来源将失去 90％以上，其生活将难以维持长久，因而会逐渐消亡，在地球上所剩下的只是各种生物的尸骸。植物的消失，将使动物失去氧的来源，因此地球上的生物的末日会即刻到来。由此可知，生物圈内，尤其是同处于一个生态系统中的微生物与植物、动物和人是紧密相关、相互支持和相互制约的。相比之下，包括人类在内的高等生物对微生物的依赖性要远大于微生物对高等生物的依赖性。

1.1.3.1　微生物与植物的关系

植物是典型的自养生物，它们的生活离不开碳、氮、硫、磷的无机化合物和水，但是除水以外，其他元素的无机化合物在地球上的现存量是有限的，植物的繁衍对其需求则是无限的，所以地球上如没有微生物生活，必然导致植物营养枯竭，使植物难以生存。因此，植物的生活是高度依赖于微生物生命活动的。另外，植物的病原体中不少是微生物，所以植物的生长又受到微生物的限制。反过来，植物的生长又为微生物，特别是异养微生物提供大量可利用碳源和能源物质，使微生物在自然界顺利繁衍，并保持其较高的生物量和群落活性。

1.1.3.2　微生物与动物的关系

动物是直接或间接以植物和自养微生物合成的有机物为食物的生物。在营养方面它们也受微生物的影响。动物对植物性有机物，特别是纤维素、木质素等难消化有机物是较难利用的，而微生物对以上物质的分解使其变为易被动物消化的有机物，因此可提高动物对植物性有机物的利用率，扩大动物的食物来源，如牛、羊、鹿、骡、马、驴等食草动物就是在其胃中的微生物帮助下较好地利用植物性营养物的。微生物还能够产生多种动物病原体的抑制物，如酸性物质、抗生素等，还能产生动物生活的必需活性物质，如某些维生素和动物本身不能合成的氨基酸。因此，动物与微生物共生共存是其生存、繁衍的必要条件。

动物的病原体中也有不少是微生物。病原微生物同样可引起动物病害和死亡，这是动物群落、种群发展的限制因素。但是，这又可造成动物的优胜劣汰，保持地球上动物群落的活性和平衡。

1.1.3.3 微生物与人类的关系

可以说人类的日常生活、衣食住行、经济发展、美好环境的保持和创造等都离不开微生物。因此，研究微生物的特性，最大限度地利用其有益的一面，限制其有害作用，将是人类生存和发展必不可少的工作。人类发展需要微生物，人类发展也需要防治微生物。

微生物和人类的关系与微生物和动物的关系十分相似，在说到微生物与人类的关系时，人们总是将微生物分为有益微生物和有害微生物。有害微生物通常指那些可导致人类疾病和死亡的病原体微生物；有益微生物则指那些有助于人类生产和生活的微生物，以及能够使污染物净化的微生物。例如有的微生物可用于生产可口的饮料，有的可用于生产生产资料（如丙酮、丁醇、甲烷等），有的可用于生产抗生素、维生素等药品，有的可作为人类的美食（如蘑菇、木耳、银耳等），还有很多微生物可作为污染物的净化者等。但是，有益和有害是不能截然分开的，任何有益微生物在不适当的时间和地点过量繁殖对人类都可能是有害的。例如多数异养微生物都具有净化有机污染物的作用，在环境污染控制中具有重要作用，但是其中任何一种微生物在生产资料或生活用品上大量繁殖都可使之失去应用价值。总之，人类的食物来源间接受微生物影响，人类健康离不开微生物，人类的生产、生活离不开微生物。

拓展阅读 1

扫描二维码可拓展阅读《坚持人与自然和谐共生》。

1.2 微生物的特点

微生物种类繁多，形态各异，营养类型庞杂，但都表现为简单、低等的生命形态。微生物在自然环境和污染环境中的作用是与它们的特性紧密相关的。微生物除具有各种生物共有的生物学特性外，如能从其环境中吸取营养并将废物排入环境、遗传变异、生长繁殖、对其环境的变化做出反应等共性；还具有其形态结构、代谢活性、生理类型、代谢灵活性和生态分布等方面的特性。

1.2 微生物的特点

1.2.1 个体极小，结构简单

微生物的共同特点之一是个体微小，结构简单，必须借助显微镜，甚至用电子显微镜把它们放大几十万倍才能看到。测量微生物需用测微尺，细菌以微米（μm）为计量单位；病毒比细菌还小，用纳米（nm）为计量单位。在微生物世界里，个体最小的是类病毒和朊病毒，它们大约是病毒大小的1/100。微生物结构简单，如细菌、原生动物、单细胞藻类、酵母菌都为单细胞生物。霉菌是微生物中结构最复杂的类群，它们也只是多细胞的简单排列，无组织器官分化。因此，微生物的每个细胞都能与其环境直接进行物质交换。它们都能在适宜的环境中生长繁殖，形成自己的种群，并执行一定的功能。认识微生物这一特性对于研究微生物的生理、遗传、代谢、生态和在环境科学中的应用都具有重要意义。

1.2.2 容易变异、种类繁多

微生物对环境条件敏感，容易发生变异。在外界条件出现剧烈变化时，多数个体死亡，少数个体可发生变异而适应新的环境。由于微生物个体微小、结构简单，在环境发生变化时每个细胞都能直接感觉环境的刺激或压力，所以它们比其他生物对环境变化更敏感，易对变化了的环境产生适应，在不适宜理化因素的压力下易发生遗传上的变异。因此，虽然微生物个体形态类型不多，但是它们的种类却很多，目前已知细菌有数千种，霉菌有 10 万多种，放线菌 1500 多种，原生动物 68000 多种等。而且，由于其容易变异而适应新的环境，形成了多种生理类型。以营养类型分，有光能自养型、光能异养型、化能自养型和化能异养型；从新陈代谢对氧的依赖性分，有好氧、厌氧和兼性厌氧三种类型；以生长温度分，有高温型、中温型和低温型。其他方面又可根据生长适宜的 pH 值、干旱、压力等分成不同生理类型。这样就可以对不同应用目的提供不同微生物资源。

1.2.3 分布广泛、代谢灵活

微生物在自然界分布极广，不论是土壤、水体和空气，还是植物、动物和人体的内部或表面，都存在大量微生物。上至 80000 多米的高空，下至 3000 多米的油井，冷至南北极地，热至几百度的深海火山口内，都有微生物的踪迹，可谓无孔不入，无所不在。

微生物代谢活跃，由于个体小，相应的比表面积很大，能迅速地从环境中吸取各种营养物质，排出大量代谢产物。微生物不仅不同种类具有不同的代谢方式，使之适于在不同环境中生活，而且有的同种微生物在不同环境中具有不同的代谢方式，如酵母菌等兼性厌氧菌，既能在有氧环境中生活，也能在无氧环境中生活，而且在不同环境中对营养的利用方式和产物也不相同。这使它们具有应付环境条件变化的能力，在环境条件发生较大变化时，能快速适应，并执行新的功能。

1.2.4 繁殖迅速、作用甚大

微生物具有极高的繁殖速度，在生长旺盛时，有些细菌每 20min 就能增殖 1 代，24h 可增殖 72 代，如果没有其他条件限制，经过一昼夜 1 个细菌就可增至 $4×10^{12}$ 亿个。微生物结构简单，其中每一个细胞都可与其环境直接进行物质交换，吸收和利用环境中的营养，不需在体内组织和器官中传递，可直接用于细胞物质的合成。生物学家们的研究表明，生物的代谢率与其比表面积（表面面积与体积的比）成正相关，而微生物个体微小，比表面积大，以直径为 $1\mu m$ 的球菌为例，其比表面积是体积 $1cm^3$ 的生物的 10000 倍，所以微生物能以极高的速度同化其环境中的营养物质，同时进行快速的繁殖。试验表明，一头重 500kg 的牛在 24h 内仅可产生 0.5kg 的蛋白质；而 500kg 酵母菌，在同样时间内则可产生 50000kg 的蛋白质。又如乳酸菌每小时可同化相当自身体重 1000～10000 倍的糖，而一个 90kg 的人同化相当自身体重 1000 倍的糖需 200 多万小时。这使微生物在污染物净化和废水处理中具有巨大的应用潜力。

1.3 环境微生物的内容和任务

1.3 环境微生物的内容和任务

1.3.1 环境微生物的内容

环境微生物是研究微生物与人类生存环境之间相互关系与作用规律的科学，它着重研究微生物对人类环境所产生的有益和有害的影响，阐明微生物、污染物与环境三者之间的相互关系及作用规律，是环境科学的一个分支学科。环境微生物作为环境科学专业的重要课程，主要包括以下内容。

1.3.1.1 微生物的基础知识

微生物在环境研究和实践中的应用，实际上是微生物学原理和技术的应用。本课程的教学对象是未接受过微生物基础理论和技术教育的环境类专业的高职高专学生，所以在他们接受环境微生物理论和技术训练前，必须掌握微生物的基础理论和基本技术。例如：①微生物所包括的类群及其特征；②微生物的生理特性和代谢规律；③微生物的遗传特性及其遗传变异与环境条件的关系；④微生物生态学原理和研究方法；⑤微生物的生长和生长测定技术；⑥微生物在自然界物质循环中的作用等。通过微生物基础理论和技术的教学，进一步掌握有关环境微生物的基础理论知识和技术。

1.3.1.2 微生物与环境污染

环境微生物既有有利的一面，也有不利的一面。对人和生物有害的微生物污染大气、水体、土壤和食品，可影响生物产量和质量，危害人类健康，这种污染称为微生物污染。按照被污染的对象，可分为大气微生物污染、水体微生物污染、土壤微生物污染、食品微生物污染等。根据危害方式，则可分为病原微生物污染、水体富营养化、微生物代谢物污染等。微生物病原体污染，是最重要的微生物污染，如水体常由于生活污水、医院污水、畜禽食品加工废水、皮革加工废水等而受到污染。微生物代谢产物的污染，主要包括微生物代谢产生的毒素的污染。微生物还会引起材料腐败和腐蚀，它们不仅侵害大多数有机物，而且还侵害金属、水泥、电子元件和玻璃等。因此，了解微生物对环境和人类生活资料、生产资料及人体健康的危害及掌握防治技术是必要的。

1.3.1.3 微生物在环境污染治理中的应用

目前微生物技术是在环境保护工作中应用最广、最为重要的单项技术，其在水污染控制、大气污染防治、有毒有害物质的降解、清洁可再生能源的开发等环境保护各个方面，发挥着极为重要的作用。

环境中的污染物，在自然界经过迁移、转化，绝大多数将汇入水体，使水体不断受到污染的胁迫。污水生物处理方法的基本原理就是利用微生物群体能直接或间接的把水中有机污染物作为营养源，在满足微生物生长的同时，又使污染物得以降解，达到净化水质的目的，使其无害化，同时也使污水中的重金属适当转化。由于生物处理法对污染物质降解较彻底，无二次污染或二次污染较少，且运行费用较低，因而被广泛应用。生物处理方法主要包括活性污泥法、生物膜法、生物滤池、生物转盘、氧化塘等，可根据被处理的污水性质以及各种处理方法的特点来选择较为适宜的处理方法。污水处理装置中的生物种类、生物数量、生物形态及活性等同时也是判断污水处理装置运转正常与否的重要指标。

空气质量对人类健康有着直接的影响。利用微生物对污染空气进行净化并不普遍，可控条件下采用微生物处理法还是比较经济、高效的。例如：从松藻煤矿分离到氧化亚铁硫杆菌，在 pH 值为 $1.55\sim1.70$ 的条件下，利用浸出法可使每种黄铁矿硫的去除率达到 $86.11\%\sim95.16\%$，从而达到减少燃煤中 SO_2 等含硫气体的排放。

随着现代工业的发展和人们生活水平的提高，各种污染物源源不断地排入水体和土壤，环境中的微生物受到多因素的诱导，发生变异，产生更能适应新环境的新品种，使微生物种类更加丰富。当今国内外各种城市污水、生活污水、有机工业废水的处理绝大多数采用生物法为主体，甚至有毒废水和工业废弃物（如废电池）均可用微生物方法处理。

1.3.1.4 环境微生物监测

环境监测是了解环境现状的重要手段，它包括化学分析、物理测定和生物监测三个部分。生物监测是利用生物对环境污染所发出的各种信息来判断环境污染状况的过程。生物长期生活于自然环境中，不仅能够对多种污染做出综合反映，还能反映环境污染历史。因此，生物监测取得的结果具有重要的参考价值。微生物监测是生物监测的重要组成部分，具有其独特的作用。

微生物具有生理类型多、世代周期短、适应性强、分布广等特性，因此非常适合作为环境监测指标生物。近年来除常规微生物监测技术外，在病原体指示生物和环境毒理学检测方面有了较大发展。

（1）病原体指示生物　多年来总大肠菌群数一直作为病原体的数量指标。但因为大肠菌群在对不利环境因素的抗性方面不如某些病原体，所以其应用价值受到限制。近年来有关科学家在寻找新的指示生物中发现细菌噬菌体与人、动物和植物病毒有着相似的特性，而且对操作人员安全无害。

（2）微生物环境毒理监测　环境毒理监测主要是鉴别有毒有害化合物、工业废水、固体废物和受污染环境的毒性，以及对生物群落功能和对人体的危害。这方面多年来一直以高等动物，如鱼、鼠、兔、猫等为试验生物，试验周期长、费用高，易受环境和季节等因素影响，所以有关工作者将目光转向了微生物。

在三致（致癌、致畸、致突变）物质监测方面出现了一批微生物新方法，如 Ames 实验。在其他毒性试验方面也出现了一批微生物新方法，如发光细菌法、脱氢酶活性法、硝化细菌法、藻类和原生动物法、微生物分子生物学方法等。其中发光细菌法已成为标准方法。

环境微生物监测的主要内容包括常规微生物监测的原理和技术，以及监测结果在环境影响评价中的应用，同时介绍环境微生物监测新技术的研究动向。

1.3.2　环境微生物的任务

环境微生物的任务主要有以下几个方面。

① 研究自然环境中的微生物群落、结构、功能与动态，研究微生物在不同生态系统中的物质转化和能量流动过程中的作用与机理，同时可以调查自然环境中的微生物资源，为保存和开发有益微生物和控制有害微生物提供科学资料，使微生物在生态系统中发挥更好的作用。

② 在环境污染日益严重的情况下，环境微生物学者着重研究污染环境下的微生物，即研究微生物对环境污染物的降解与转化的机理，提高微生物对污染净化的效率。目前，在废水、废气、废渣的处理方法中，生物处理法占重要地位，而微生物是废物生物处理的主体。因此，环境微生物要不断地分离筛选一些对污染物具有高效降解能力的菌株，研究它们的代谢途径；同时，研究开发一些利用微生物降解污染物的应用技术，以便更好地利用微生物处理各种污染物。

③ 研究微生物对环境的污染及破坏作用，以及引起环境质量下降的原因与规律，以便防止、控制、消除微生物的有害活动，化害为利。

④ 研究环境污染对微生物的影响及其生态作用，即研究污染物对污染环境中微生物群落结构和功能的影响以及污染环境中污染强度与微生物群落特性的关系，以确定污染强度对环境质量和功能的影响。

⑤ 开展利用微生物监测和评价环境污染的技术研究，促进环境监测技术的发展。

1.4　环境微生物的发展

　　环境微生物学科的建立既是环境科学理论和技术发展的结果，也是微生物学，尤其是微生物生态学理论和技术发展的结果。1914 年，废水生物处理方法（活性污泥法）在英国诞生以后，有关科学工作者逐渐认识到其中起主要作用的是包括细菌、原生动物在内的微生物。其处理效果的好坏直接与其中微生物的生活条件有关，由此也引起了对在一个生态系统中微生物组成和功能与环境因素关系的探索。以上探索促进了微生物监测理论和技术的发展。

1.4　环境微生物的发展

微生物学的发展和微生物生态学理论和研究技术的进步，因而产生的巨大的环境效益、社会效益和经济效益，使越来越多的微生物工作者投入这一新领域，且成绩斐然。

我国在抗生素、氨基酸、有机酸、酿酒、酶制剂、食用菌、农药、菌肥的研究和生产方面已有相当的基础，特别是抗生素的产量，在全世界名列前茅。我国的微生物资源丰富，今后要在菌种筛选、良种培育、工艺改革方面进一步努力，使产品的品种增加，单位产量提高，从而使产品的生产达到国际先进水平。

鉴于环境科学中微生物应用的理论和技术的快速发展，以及微生物生态学理论和技术的发展，在第十次国际微生物学会上成立了国际微生物生态学会。由于环境问题的日益严重和微生物在污染治理、环境净化和环境微生物监测中的重要作用，因而微生物日益受到人们的关注，大大促进了环境微生物的发展。

本章着重介绍了以下内容：微生物的分类地位，微生物与动植物和人类的关系，微生物的特点，环境微生物的内容和任务，环境微生物的发展。

环境微生物主要研究微生物对环境污染物的降解与转化的机理，提高微生物对污染净化的效率。环境微生物的任务就是充分利用有益微生物资源为人类造福。防止、控制、消除微生物的有害活动，化害为利。

复习思考题

1. 微生物有哪些共同特点？
2. 微生物包括哪些生物类群？
3. 微生物一词是生物分类名词吗？为什么？
4. 简述微生物在环境治理中的应用。
5. 简述环境微生物的研究内容。

2 环境中微生物的主要类群

学习指南

在自然环境中微生物种类很多、分布极广，根据它们的细胞结构特点可分为：①原核微生物，如细菌、放线菌、蓝细菌等；②真核微生物，如真菌、藻类、原生生物和微型后生动物等；③非细胞型微生物，如病毒等。这些微生物有的在自然界物质循环和污染物降解转化中起着非常重要的作用，有的会对环境造成污染。为了更好地利用有益微生物资源为人类造福，防止、控制、消除微生物的有害活动，从而必须认识这些微生物，了解它们的形态结构特征。

本章学习要求

知识目标：了解环境中微生物的主要类群；

　　　　　了解细菌、放线菌、酵母菌和霉菌的基本形态特征；

　　　　　掌握细菌细胞的结构特点；

　　　　　掌握细菌、放线菌、酵母菌和霉菌的菌落特征；

　　　　　掌握革兰染色的方法和机理；

　　　　　熟悉微型藻类常见代表属的识别特征；

　　　　　熟悉原生动物、后生动物常见属的识别特征；

　　　　　了解病毒的主要特征及形态结构；

　　　　　掌握病毒繁殖复制的过程。

技能目标：能运用光学显微镜观察、识别微生物的形态；

　　　　　能识别水体中几种常见的蓝细菌和藻类；

　　　　　能识别水体中几种常见的原生动物和微型后生动物。

素质目标：培养精益求精的工匠精神；

　　　　　培养科技强国的信念及爱国精神。

重点：细菌细胞的结构特点；

　　　革兰染色方法；

　　　细菌、放线菌、酵母菌和霉菌的菌落特征。

难点：微型藻类、原生动物、微型后生动物的识别。

环境中的微生物种类繁多，根据其有无细胞及细胞结构的明显差异分成原核（prokaryotic）微生物、真核（eukaryotic）微生物和非细胞型（non-cell）微生物三大类群。

2.1　原核微生物

原核微生物是指一大类具原始细胞核的单细胞生物。它们没有真核微生物中所有的核仁、核膜和细胞器，主要包括细菌、放线菌、立克次体、衣原体、支原体、螺旋体、黏细菌、鞘细菌、蓝细菌等类群。本节重点介绍细菌、放线菌、蓝细菌、鞘细菌和黏细菌。

2.1.1　细菌

2.1.1.1　细菌的个体形态和大小

细菌（bacteria）有球状、杆状、螺旋状和丝状四种基本形态，分别称为球菌、杆菌、螺旋菌和丝状菌（见图 2-1）。

（1）球菌　球菌直径为 $0.5\sim2\mu m$，根据其分裂方向及分裂后的排列方式可分为单球菌、双球菌、链球菌、四联球菌、八叠球菌和葡萄球菌。

2.1　细菌的基本形态及大小

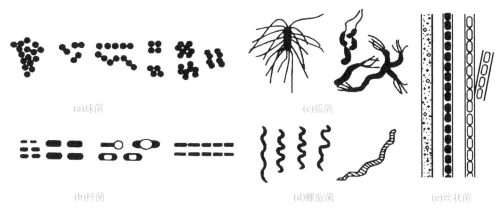

(a)球菌　　(b)杆菌　　(c)弧菌　　(d)螺旋菌　　(e)丝状菌

图 2-1　细菌的各种形态

（2）杆菌　杆菌长 $1\sim8\mu m$，宽 $0.5\sim1.0\mu m$，根据分裂后是否相连或排列方式，分为单杆菌、双杆菌和链杆菌。单杆菌中很长的称为长杆菌，较短的称为短杆菌。杆菌的两端或一端形状一般为钝圆，但也有平截的，还有两端略尖的。有的杆菌能产芽孢称为芽孢杆菌，如枯草芽孢杆菌（*Bacillus subtilis*）。

（3）螺旋菌　螺旋菌长（菌体两端间的距离）为 $5\sim50\mu m$，宽 $0.5\sim5\mu m$。根据菌体弯曲程度不同又分为螺旋菌和弧菌。弧菌菌体只有一个弯曲且不满一圈，呈弧形或逗号形，如脱硫弧菌（*Vibrio desulfuricans*）。螺旋菌菌体呈多次弯曲，回转成螺旋状，如紫硫螺旋菌（*Thiospirillum*）。

（4）丝状菌　在水生环境、潮湿土壤和污水生物处理中，常有一些丝状菌，细胞排列成丝状，其外包围有透明的衣鞘，如浮游球衣菌（*Sphaerotilus natans*）、泉发菌（原铁细菌）（*Crenothrix*）、纤发菌（*Leptothrix*）、发硫菌（*Thiothrix*）、贝日阿托菌（*Beggiatoia*）、亮发菌（*Luecothrix*）等。

除上述四种形态外，人们还发现了细胞呈星形和方形的细菌。

在正常生长条件下，不同种的细菌形态是相对稳定的。但如果培养的时间、温度、pH值以及培养基的组成与浓度等环境条件的改变，均能引起细菌形态的改变。

一般来说，在生长条件适宜时培养 8～18h 的细菌形态较为典型；幼龄细菌形体较长；细菌衰老时，或在陈旧培养物中，或环境中有不适合于细菌生长的物质（如药物、抗生素、抗体等）时，细菌菌体会缩小，常出现梨形、气球状、丝状等不规则形态，不易识别。观察菌体形态和大小特征时，应注意来自机体或环境中各种因素所导致的细菌形态变化。

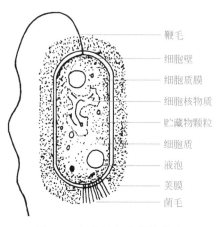

图 2-2　细菌的细胞结构模式

2.1.1.2　细菌细胞的结构

细菌的细胞结构见图 2-2。几乎所有细菌都具有细胞壁、细胞膜、细胞质、细胞核物质等基本结构。部分细菌还有特殊结构，如芽孢、鞭毛、荚膜等。

（1）细胞壁　细胞壁（cell wall）是包围在菌体最外层的、较坚韧而富有弹性的薄膜。其质量约占细胞干重的 10%～25%。

① 细胞壁的功能。细胞壁的主要功能有：维持细菌的细胞外形；保护细胞免受渗透裂解；阻止大分子物质进入细胞；为鞭毛提供支点，使鞭毛运动。

② 细胞壁的结构与革兰染色。经革兰染色可把细菌分为革兰阳性菌（G^+）和革兰阴性菌（G^-）两大类，前者染色后呈蓝紫色，后者染色后呈红色。革兰染色是重要的细菌鉴别法。

a. G^+ 和 G^- 菌细胞壁的结构和组成的区别。G^+ 菌的细胞壁厚，结构简单，其化学组成以肽聚糖为主，75% 的肽聚糖亚单位纵横交错连接，形成致密的网格结构。除肽聚糖外，还含有磷壁酸和少量的脂肪。G^- 菌的细胞壁很薄，其结构较复杂，分为内壁层和外壁层。内壁层紧贴细胞膜，由肽聚糖组成，仅 10% 的肽聚糖彼此交织连接，网格结构疏松。外壁层又分为三层，最外层为脂多糖层，中间为磷脂层，内层为脂蛋白层。脂多糖是 G^- 菌的主要成分。G^+ 和 G^- 菌细胞壁的化学组成和结构见表 2-1 和图 2-3。

表 2-1　G^+ 和 G^- 菌细胞壁化学组成及结构比较

细　菌	壁厚度/nm	肽聚糖含量/%	磷壁酸	蛋白质	脂多糖	脂肪/%
G^+	20～80	40～90	含量较高（<50%）	约 20%	—	1～4
G^-	10	10	0	约 60%	+	11～22

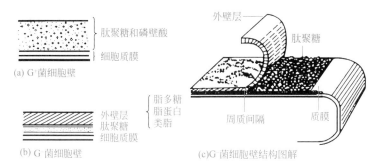

(a) G^+ 菌细胞壁　肽聚糖和磷壁酸　细胞质膜

(b) G^- 菌细胞壁　外壁层　肽聚糖　细胞质膜

(c) G^- 菌细胞壁结构图解　外壁层　肽聚糖　脂多糖　脂蛋白　类脂　周质间隔　质膜

图 2-3　细菌细胞壁的结构

b. 革兰染色的原理。一般认为在革兰染色的过程中，细菌细胞内形成了一种不溶性的深紫色的结晶紫-碘的复合物，这种复合物可被乙醇从 G^- 菌中浸出，但不易从 G^+ 菌中浸出。这是由于 G$^+$ 菌细胞壁较厚，肽聚糖含量较高，网格结构紧密，含脂量又低，当用乙醇脱色时，肽聚糖网孔由于缩水会明显收缩，从而使结晶紫-碘复合物不易被洗脱而保留在细胞内，故菌体呈深紫色。而 G$^-$ 菌细胞壁薄，肽聚糖含量低，且网格结构疏松，故遇乙醇后，其网孔不易收缩，加上 G$^-$ 菌的脂类含量高，当用乙醇脱色时，脂类物质溶解，细胞壁透性增大，因此，结晶紫-碘的复合物就容易被洗脱出来，故菌体呈复染液的红色。

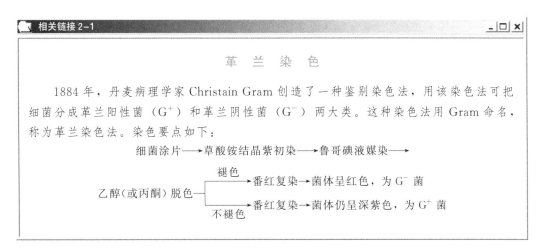

相关链接 2-1

革 兰 染 色

1884 年，丹麦病理学家 Christain Gram 创造了一种鉴别染色法，用该染色法可把细菌分成革兰阳性菌（G$^+$）和革兰阴性菌（G$^-$）两大类。这种染色法用 Gram 命名，称为革兰染色法。染色要点如下：

细菌涂片 ——→ 草酸铵结晶紫初染 ——→ 鲁哥碘液媒染 ——→

乙醇(或丙酮)脱色 ——褪色——→ 番红复染 ——→ 菌体呈红色，为 G$^-$ 菌

——不褪色——→ 番红复染 ——→ 菌体仍呈深紫色，为 G$^+$ 菌

（2）细胞膜　细胞膜（cell membrane）又称细胞质膜、原生质膜或质膜，是紧贴在细胞壁内侧而包围细胞质的一层柔软而富有弹性的半透性薄膜。其化学组成主要是蛋白质（60%～70%）和磷脂（30%～40%）。

① 细胞膜的结构。细胞膜的结构如图 2-4 所示，它是由磷脂呈双层平行排列，亲水基（头部）排列在膜的内外两个表面，疏水基（尾部）排列在膜的内侧，从而形成一个磷脂双分子层。据目前所知，磷脂双分子层通常呈液态，蛋白质无规则地结合在膜的表面或镶嵌其间。这些蛋白质可在磷脂双分子层液体中作侧向运动，从而使膜结构具有流动性。

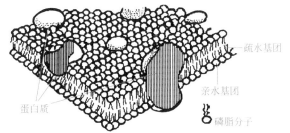

图 2-4　细胞膜结构模式

② 细胞膜的功能。细胞膜的功能主要为：

a. 控制细胞内外物质（营养物质和代谢废物）的运送、交换；

b. 是细胞壁合成的场所，细胞膜上有合成细胞壁和形成横膈膜组分的各种酶类；

c. 细胞膜上有琥珀酸脱氢酶、NADH 脱氢酶、细胞色素氧化酶、电子传递系统、氧化磷酸化酶及 ATP 酶，因此细胞膜是物质代谢和能量代谢的重要部位；

d. 由细胞膜内褶形成的间体（mesosome）上有细胞色素及有关的呼吸酶系，因此可能是呼吸作用电子传递系统的中心；

e. 为鞭毛提供附着点，细胞膜上有鞭毛基粒，鞭毛由此长出。

（3）核质体　核质体（nucleus body）是原核生物所特有的无核膜结构的原始细胞核，又称原始核（primitive form nucleus）或拟核（nucleoid）。它是由一条大型环状的双链 DNA 分子高度折叠缠绕而成的。以大肠杆菌为例，菌体长度仅为 $1\sim2\mu m$，而其 DNA 长度可达 $1100\mu m$。

核物质是负载细菌遗传信息的物质基础，其功能是决定遗传性状和传递遗传物质。

相关链接 2-2 ▢□✕

细菌质粒

细菌质粒（plasmid）是一种环状的 DNA 分子，是染色体之外的遗传因子。它对细菌的生存并无影响，但它携带很多基因。有的质粒所带基因与耐药性有关，称为耐药性质粒（R 因子），它能使宿主细胞抗多种抗生素或有毒化学品如农药和重金属等。有的质粒与细菌有性结合有关，称为致育因子（F 因子）。还有一些与化学物质分解有关，称为降解质粒。质粒既能自我复制、稳定地遗传，也可插入细菌染色体中或与其携带的外源 DNA 片段共同复制；它既可单独转移，也可携带染色体片段一起转移。因此，质粒已成为遗传工程中重要的运载工具，作为目标基因载体。特别是降解质粒因与环境保护关系密切，近年来受到了广大学者的关注与研究。一个经典的例子是美国生物学家查克拉巴蒂（Chakrabarty）采用连续融合法，将解芳烃、解萜烃和解多环芳烃的质粒，分别移植到一解脂烃的细菌细胞内，构成的新菌株只需几个小时就能降解原油中 60% 的烃，而天然菌株需一年以上的时间。

（4）细胞质及内含物　细胞质（cytoplasm）是细胞膜以内、除核物质以外的无色透明的黏稠胶体。化学成分为蛋白质、核酸、脂类、多糖、无机盐和水。幼龄菌的细胞质稠密、均匀，富含核糖核酸（RNA），嗜碱性强，易被碱性染料着染，且着色均匀；老龄菌因缺乏营养，RNA 被细菌作为 N 源、P 源而降低含量，使细胞着色不均匀，故可通过染色是否均匀来判断细菌的生长阶段。

细胞质中含有核糖体、气泡和其他颗粒状内含物。

① 核糖体（ribosome）。核糖体是由约 60% 的 RNA 和 40% 的蛋白质组成的以核蛋白的形式存在的一种颗粒状结构，是合成蛋白质的场所。高速离心时，细菌核糖体沉降系数为 70S，由大（50S）、小（30S）两个亚基组成。真核生物细胞质中核糖体的沉降系数为 80S。

链霉素、四环素、氯霉素都对 70S 的核糖体起作用，对 80S 的核糖体没有影响。所以这些抗生素可用来防治由细菌引起的疾病，并在一定浓度范围内对人体无害。

② 气泡（gas vacuole）。在许多光合细菌和水细菌的细胞内，常含有为数众多的充满气体的小泡囊，称为气泡。气泡由厚仅 2nm 的蛋白质膜所包围，具有调节细胞相对密度以使其漂浮在合适水层中的作用。紫色光合细菌和一些蓝细菌含有气泡，借以调节浮力。专性好氧的盐杆菌属（*Halobacterium*）体内含有很多气泡，在含盐量高的水中可借助气泡浮到水面吸收氧气。

③ 贮藏颗粒。细菌生长到成熟阶段，当某些营养物过剩时，就会形成一些贮藏颗粒，如异染粒、聚 β-羟基丁酸、硫粒、肝糖粒、淀粉粒等，当营养缺乏时，这些贮藏颗粒又被分解利用。

a. 异染粒（volutin）。是无机偏磷酸的聚合物。用蓝色染料（如甲苯胺、亚甲蓝）染色后不呈蓝色而呈紫色，故称异染粒。其功能是贮藏磷元素和能量，并可降低渗透压。

b. 聚 β-羟基丁酸（poly-β-hydroxybutyric acid，PHB）。是 β-羟基丁酸的直链聚合物，不溶于水，易被脂溶性染料（如苏丹黑）着色，光学显微镜下清楚可见，具有贮藏能量、碳源和降低细胞内渗透压的作用。

c. 肝糖粒 (glycogen) 和淀粉粒。两者均能用碘染色，前者染成红褐色，后者染成蓝色，可在光学显微镜下看到。两者的功能都是贮藏碳源和能量。

d. 硫粒 (sulfur granule)。硫黄细菌如贝日阿托菌 (*Beggiatoa*)、发硫菌 (*Thiothrix*) 等能利用 H_2S 作为能源，氧化 H_2S 为硫粒，积累在菌体内。当外界缺乏 H_2S 时，可氧化体内硫粒为 SO_4^{2-} 而获得能量。硫粒折光性很强，在光学显微镜下易观察到。

图 2-5 细菌的荚膜

（5）荚膜 荚膜 (capsule) 是某些细菌分泌于细胞壁表面的一层黏液状物质。其化学组成因种而异，主要是水和多糖。荚膜不易着色，可用负染法（也称衬托法）染色。先用染料使菌体着色（如用番红或孔雀绿将菌体染成红色或绿色），然后用黑色素将背景涂黑，即可衬托出菌体和背景之间的透明区，这个透明区就是荚膜（见图 2-5）。

荚膜有以下几种类型：① 具有一定外形，厚约 200nm，相对稳定地附着于细胞壁外的称为荚膜或大荚膜 (macrocapsule)；② 厚度在 200nm 以下的称为微荚膜 (microcapsule)；③ 无明显边缘，疏松地向周围环境扩散的称为黏液层。有些细菌的荚膜物质可互相融合，连成一体，组成共同的荚膜，其中包含多个菌体，称为菌胶团。菌胶团的形状有球形、蘑菇形、椭圆形、分枝状、垂丝状及不规则状（见图 2-6），在活性污泥中常见。

垂丝状　　　　分枝状　　　蘑菇形　　　椭圆形　球形

图 2-6 菌胶团的几种形状

荚膜的主要功能有：①保护细胞免受干燥的影响，对一些致病菌来说，则可保护它们免受宿主细胞的吞噬；②是细胞外碳源和能源的贮藏物质，当营养缺乏时可被利用；③具有生物吸附作用，在污水生物处理中有利于污染物在细菌表面的吸附；④是细菌分类鉴定的依据之一。

（6）鞭毛 鞭毛 (flagella) 是某些细菌长在体表的细长并呈波状弯曲的丝状物。鞭毛易脱落，非常纤细，其直径仅为 10～20nm，长度往往超过菌体的若干倍，经特殊染色法可在光学显微镜下观察到。鞭毛的数目为一根至数十根，具有运动的功能。不同细菌鞭毛的着生位置不同（见图 2-7），有一端单生、两端单生、一端丛生、两端丛生及周生，端生的还有极端生和亚极端生。鞭毛的数目和着生方式是细菌分类的重要依据。

（7）芽孢 某些细菌生长到一定阶段，在细胞内会形成一个圆形的或椭圆形的抗逆性极强的休眠体。芽孢的壁厚而致密，通透性差，折光性强，不易着色，含水量低（约 40%），含耐热性酶，含有耐热物质 (2,6-吡啶二羧酸)，因而芽孢对干燥、高温、毒物等不良环境

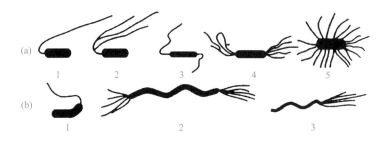

图 2-7　细菌鞭毛的着生方式

（a）杆菌：1—极端生；2—亚极端生；3—两端单生；4—两端丛生；5—周生

（b）弧菌：1—单根端生；2—两端丛生；3—一端丛生

有极强的抵抗能力。芽孢并非细菌的繁殖体，而是处于代谢相对静止的休眠体。

芽孢的抵抗力强，对热力、干燥、辐射、化学消毒剂等理化因素都有强大的抵抗力，用一般的方法不易将其杀死。细菌的营养细胞在 70～80℃时 10min 就会死亡，而在沸水中，枯草芽孢杆菌的芽孢可存活 1h，破伤风芽孢杆菌的芽孢可存活 3h。营养细胞在 5%的苯酚溶液中很快死亡，芽孢却能存活 15d，杀灭芽孢最有效的方法是高压蒸汽灭菌，通常以芽孢是否被彻底杀死作为判断灭菌效果的指标。

能否形成芽孢，芽孢的大小、形状以及在菌体的位置（见图 2-8），是细菌分类的重要依据。

图 2-8　细菌芽孢的各种类型

2.1.1.3　细菌的培养特征

（1）细菌在固体培养基上的培养特征　细菌在固体培养基上的培养特征即菌落特征。菌落是由一个细菌繁殖的具有一定形态特征的子细菌群体。不同细菌的菌落特征不同，因此菌落特征是细菌分类鉴定的依据之一。可以从菌落的表面形状（圆形、不规则形、假根状）、隆起形状（扁平、台状、脐状、乳头状等）、边缘情况（整齐、波状、裂叶状、锯齿状）、表面状况（光滑、皱褶、龟裂状、同心环状）、表面光泽（闪光、金属光泽、无光泽）、质地（硬、软、黏、脆、油脂状、膜状）以及菌落的大小、颜色、透明程度等方面进行观察描述（见图 2-9）。

（2）细菌在半固体培养基中的生长特征　用穿刺接种技术将细菌接种在含 0.3%～0.5%琼脂半固体培养基中培养，可根据细菌的生长状态判断细菌的呼吸类型和有无鞭毛，能否运动。如果细菌在培养基的表面及穿刺线的上部生长者为好氧菌；沿整条穿刺线生长者为兼性厌氧菌；在穿刺线底部生长的为厌氧菌。如果只在穿刺线上生长的为无鞭毛、不运动的菌；在穿刺线上及穿刺线周围扩散生长的为有鞭毛、能运动的细菌（见图 2-10）。

2.1.1.4　环境工程中常见的细菌种属

（1）大肠杆菌（*Escherichiu coli*）　是人和许多动物肠道中最主要且数量最多的一种细菌，革兰染色为阴性。周身鞭毛，能运动，无芽孢。主要生活在大肠内。异养兼性厌氧型代谢。在伊红美甲蓝（美蓝）培养基中，菌落呈深紫色，并有金属光泽。

大肠杆菌细胞质中的质粒常用作基因工程中的运载体。大肠杆菌作为外源基因表达的宿主，具有遗传背景清楚、技术操作简单、培养条件简单、大规模发酵经济等特点。目前大肠

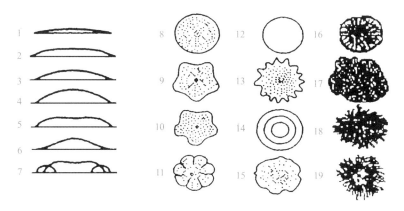

图 2-9　几种细菌菌落的特征（纵剖面）

1—扁平；2—隆起；3—低凸起；4—高凸起；5—脐状；6—草帽状；7—乳头状表面结构形状及边缘；
8—圆形，边缘整齐；9—不规则，边缘波浪；10—不规则，颗粒状；11—规则，放射状边缘花瓣形；
12—规则，边缘整齐，表面光滑；13—规则，边缘齿状；14—规则，有同心环，边缘整齐；15—不规
则似毛毡状；16—规则似菌丝状；17—不规则，卷发状，边缘波状；18—不规则，丝状；19—不规则，根状

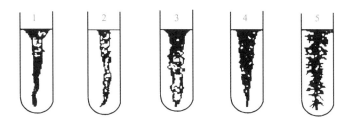

图 2-10　细菌在半固体培养基中的生长特征

1—丝状；2—念珠状；3—乳头状；4—绒毛状；5—树状

杆菌是应用最广泛、最成功的表达体系，常作为高效表达的首选体系。

（2）假单胞菌属（*Pseudomonas*）　直或稍弯的革兰阴性杆菌，大小为（0.5～1)μm×
(1.5～4)μm，以极生鞭毛运动，不形成芽孢，有些菌株产生荧光色素或红、蓝、黄、绿等
水溶性色素。化能有机营养，除单碳有机物外，能以多种有机物为碳源和能源；利用有机氮
或无机氮为氮源，但不能固定分子氮；严格有氧呼吸代谢，有的种在硝酸盐存在时可行厌氧
呼吸。存在于土壤、淡水、海水中。大多数细菌的最适生长温度为30℃。目前已确认有29
种，其中至少有3种对动物或人类致病。

假单胞菌在环境治理过程中应用广泛。例如，可用于生物脱氮，石油、氯苯类稳定
剂、洗涤剂及农药生物降解，含氮有机物的转化，汞甲基化与甲基汞降解，半纤维素
分解等。

（3）芽孢杆菌属（*Bacillus*）　革兰染色阳性菌，产生芽孢，需氧或兼性厌氧，大多数
无荚膜，过氧化氢酶反应呈阳性。包括对人和动物致病的炭疽芽孢杆菌，可引起食物中毒的
蜡状芽孢杆菌，非致病性的枯草芽孢杆菌、多黏芽孢杆菌等。炭疽芽孢杆菌有荚膜，无鞭
毛，在人工培养物内细菌呈长链状排列，形成圆卵形芽孢；芽孢位于菌体中央，但不大于菌
体宽度；专性需氧；芽孢的抵抗力很强。在干燥状态下可生存数十年。

一些芽孢杆菌具有反硝化能力，可用于生物脱氮，还可用于农药、氯苯类稳定剂的降

解，汞甲基化及半纤维素分解。

（4）产碱杆菌属（*Alcaligenes*） 革兰阴性短杆菌，常成单、双或成链状排列，具有周鞭毛，无芽孢，多数菌株无荚膜。专性需氧，最适生长温度 $25\sim37℃$，部分菌株 $42℃$ 能生长，营养要求不高，普通培养基上生长良好，麦康凯平板和 SS 平板亦可生长。氧化酶反应阳性、不分解任何糖类，葡萄糖氧化发酵培养基中产碱，本属细菌除能利用柠檬酸盐和部分菌株能还原硝酸盐外，多数生化反应为阴性。

一些产碱杆菌可降解多种有机物，如石油、洗涤剂、农药及氯苯类稳定剂等。

（5）微球菌属（*Micrococcus*） 细胞球形，直径为 $0.5\sim2.0\mu m$，成对、四联或成簇出现，但不成链。革兰染色阳性，不运动，不生芽孢。严格好氧，菌落常呈黄或红的色调。通常生长在简单的培养基上。含细胞色素，抗溶菌酶。接触酶呈阳性，氧化酶呈阳性，但不明显。最适温度为 $25\sim37℃$。通常耐盐，可在 $5\%NaCl$ 中生长。最初出现在脊椎动物皮肤和土壤，但从食品和空气中也常常能分离到。许多微球菌具有硝化能力，可用于生物脱氮。有些种可降解石油及洗涤剂类。

（6）不动杆菌属（*Acinetobacter*） 革兰染色阴性，无芽孢，无鞭毛，专性好氧发酵糖类，不还原硝酸盐，最适温度为 $35℃$。不动杆菌是除磷的优势菌种。有些种可降氯苯类稳定剂（润滑油、绝缘油、增塑剂、油漆、热载体、油墨）等。

（7）动胶菌属（*Zoogloea itzigsohn*） 杆状，大小 $（0.5\sim1.0）\mu m\times（1.0\sim3.0）\mu m$，偏端单生鞭毛运动，在自然条件下，菌体群集于共有的菌胶团中，特别是碳氮比相对高时更是如此。革兰染色阴性，专性好氧，化能异养，是废水生物处理中的重要细菌。

（8）光合细菌（photosynthetic bacteria，PSB） 是一类在厌氧光照条件下进行不产氧光合作用的原核生物。近些年来，由于光合细菌中的一些类群在光照厌氧和黑暗好氧条件下，均具有降解高浓度有机污水的能力，加上菌体细胞富含蛋白质、维生素等营养，显示出巨大的应用价值，使这类微生物引起了人们的极大兴趣。

光合细菌分布极为广泛，无论是在江河湖海、水田旱地，甚至在 $90℃$ 的温泉中，在含 30% 盐分的盐湖里，还是在 $2000m$ 的深海中、南极冰封的海岸上，都有它们的踪迹。

① 形态大小 光合细菌的细胞直径为 $0.3\sim6\mu m$，形态极为多样，有球状、杆状、弧状、螺旋状及丝状（单列的多细胞）等，大多具端生鞭毛，能运动，但丝状体靠滑行运动。细胞悬液颜色多样，有紫色、红色、橙褐色、黄褐色、褐色和绿色。

② 类群 根据光合细菌所含色素和营养类型等特征主要分成四大类群，即着色菌科、红螺菌科、绿菌科和绿丝菌科。在环境保护中起作用的主要是红螺菌科的种类，这些种类又统称为紫色非硫细菌。

③ 紫色非硫细菌的主要特征

a. 具有灵活的代谢途径，在光照厌氧条件下，利用光合色素和有机物进行光能异养生长，在黑暗好氧或微好氧条件下，利用有机物或无机物进行化能异养或化能自养生长。

b. 主要以各种可溶性小分子有机物作为自身的主要碳源，如低级脂肪酸、多种二羧酸、醇类、糖类、芳香族化合物等，特别是能大量利用醋酸盐。

c. 生长繁殖需提供生长因子，主要有生物素、硫胺素、烟酸、对氨基苯甲酸、维生素 B_{12} 等。

（9）鞘细菌（sheathed bacteria） 为单细胞连成的丝状体，其外包围一层透明的衣鞘。丝状体不分枝或假分枝。

鞘细菌主要分布在污染的河流、池塘、活性污泥等有机质丰富的流动淡水中。在活性污泥中分离出的鞘细菌，以球衣菌（*Sphaerotilus*）数量最多。下面以球衣菌为例简单介绍。

球衣菌菌体为具鞘的丝状体，由杆状细胞呈链状排列在丝鞘内。多具假分枝，当一个孢子自丝鞘上端放出附着在另一个球衣细菌的丝鞘上时，便发育成新的菌丝体，两菌体间无内在联系，故为假分枝（见图2-11）。球衣菌能利用多种有机物特别是碳水化合物作为营养物质，分解有机物的能力很强。球衣菌为好氧菌，但在微氧环境中生长最好。

图2-11　球衣菌
（右图为菌体放大，示假分枝）

球衣菌是活性污泥曝气池中的常见菌种，常穿插缠绕于活性污泥团块中，成为活性污泥的网架，当数量过多时会引起污泥膨胀。

（10）黏细菌（myxobacteria）　又称子实黏细菌，是原核生物中生活史最复杂的类群。其生活史包括两个阶段：营养细胞阶段和休眠体（子实体）阶段（见图2-12）。营养细胞杆状，包埋在黏液层中，菌体柔软，除缺乏坚硬的细胞壁外，其余均类似 G^- 菌。以二横裂方式繁殖。黏细菌能在固体表面或气-液界面滑动。

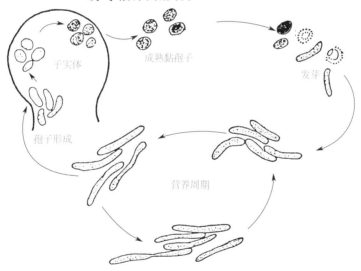

图2-12　黄色黏细菌（*Myxococcus xanthus*）生活史

营养细胞发育到一定阶段，在一定位置聚集成团，形成子实体，肉眼可见。这是黏细菌与其他原核生物最主要的区别。在子实体中细胞变成休眠细胞，称为黏孢子（myxospore）。子实体干燥后可到处传播，遇适宜环境又萌发为营养细胞。

黏细菌是典型的好氧菌，主要分布于土壤表层、腐败的植物性物质、活树的皮和动物粪便上，为有机化能营养，能产生典型的可水解大分子如蛋白质、核酸、脂肪酸、酯类及各种多糖的酶，有些种能溶解其他一些原核生物和真核生物，有些种能分解纤维素、琼脂、壳多糖等复杂基质。

相关链接 2-3

最小和最大的细菌

一般细菌的直径通常都在 $1\mu m$ 以上。而芬兰科学家 E. O. Kajander 等发现了一种能引起尿结石的纳米细菌（nanobacteria），其细胞直径最小仅为 50nm（$1\mu m=$ 1000nm），甚至比最大的病毒还小一些。这种细菌分裂缓慢，3 天才分裂一次，是目前所知最小的细菌。

最大的细菌是由德国科学家 H. N. Schulz 等在纳米比亚海岸的海底沉积物中发现的一种硫细菌，其大小一般为 0.1～0.3mm，有些可达 0.75mm，能够清楚地用肉眼看到。这些细菌生活在几乎没有氧气的海底环境，细胞基本上全部由液体组成，利用吸收到体内的硝酸盐和硫化物获得维持生命的能量。这些积累在细胞内的硫化物使细菌呈白色，甚至像珍珠一样，因此科学家将这种细菌命名为 *Thiomargarita namibiensis*，即"纳米比亚硫黄珍珠"。

2.1.2 放线菌

2.1.2.1 放线菌的形态结构

放线菌（actinomycetes）是具有分枝的丝状菌，菌丝无隔膜，直径与细菌相当，在 0.5～ $1.0\mu m$。根据菌丝的形态与功能不同分成三类。

(1) 营养菌丝 又称基内菌丝，是放线菌的孢子萌发后，伸入培养基内摄取营养的菌丝。

(2) 气生菌丝 是由营养菌丝长出培养基外伸向空间的菌丝。

(3) 孢子丝 是气生菌丝生长发育到一定阶段，在其上部分化出可形成孢子的菌丝。孢子丝的形状和着生方式因种而异。形状有直形、波曲形、螺旋形，着生方式有互生、丛生、轮生等多种形态（见图 2-13）。

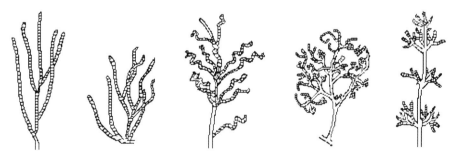

图 2-13 放线菌孢子丝形态

2.1.2.2 放线菌的繁殖

放线菌主要通过孢子丝断裂产生孢子及菌丝断裂成片断等形式进行繁殖。

2.1.2.3 放线菌的菌落特征

放线菌菌落特征介于霉菌与细菌菌落之间，其菌落质地致密，表面呈紧密的绒状或坚实、干燥、多皱，菌落小而不致广泛延伸。放线菌的基内菌丝长在培养基内，故菌落与培养基结合紧密，一般不易挑起，或整个菌落被挑起而不致破碎。有的菌落（如诺卡菌）呈白色粉末状，质地松散，易被挑取。此外，由于放线菌菌丝及孢子常具有色素，也使菌落的正面、背面呈现不同颜色。

2.1.2.4　放线菌的代表属

（1）链霉菌属（*Streptomyces*）　链霉菌属的种类很多，已知有 1000 多种。菌丝体分枝，无隔膜，在气生菌丝顶端发育成各种形态的孢子丝，是分类鉴定的主要依据。很多抗生素都是由链霉菌属产生的，如链霉素、土霉素、抗结核的卡那霉素、抗肿瘤的博莱霉素、抗真菌的制霉菌素、丝裂霉素、防治水稻纹枯病的井冈霉素，都是链霉菌的次生代谢产物。此外，链霉菌属的一些种类能分解多种有机物质。

（2）诺卡菌属（*Nocardia*）　又称原放线菌属（*Proactinomyces*）。气生菌丝不发达，培养 15h～4 天，菌丝产生横膈膜而断裂成杆状、球状或带叉的杆状体。菌落小。

此属中有许多种能产生抗生素，如对结核分枝杆菌（*Mycobacterium tuberculosis*）和麻风分枝杆菌（*M. leprae*）有特效的利富霉素，对病毒有作用的间型霉素等。诺卡菌属的很多种能利用碳氢化合物、纤维素等，可用于石油脱蜡、烃类发酵以及污水的处理。因此，诺卡菌属在医学和环境保护中意义重大。

（3）小单孢菌属（*Micromonospora*）　菌丝较细，无横隔，无气生菌丝，繁殖时在基内菌丝上长出孢子梗，梗顶端生一个分生孢子。菌落较小。已知有 30 多种，发现 30 余种抗生素，多分布于土壤及污泥中，具有分解有机物质的能力及产生抗生素的潜力。

相关链接 2-4　　　　　　　　　　　　　　　　　　　　　　　　　　_ □ ✕

放线菌与抗生素

链霉素是从放线菌中发现的第一种抗生素，也是人们从微生物中发现的第二种实用的抗生素。到目前为止，全世界已发现的 4000 多种抗生素中绝大多数由放线菌产生，而其中 90% 由链霉菌属产生。

2.1.3　其他原核微生物

蓝细菌含有叶绿素，能进行光合作用并放出氧气。蓝细菌过去归入藻类植物，称为蓝藻。现根据其细胞结构简单、无真正细胞核（无核仁和核膜）、有光合色素、但无色素体、革兰染色阴性等特点而归为原核微生物中的一个特殊类群，称为蓝细菌。

蓝细菌约有 2000 种，在自然界分布广泛，无论在淡水、海水、潮湿土壤、树皮和岩石表面，还是在沙漠的岩石缝隙里或是在温泉（70～73℃）等极端环境中都能生长，喜有机质丰富的水质。

（1）蓝细菌的主要特征

① 形态简单，有单细胞、群体和丝状体。无鞭毛，但很多种类能颤动。

② 光合色素为叶绿素 a、β-胡萝卜素、叶黄素和藻胆素（包括藻蓝素、藻红素与藻黄素）。藻体通常呈蓝绿色或淡紫蓝色。光合作用产氧。

③ 有异形胞，能固氮。有些蓝藻产生较营养细胞稍大、厚壁、色浅的异形胞，内有固氮酶，具有固定大气中游离氮的功能。

④ 细胞壁外常有胶质的胶被，有时在整个群体外还有共同的胶被，在丝状种类中称为胶鞘。胶被和胶鞘厚度不等，无色或有各种颜色。

⑤ 繁殖方式为无性繁殖。主要为二分分裂法。丝状蓝细菌还可通过丝状体断裂形成若干段殖体，每个段殖体可长成新的个体。少数种类通过形成各种孢子进行繁殖。

（2）蓝细菌的常见属　蓝细菌常见属有微囊藻属（*Microcystis*）、颤藻属（*Oscillatoria*）、平裂藻属（*Merismopedia*）、鱼腥藻属（*Anabaena*）、束丝藻属（*Aphanizomenon*），其特征见表 2-2，常见种类见图 2-14。

表 2-2　蓝细菌常见属的主要特征比较

属	主　要　特　征	分　布
微囊藻	多细胞群体，呈不规则形、球形或长椭圆形，群体有透明的胶被；单个细胞一般为球形，呈浅蓝色、亮蓝绿色、橄榄绿色	池塘湖泊，在富营养型的水体中会大量繁殖形成水华
颤藻	蓝绿色不分枝的丝状体，直或扭曲，能颤动，大多等宽，有时略变狭；细胞圆柱状，横壁处收缢或不收缢	有机质丰富的肥沃水体
平裂藻	为一层细胞厚的平板状群体，群体排列规则，两个成对，两对成一组，四组成小群，小群集合成方形或长方形；细胞呈球形或椭圆形	肥沃水体或长有水草的沿岸区
鱼腥藻	丝状体，单生或纠集成群体，直或不规则或规则的螺旋状弯曲；细胞呈球形至桶形；异形胞常间生	有机质丰富的肥沃水体，大量繁殖可形成水华
束丝藻	不分枝丝状体，单生或聚集成束，藻丝末端细胞延长成为无色细胞；异形胞间生	有机质丰富的肥沃水体，大量繁殖导致水华

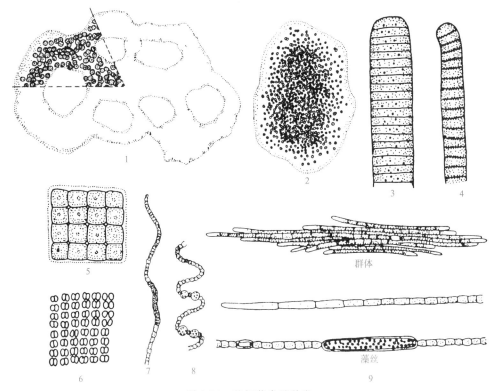

图 2-14　蓝细菌常见种类

1—铜绿微囊藻（*Microcystis aeruginosa*）；2—不定微囊藻（*M. incerta*）；3—巨颤藻（*Oscillatoria princeps*）；
4—小颤藻（*O. tenuis*）；5—中华平裂藻（*Merismopedia sinica*）；6—微小平裂藻（*M. tenuissima*）；7—多变鱼腥藻
（*Anabaena variabilis*）；8—螺旋鱼腥藻（*A. spiroides*）；9—水花束丝藻（*Aphanizomenon flos-aquae*）

（3）蓝细菌的作用

① 被认为是最先使地球的空气从无氧状态变成有氧状态的生物之一。

② 固氮蓝细菌对水体的营养状况和保持土壤氮素营养有较大作用。目前已知的固氮蓝细菌达 120 多种。

③ 营养丰富的蓝细菌具有重要的经济价值。螺旋藻富含蛋白、维生素等，被称为人类未来食品。我国已有生产。

④ 是水体营养状况的指示生物之一。蓝细菌既是构成水生态系统中的重要成员，也是水体营养状况的指示生物。如微囊藻、鱼腥藻、颤藻、束丝藻喜欢生活在有机质丰富的水体中。它们的大量繁殖可使淡水湖泊发生水华，海洋发生赤潮，造成水质恶化与污染。其中有些种如微囊藻等产生毒素，危害其他生物，最终危害人体健康，严重的会导致死亡。

2.2 真核微生物

真核微生物是指细胞核具核仁和核膜、能进行有丝分裂、细胞质中有线粒体等细胞器的微小生物，主要包括酵母菌、霉菌、微型藻类、原生动物和微型后生动物。

2.2.1 真菌

真菌（fungi）种类繁多，形态、大小各异，包括酵母菌、霉菌及各种伞菌等。特别是酵母菌和霉菌，具有很强的分解复杂有机物的能力，与细菌、放线菌一样是自然界物质循环中的重要分解者，在有机污水和有机固体废物的生物处理中发挥着非常重要的作用。

2.2.1.1 酵母菌

酵母菌（yeast）是指以出芽繁殖为主的单细胞真菌。主要分布在含糖质较高的偏酸环境中，如在果品、蔬菜、花蜜、植物叶子的表面，葡萄园和果园的土壤中都有酵母菌的存在。此外，在油田和炼油厂附近的土层中则生长着能分解利用烃类的酵母菌。

（1）酵母菌的形态　酵母菌的形态有卵圆形、圆形、圆柱形。细胞直径 $1\sim5\mu m$，长约 $5\sim30\mu m$ 或更长。有的酵母菌在繁殖时子细胞不与母细胞脱离，互相连成链状，称为假丝酵母（见图 2-15）。

（2）酵母菌的结构　酵母菌细胞结构与细菌有显著差别。酵母菌细胞有真正的细胞核，细胞核有核仁和核膜，DNA 与蛋白质结合形成染色体。细胞质有线粒体、中心体、核糖体、内质网膜、液泡等细胞器。细胞壁的组成成分主要是葡聚糖和甘露聚糖。

（3）酵母菌的繁殖方式　酵母菌的繁殖方式有无性繁殖和有性繁殖。

① 无性繁殖。包括芽殖和裂殖。芽殖是酵母菌无性繁殖的主要方式。成熟的酵母菌细胞表面向外突出形成

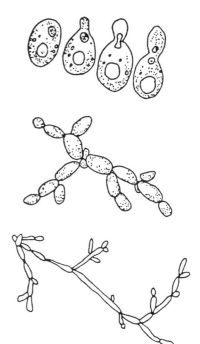

图 2-15　酵母菌的芽殖及假丝酵母

一个小芽体，接着部分核物质和细胞质进入芽体，使芽体得到母细胞一套完整的核结构和线粒体等细胞器。当芽体长到一定程度时，在芽体与母细胞之间形成横隔壁，然后，或脱离母细胞成为独立的新个体，或暂时与母细胞连在一起。目前只有裂殖酵母属的酵母菌像细菌一样以细胞分裂方式繁殖。

② 有性繁殖。酵母菌以形成子囊孢子的方式进行有性繁殖。

（4）酵母菌的菌落特征　酵母菌在固体培养基上形成的菌落与细菌的菌落相似，但较大较厚，表面光滑、湿润、黏稠、易挑起。培养时间过长时有的菌落表面会皱缩。菌落颜色多数为乳白色，少数为红色或黑色。

（5）酵母菌的作用

① 食品加工。利用酵母菌可以制造美味可口的酒类和食品（面包、馒头）。

② 生产多种药剂，如核酸、辅酶 A、细胞色素 C、维生素 B、酶制剂等。

③ 进行石油脱蜡，降低石油的凝固点。

④ 生产有机酸，如 α-酮戊二酸、柠檬酸等。

⑤ 处理污水及综合利用。利用酵母菌如拟酵母、热带假丝酵母、白色假丝酵母、黏红酵母等处理淀粉废水、柠檬酸残糖废水、油脂废水以及味精废水，既可使废水得到处理又可获得富含营养的菌体蛋白。

⑥ 监测重金属。

2.2.1.2　霉菌

霉菌（mold）是丝状真菌的统称。在自然界分布极广，土壤、水域、空气、动植物体内外均有其踪迹。

（1）霉菌的形态结构　霉菌菌体均由分枝或不分枝的菌丝构成，许多菌丝交织在一起，称为菌丝体（mycelium）。菌丝直径 $2\sim10\mu m$，是细菌和放线菌菌丝的几倍到几十倍，与酵母菌差不多。

菌丝有几种类型，根据菌丝有无隔膜可分为无隔膜菌丝和有隔膜菌丝。无隔膜菌丝为长管状单细胞，细胞内含多个核，如根霉、毛霉等；有隔膜菌丝由隔膜分隔成多个细胞，多个细胞内含有 1 个或多个细胞核。

根据菌丝的分化程度又可分为营养菌丝和气生菌丝。营养菌丝伸入培养基内吸取营养物质；气生菌丝伸展到空气中，顶端可形成各种孢子，故又称繁殖菌丝。

菌丝细胞的结构与酵母菌相似，只有细胞壁的成分有些不同，多含壳多糖，少数含纤维素。

（2）霉菌的繁殖　霉菌的繁殖能力极强，繁殖方式复杂多样，主要是以无性生殖或有性生殖产生各种各样孢子的形式进行繁殖，也可借助菌丝的片断繁殖。

（3）霉菌的菌落特征　霉菌菌落和放线菌一样，都是由分枝状菌丝组成。由于霉菌菌丝较粗而长，故形成的菌落较大而疏松，呈绒毛状、絮状或蜘蛛网状，一般比细菌和放线菌大几倍到几十倍。较放线菌易挑起。霉菌菌落表面因孢子的形状、构造与颜色的不同而呈现不同形态结构和色泽特征。

表 2-3　霉菌常见属的主要特征比较

属或种	主要特征	作用
毛霉属	菌丝白色,茂盛,无隔膜;孢囊梗由菌丝体生出,一般单生,分枝较少或不分枝;孢囊梗顶端有球形孢子囊,内生孢囊孢子	分解蛋白质和淀粉的能力很强;是制作腐乳、豆豉的重要菌种;可生产有机酸或转化甾体物质
根霉属	菌丝无隔膜,但有匍匐菌丝和假根,在假根着生处向上长出直立的孢囊梗,孢囊梗顶端着生孢子囊,黑色,球形或近似球形,内生大量孢囊孢子	分解淀粉的能力很强,是酿酒的重要菌种;还可用来生产有机酸,转化甾族化合物等
青霉属	菌丝有隔膜,分生孢子梗顶端经多次分支产生几轮对称或不对称小梗,小梗顶端产生成串的分生孢子;孢子穗形似扫帚状;菌落呈密毡状,多为灰绿色	产生青霉素,生产有机酸(如柠檬酸、延胡索酸)和酶制剂

属或种	主要特征	作用
曲霉属	菌丝有隔膜，营养菌丝分化出厚壁的足细胞，在足细胞上长出分生孢子梗，顶端膨大成球形顶囊，顶囊表面长满一层或二层辐射状小梗，小梗末端着生成串分生孢子；孢子呈绿、黄、橙、褐、黑等颜色	生产酶制剂（如淀粉酶、蛋白酶等）和有机酸（如柠檬酸或葡萄糖酸等）；有些曲霉能产生黄曲霉毒素，为已知的致癌物
镰刀霉属（又称镰孢霉）	菌丝有隔膜，分枝；分生孢子梗分枝或不分枝；分生孢子有大小两种类型，大型的是多细胞，为长柱形或镰刀形，有3～9个平行隔膜；小型的呈卵圆形、球形、梨形或纺锤形，多为单细胞，少数是多细胞，有1～2个隔膜；镰刀霉的菌落呈圆形、平坦、绒毛状，颜色有白色、粉红色、红色、紫色和黄色等	对氰化物的分解能力强，可用于处理含氰废水；有些种可生产酶制剂（纤维素酶、脂肪酶等）；有些种可产生毒素，污染粮食、蔬菜和饲料，人畜误食会中毒
木霉属	菌丝有隔膜，多分枝，分生孢子梗有对生或互生分枝，分枝上可再分枝，分枝顶端有瓶状小梗，束生、对生、互生或单生，由小梗长出成簇的孢子，孢子圆形或椭圆形，无色或淡绿色；木霉菌落绒絮状，产孢区常排列成同心轮纹，菌落为绿色，不产孢区菌落为白色	生产纤维素酶，合成核黄素，生产抗生素；分解纤维素和木质素
交链孢霉属	菌丝有隔膜，分生孢子梗较短，单生或丛生，大多不分枝；分生孢子呈纺锤形或倒棒状，顶端延长成喙状，多细胞，有壁砖状分隔，分生孢子常数个成链，一般为褐色至黑色	有些种可用于生产蛋白酶，有些种可转化甾族化合物
白地霉	菌丝有隔膜；在营养菌丝的顶端长节孢子，节孢子呈单个或连接成链，孢子形状为长筒形、方形、椭圆形	白地霉的菌体蛋白营养价值高，可食用或作为饲料；用于处理制糖、酿酒、淀粉、食品饮料、豆制品等有机废水

（4）霉菌的常见属　常见的霉菌有毛霉属（*Mucor*）、根霉属（*Rhizopus*）、青霉属（*Achlya*）、曲霉属（*Aspergillus*）、镰刀霉属（*Fusarium*）、木霉属（*Trichoderma*）、交链孢霉属（*Alternaria*）和白地霉（*Ceotrichum candidum*）。其主要特征见表2-3，形态见图2-16～图2-22。

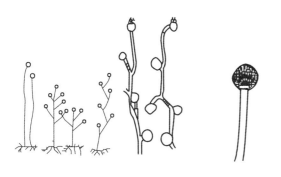

(a)孢子梗　　　　　(b)孢囊梗和幼孢子囊

(c)孢子囊壁破裂　　　(d)结合孢子

图 2-16　毛霉属（*Mucor*）形态

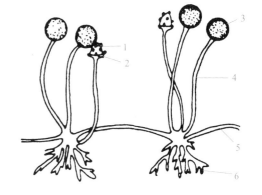

图 2-17　根霉属（*Rhizopus*）形态

1—囊轴；2—囊托；3—孢子囊；

4—孢囊梗；5—匍匐菌丝；6—假根

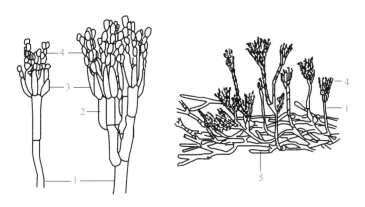

图 2-18　青霉属（*Achlya*）形态

1—分生孢子梗；2—梗基；3—小梗；4—分生孢子；5—营养菌丝

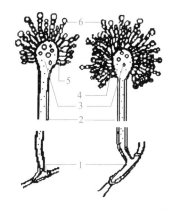

图 2-19　曲霉属（*Aspergillus*）形态

1—足细胞；2—分生孢子梗；3—顶囊；4—初生小梗；

5—次生小梗；6—分生孢子

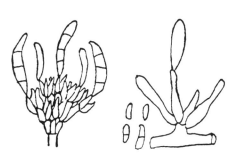

图 2-20　镰刀霉属（*Fusarium*）形态

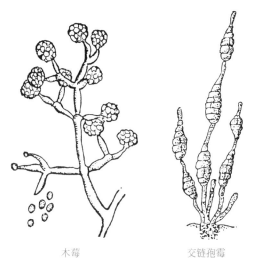

木莓　　　　　　　　交链孢霉

图 2-21　木霉属（*Trichoderma*）和交链孢霉属（*Alternaria*）形态

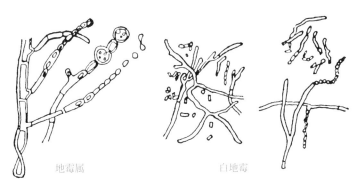

地霉属　　　　　　　　　白地霉

图 2-22　地霉属（*Ceotrichum*）和白地霉（*C. candidum*）形态

相关链接 2-5　　　　　　　　　　　　　　　　　　　　　　　− □ ×

创新思维与伟大的发现

　　1929 年英国的弗来明（Fleming）医生在研究金黄色葡萄球菌（以下简称葡萄球菌）时，平板上偶然污染了一株青霉。他惊奇地发现，在青霉菌落周围的葡萄球菌不能生长。当时权威性的观点认为，这是因为青霉菌的生长消耗了培养基中的营养，使其菌落周围的葡萄球菌"饿死"所致。但一直在思考如何消灭可恶的葡萄球菌（引起伤口溃烂）的弗来明却由此敏锐地感觉到，可能是青霉菌分泌了某种物质杀死或抑制了葡萄球菌的生长。沿着这个崭新的思路，弗来明通过所设计的试验揭示了一个崭新的世界：用一小滴青霉菌培养物的滤液滴在正在生长的葡萄球菌的平板上，几小时后，葡萄球菌奇迹般地消失了！这一发现为人类从微生物中寻找医治传染病的生物药物打开了大门。1943 年，经弗洛里（Florey）和柴恩（Chain）的继续研究，终于将青霉产生的这种抗生素物质——青霉素提纯出来，制成了抗细菌感染的药物。青霉素的问世挽救了无数人的生命，至今经过改造的青霉素系列药物仍在发挥杀灭病原细菌的巨大威力。随之而兴起的造福于人类的抗生素工业得到了蓬勃发展。科学家敏锐的洞察力、创造性的思维和潜心的研究精神成为后人的楷模。

2.2.2　微型藻类

　　微型藻类是一类能进行光合作用的真核低等植物。藻类种类繁多，形态各异，有单细胞的，也有多细胞的。一般个体微小，需借助显微镜才能看见或看清楚。结构简单，无根茎叶的分化。具有色素体，含叶绿素、类胡萝卜素等光合色素，能进行光合作用。生殖方式低级，生殖器官多数为单细胞，合子（受精卵）发育不形成多细胞的胚。主要生活在水中，分布在水的上层，故也称浮游植物。根据藻类所含光合色素的种类、形态结构、生殖方式等差异，通常将藻类分成 10 个门，其中水生环境和污水生物处理中常见的为裸藻门、绿藻门、金藻门、甲藻门、黄藻门、硅藻门、隐藻门。

2.2.2.1　微型藻类的常见类群

　　（1）裸藻门　单细胞，大多能运动，具 1 条鞭毛（少数 2～3 条）。细胞呈椭圆形、卵形、纺锤形或长带形，末端常尖细。细胞前端有胞口，下连胞咽、贮蓄泡，周围为伸缩泡，红色眼点一个。细胞裸露无细胞壁，仅具由原生质特化形成的表质膜。有些种类表质膜较软，细胞可变形；有些种类表质膜较硬，细胞不变形。有少数种类在表质膜外具囊壳，囊壳无色或呈黄、棕、橙色。裸藻色素体形状多样，有盘状、星状、带状等。藻体多呈鲜绿色，少红色或无色（无色素体）。

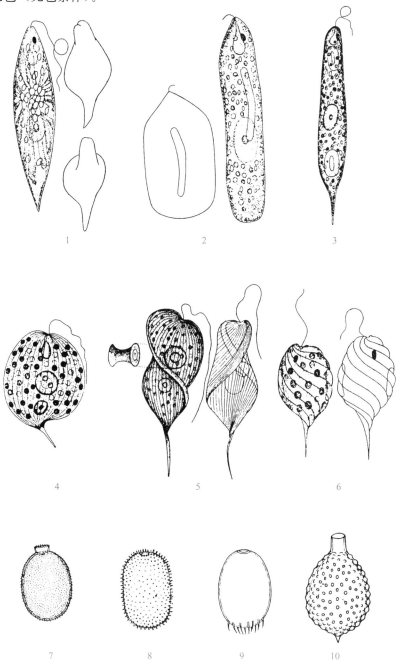

图 2-23　裸藻门常见属的常见种

1—绿色裸藻（*Euglena viridis*）；2—带形裸藻（*E. ehrenbergii*）；3—尖尾裸藻（*E. oxyuris*）；4—宽扁裸藻（*Phaccus pleuromectes*）；5—扭曲扁裸藻（*Ph. tortus*）；6—梨形扁裸藻（*Ph. pyrum*）7—芒刺囊裸藻（*Trachelomonas spinulosa*）；8—南方囊裸藻（*Tr. australica*）；9—尾棘囊裸藻（*Tr. armata*）；10—珍珠囊裸藻（*Tr. margaritifera*）

　　裸藻大多为自养生物，无色种类为异养，可吞食有机碎屑或进行渗透营养。

　　裸藻分布广泛，在湖泊、河流的沿岸地带、沼泽、稻田、沟渠、潮湿土壤中均可生长，在有机物质丰富的小型水体中数量多，常是生活污水污染的指示生物，在氧化塘生物自净过程的初期可起较大作用。夏季有时大量繁殖，可形成水华。裸藻门常见属的特征见表2-4，常见种见图2-23。

　　（2）绿藻门　绿藻个体形态差别较大，有单细胞体、群体和丝状体。运动的种类多具2～4条顶生、等长的鞭毛。色素体的形状有杯状、芽状、板状、网状、星芒状，数目1至多个，呈草绿色。广泛分布在各类水体、土壤表面和树干上，在淡水中最常见。绿藻门常见属的特征见表2-5，常见种见图2-24～图2-26。

表 2-4　裸藻门常见属的特征比较

属	主要特征	分布
裸藻	单细胞、单鞭毛；大多数表质膜有线纹或颗粒，柔软，细胞可变形；体型长，呈纺锤形、椭圆形、圆柱形等；色素体1至多个，多周生（沿细胞表膜着生）；少数无色	浅小而有机质丰富的水体，大量繁殖可形成绿色、黄褐色或棕红色的水华
扁裸藻	单细胞、单鞭毛、细胞扁平似一树叶，不变形；正面观一般呈圆形、卵形或椭圆形，有时螺旋形扭转，后端多呈尾状；表膜上有各种花纹，色素体呈圆盘形，多个，周生	浅小水体，喜有机质丰富水质
囊裸藻	单细胞，单鞭毛，细胞外有囊壳；囊壳形状多样，表面光滑或有花纹或刺，无色或黄、橙、褐色；囊壳前端有鞭毛孔，有领或无领	小型淡水水体，某些种类大量繁殖可形成水华

表 2-5　绿藻门常见属的特征比较

代表属	主要特征	分布
衣藻	单细胞、球形、椭球形等；细胞前端常有乳头状突起；鞭毛2条、等长，红色眼点1个，色素体1个，多杯状	有机质丰富水体
盘藻	由许多衣藻型（4个、16个、32个）细胞排列成近方形的扁平盘状群体，群体外有公共胶被，细胞间有胶质丝相连	各类水体
小球藻	单细胞或群体、球形或椭球形，色素体杯状或片状，1个，周生	较肥沃的水体
团藻	由数百至几万个衣藻型细胞组成群体，群体外具胶被，多球形	有机质较多的水体中，春季可大量繁殖
栅藻	定形群体，多由4～8个（少2个、16个、32个）细胞呈栅列状排列，单个细胞纺锤形或椭球形	各类水体
弓形藻	单细胞，纺锤形，直或弯曲，细胞两端的细胞壁延伸为长刺	各类水体
十字藻	定形群体，由四个细胞排列成方形或长方形；细胞呈三角形、梯形、半圆形或椭圆形	各类水体
顶棘藻	单细胞、椭球形、卵形或扁球形，细胞两端或两端和中部具对称排列的长刺	有机质丰富的小型水体
四角藻	单细胞、细胞扁平或角锥形，具3～5个角；角分叉或不分叉；角延长成突起或无突起	小型水体
纤维藻	单细胞或聚集成群，细胞呈针形至纺锤形，末端尖；直或弯曲，色素体片状，1个	肥沃小型水体
盘星藻	由2～128个细胞排列成一层细胞厚的定型群体，呈盘状、星状，群体边缘细胞常具突起	各类水体
多芒藻	单细胞，球形，四周具许多不规则排列的纤细短刺	较肥沃的湖泊和池塘中，夏秋季多
角星鼓藻	单细胞，多辐射对称，半细胞的顶角或侧角多形成长短不等的突起，细胞壁平滑，或具花纹、刺、瘤	富营养水体
鼓藻	单细胞，细胞侧扁，缢缝深凹，半细胞正面观近圆形或半圆形	小型水体
丝藻	不分枝丝状体，以长形的基细胞附着在基质上，色素体带状	各类水体
水绵	不分枝丝状体，细胞圆柱形，色素体带状，1～16条，沿细胞壁作螺旋盘绕	各类水体

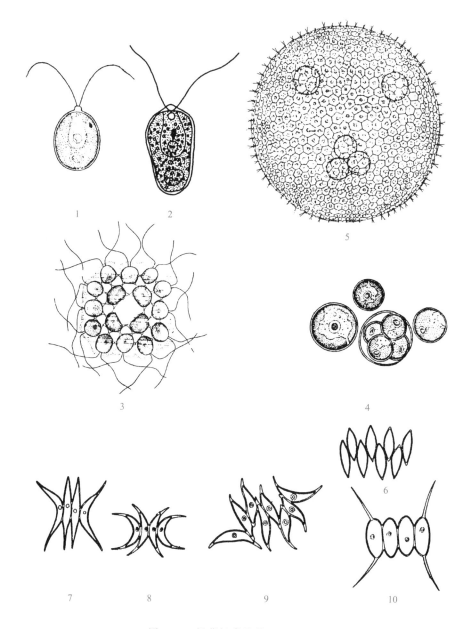

图 2-24 绿藻门常见种 (一)

1—得巴衣藻（*Chlamydomonas debaryana*）；2—蚕豆衣藻（*C. pisiformis*）；

3—盘藻（*Gonium pectorale*）；4—小球藻（*Chlorella vulgaris*）；

5—美丽团藻（*Voluox aurens*）；6—斜生栅藻（*Scenedesmus oblipuus*）；

7—二形栅藻（*S. dimotpluws*）；8—尖细栅藻（*S. acuminatus*）；

9—爪哇栅藻（*S. javaensis*）；10—四尾栅藻（*S. quadricauda*）

（3）硅藻门　硅藻形态多样，有单细胞体、群体或由单列细胞构成的丝状体。细胞壁硅质化，称为壳体，壳体由上壳和下壳组成，就像培养皿的底和盖一样。上下壳套合的地方，环绕一周，称为环带。壳面的形状和壳面上花纹的排列方式是分类的主要依据。细胞内有一个核和 1 至多个色素体，色素体小盘状或片状，呈黄绿色或黄褐色。繁殖方式为无性繁殖的纵分裂和有性繁殖。

硅藻广泛分布在各类水体中，有的种可作为土壤和水体盐度、腐殖质含量和酸碱度的指示生物。一般在春秋两季大量繁殖，是鱼、贝等水生动物的优良食料，有些种类大量繁殖时可导致海洋发生赤潮。

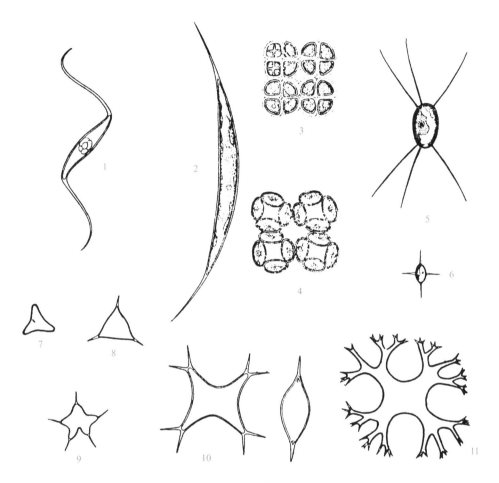

图 2-25　绿藻门常见种（二）

1—螺旋弓形藻（*Schroederia spiralis*）；2—硬弓形藻（*S. robusta*）；

3—四角十字藻（*Crucigenia quadrata*）；4—华美十字藻（*C. lauterbornei*）；

5—盐生顶棘藻（*Chalatella subsalsa*）；6—十字顶棘藻（*C. wratislaviensis*）；

7—三叶四角藻（*Tetraedron trilobulatum*）；8—三角四角藻（*T. trigonum*）；

9—具尾四角藻（*T. caudatum*）；10—二叉四角藻（*T. bifurcatum*）；

11—小形四角藻（*T. gracile*）

根据硅藻壳面花纹排列的方式不同可分成中心硅藻和羽纹硅藻两大类。中心硅藻多为圆形或卵圆形，壳面上的花纹自中央向四周呈辐射状排列。如小环藻属（*Cyclotella*）、直链藻属（*Melosira*）等，多为海产种，少淡水产。羽纹硅藻为长形，壳面花纹排列成左右对称。有的壳面具纵裂缝（壳缝），其中央呈加厚状，称中央节，在两端称端节。如舟形藻属（*Navicula*）、羽纹藻属（*Pinnularia*）、辐节藻属（*Stauroneis*）、桥弯藻属（*Cymbella*）、异极藻属（*Gomphonema*）、脆杆藻属（*Fragilaria*）、针杆藻属（*Synedra*）。硅藻门常见属的特征见表 2-6，常见种见图 2-27 和图 2-28。

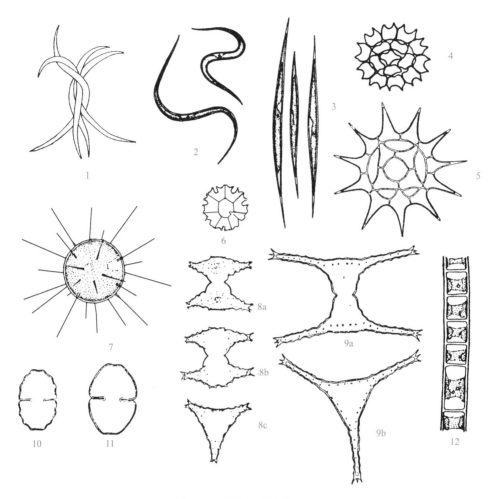

图 2-26 绿藻门常见种（三）

1—螺旋纤维藻（*Ankistrodesmus spiralis*）；2—狭形纤维藻（*A. angustus*）；3—针形纤维藻
（*A. acicularis*）；4—二角盘星藻（*Pediastrum duplex*）；5—单角盘星藻具孔变种（*P. simplex*
var. *duodenarium*）；6—四角盘星藻（*P. tetras*）；7—疏刺多芒藻（*Golekinia paucispina*）；8a，8b，
8c—纯齿角星鼓藻（*Staurastrum crenulatum*）；9a，9b—纤细角星鼓藻（*S. grocile*）；10—凹凸鼓藻
（*Cosmarium impressulum*）；11—光滑鼓藻（*C. laeve*）；12—颤丝藻（*Ulothrix oscillarina*）

（4）金藻门　金藻形态多样，有单细胞体、群体或分枝丝状体。大多数种类具 1 条或 2
条、等长或不等长的鞭毛。细胞壁有或无，有的具囊壳或覆盖硅质化的鳞片、刺等。色素体
1 个、2 个或几个，多周生，弯曲片状或带状，呈黄绿色或金棕色。

金藻多生长在透明度较高的清洁的淡水水体，浮游或固着生活。在早春、晚秋水温较低
季节数量较多。金藻对环境变化敏感，有些种类常被作为清洁水体的指示生物。金藻细胞营
养丰富，常是鱼类和其他水生动物的良好食料。少数种类如小三毛金藻大量繁殖时可引起鱼
类死亡。常见代表属有鱼鳞藻属（*Mallomonas*）、黄群藻属（或称合尾藻属）（*Synun*）和
锥囊藻属（或称钟罩藻属）（*Dinobryon*）。见图 2-29。

（5）甲藻门　甲藻多为单细胞，一般呈宽卵形、三角形、球形，背腹或左右略扁，前、
后端常有突出的角。细胞壁有或无，许多种类的细胞壁外有板片，称为壳。壳分为上壳、下
壳，上、下壳之间有一横沟，下壳的腹面还有一纵沟。运动的种类有两条鞭毛（横鞭和纵鞭）。

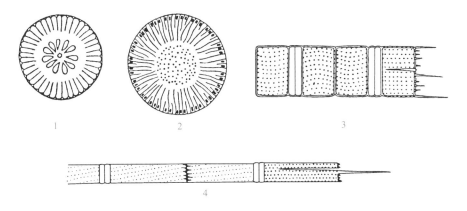

图 2-27　硅藻门常见种（一）

1—具星小环藻（*C. stelligera*）；2—扭曲小环藻（*C. comta*）；3—颗粒直链藻（*M. granulata*）；

4—颗粒直链藻最窄变种（*M. granulata* var. *angustissima*）

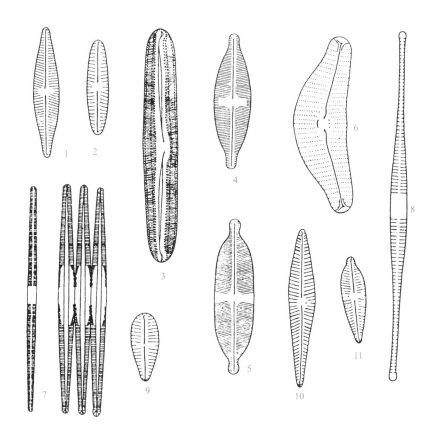

图 2-28　硅藻门常见种（二）

1—隐头舟形藻（*Navicula cryptocephala*）；2—系带舟形藻（*N. cincta*）；

3—大羽纹藻（*Pinnularia maior*）；4—双头辐节藻（*S. anceps*）；

5—双头辐节藻线形变型（*S. anceps* f. *linearis*）；6—箱形桥弯藻（*Cymbella cistula*）；

7—克洛脆杆藻（*Fragilaria crotonensis*）；8—尖针杆藻（*Synedra acus*）；

9—橄榄性异极藻（*Gomphonema olivaceum*）；10—纤细异极藻（*G. gracile*）；

11—狭窄异极藻延长变种（*G. angustatum* var. *producta*）

表 2-6　硅藻门常见属的特征比较

纲	属	主 要 特 征	生活习性与分布
中心纲	小环藻	单细胞,呈圆盒形、短柱形或鼓形;壳面呈圆形,边缘有放射状排列的孔纹或线纹,色素体多数,小盘状	多浮游生活,早春大量出现
	直链藻	细胞由壳面相互连接成链丝状;壳体呈圆柱形;壳瓣明显向带面弯曲延伸,多数种类有一环状缢缩,称为"环沟"	多浮游生活,各类水体中均有;早春、晚秋数量多
羽纹纲	舟形藻	单细胞,细胞壳面多线形到披针形或呈对称的波浪状,末端呈圆形、喙形或头形;色素体片状,2 块	多浮游,各类水体中均有
	羽纹藻	单细胞,壳面多呈线形、椭圆形或披针形,末端常为头状或喙状	主要生活在淡水沿岸带
	辐节藻	单细胞,壳面呈狭椭圆形或线形、披针形;壳面中心区有"辐节"(增厚呈宽带状)	各类水体中均有
	桥弯藻	单细胞,壳面两侧不对称,背侧凸出,腹侧平直或中部略凸出,壳缝略弯曲,常偏近腹侧	浮游或着生,多为淡水种类
	异极藻	单细胞或叉状分枝群体,壳面两端不对称,呈棒状或披针状	多为淡水种类
	等片藻	带状或锯齿状群体,壳面呈椭圆形到宽披针形或线形	各类水体中均有
	脆杆藻	长带状群体,壳面多长披针形到细长线形,中部膨大或收缢,群体形状特征在固定和制片后丧失	常见淡水种类,多生长在沿岸带
	针杆藻	单细胞,少数为放射状和扇状群体,壳面呈线形或长披针形,中间到两端略渐变狭或等宽	分布广泛,浮游或着生

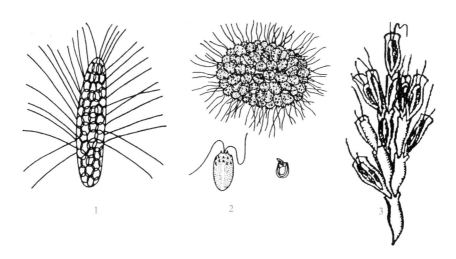

图 2-29　金藻门常见属

1—鱼鳞藻属（*Mallomonas*）；2—黄群藻属（*Synun*）；3—锥囊藻属（*Dinobryon*）

甲藻色素体数目多,有盘状、片状、棒状和带状,多周生,呈棕黄色、黄绿色、灰色、红色,少数种类无色。

甲藻大多是海生种类,淡水种类不多。在适宜的光照和较高水温时,甲藻在短期内可大量繁殖导致湖泊水华和海洋赤潮。

甲藻的代表属有裸甲藻属（*Cymnodinium*）、多甲藻属（*Peridinium*）和角甲藻属（*Ceratium*）。见图 2-30。

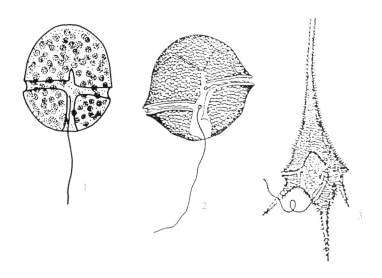

图 2-30　甲藻门常见属

1—裸甲藻（*Cymnodinium*）；2—多甲藻（*Peridinium*）；3—角甲藻（*Ceratium*）

（6）隐藻门　隐藻为单细胞，具鞭毛，能运动。细胞形状有卵形、椭圆形、豆形，有明显的背腹之分，背侧凸出，腹侧平直或略凹。细胞前端宽，钝圆或斜向平截，在腹侧有一向后延伸的纵沟。鞭毛两条，长度略不相等，自前端和腹侧长出。色素体大型、叶状，1～2个，呈黄绿色或黄褐色。

隐藻广泛分布于淡水水体中，特别在有机质较丰富的水体、浅水区、沿岸区数量较多，大量繁殖可形成水华。隐藻是水生动物的重要食料，也可作为水质污染的指示生物。常见代表属有蓝隐藻属（*Chroomonas*）、隐藻属（*Cryptomonas*）、蓝胞藻属（*Cyanomonas*）等（见图 2-31）。

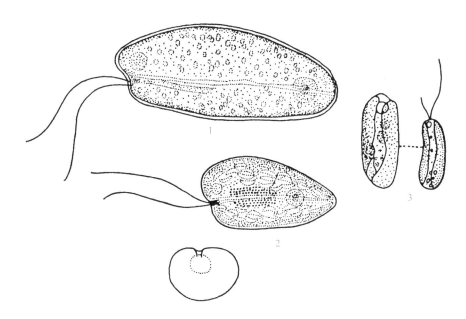

图 2-31　隐藻门常见属

1—卵形隐藻（*Cr. ovada*）；2—啮蚀隐藻（*Cr. erosa*）；3—长形蓝隐藻（*Ch. oblonga*）

2.2.2.2 微型藻类的作用

（1）是自然界有机物和氧气的重要来源 据估计，自然界光合作用制造的有机物中，大约有近一半是由藻类等微生物所产生的，海洋中藻类产生的初级生产力每年约为 50×10^9 t，因此，藻类植物是海洋"牧草"的重要组成部分，也是自然界氧气的重要来源。

（2）维持水体自然平衡 无论在淡水还是海水中，藻类是水生生态系统中重要的初级生产者，是水生食物链中的关键环节，是水生动物的食料，因此在水体自然生态平衡中具有重要作用。

（3）是监测水体环境质量的指示生物 由于一些藻类对其环境变化非常敏感，环境的变化会使水体中藻类的种类及数量发生变化，因此人们就利用这种变化来判断水质是否受到污染及污染程度。例如，较清洁的水体中有鱼鳞藻、簇生竹枝藻、时状针杆藻等。中等污染的水体中有被甲栅藻、四角盘星藻、纤维藻、角星鼓藻、裸甲藻、角甲藻等。严重污染的水体有绿色裸藻、静裸藻和囊裸藻等。

（4）净化环境污染 一方面，有些藻类具有吸收和积累有害元素的能力，且体内所积累的污染元素的浓度常常高出外界环境很多倍；有些有害的化学物质可通过藻体解毒或降解以至去除。另一方面，在水体中通过光合作用，释放氧气，促进好氧细菌对水中有机污染物的分解。

（5）有害作用 在特定条件下，藻类异常增殖会导致湖泊发生水华，海洋发生赤潮，使水质恶化变臭，鱼虾大量死亡。此外，有些藻类如甲藻，还会产生毒素积累于鱼虾、贝类体内，人类食用后会引起中毒，严重的可导致死亡。

2.2.3 原生动物

2.2.3.1 原生动物的主要特征

原生动物是动物中最原始、最低等、结构最简单的单细胞真核动物，其形态多样，长度为 $10 \sim 300 \mu m$，需在光学显微镜下才可看见，有一个或多个细胞核。原生动物在形态上虽然只有一个细胞，但在生理上确是一个完善的有机体，在原生动物细胞内分化出了能行使各种生理功能的胞器，能行使营养、呼吸、排泄、生殖等机能。例如，消化、营养的胞器有胞口、胞咽、食物泡等；排泄的胞器有收集管、伸缩胞、胞肛等；运动的胞器有鞭毛、纤毛、伪足等；感觉胞器有眼点等。有的胞器能执行多种功能，如伪足、鞭毛、纤毛既能执行运动功能，又能执行摄食功能，甚至还有感觉功能。

大部分原生动物为异养生活，以吞食细菌、真菌、藻类为食，或以死有机体、腐烂物和有机颗粒为食。少数种类含有光合色素，能进行光合作用，为自养生活。

原生动物的生殖方式如下。

$$
\text{生殖方式}
\begin{cases}
\text{无性生殖}
\begin{cases}
\text{二分裂法}
\begin{cases}
\text{纵分裂} \\
\text{横分裂}
\end{cases}
\text{原生动物的主要繁殖方式} \\
\text{出芽生殖（如吸管虫）} \\
\text{多分裂法（如寄生的孢子虫）}
\end{cases} \\
\text{有性生殖（常在环境条件差时出现）}
\end{cases}
$$

2.2.3.2 原生动物的主要类群

原生动物种类繁多，根据其运动胞器和摄食方式不同可把水体中生活的原生动物分成四大类，即鞭毛虫类、肉足虫类、纤毛虫类和吸管虫类。它们在污水生物处理中起着非常重要的作用。

（1）鞭毛虫类 以鞭毛作为运动器官。根据鞭毛虫有无色素体可分成两类：一类为植鞭毛虫，既有鞭毛又有色素体的生物，即藻类中的裸藻门；另一类为动鞭毛虫，无色素体，常见代表有屋滴虫属（*Oikomonas*）、波豆虫属（*Bodo*）、异鞭虫属（*Anisonema*）、袋鞭虫属（*Peranema*）等（见图 2-32）。

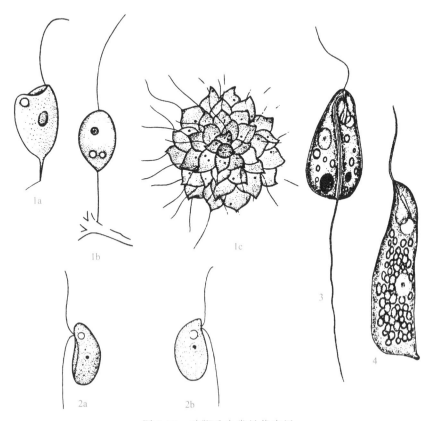

图 2-32 动鞭毛虫常见代表属

1a，1b，1c—屋滴虫属（*Oikomonas*）；2a，2b—波豆虫属（*Bodo*）；3—异鞭虫属（*Anisonema*）；4—袋鞭虫属（*Peranema*）

鞭毛虫喜在有机质丰富的水体中生活。在污水生物处理系统中，活性污泥培养初期或处理效果差时鞭毛虫会大量出现，因此，可作为污水处理效果的指示生物。

（2）肉足虫类 肉足虫类以伪足为运动和摄食器官，没有胞口和胞咽。细胞的形态多样，有的种类虫体能变形，如变形虫，虫体内细胞质能不定方向地流动并形成伪足；有的种类细胞质膜较硬不能变形，如异鞭虫；有的细胞质膜特化成坚固的外壳、披甲或骨针等，如匣壳虫、表壳虫、砂壳虫等。在污水处理中常见的代表类群有变形虫、螺足虫、表壳虫、磷壳虫和砂壳虫等（见图 2-33）。

肉足虫类广泛分布在各类水体中。有些种类，如变形虫、螺足虫、表壳虫、磷壳虫多喜欢生活在有机质较丰富的水体中，在污水处理系统中，一般在活性污泥培养中期出现。

（3）纤毛虫类 纤毛虫类以纤毛作为运动和摄食器官，它是原生动物中最高级的一类，表现在有固定的细胞结构和细致的摄食细胞器。每个细胞都有一个大核（营养核）和一个以上的小核（生殖核），有的种类如草履虫还有肛门点等。纤毛虫的生殖方式为分裂生殖和结合生殖。纤毛虫在自然界和污水生物处理系统中经常出现。根据它们的运动和营养方式又可区别为游泳型、匍匐型和固着型三类。

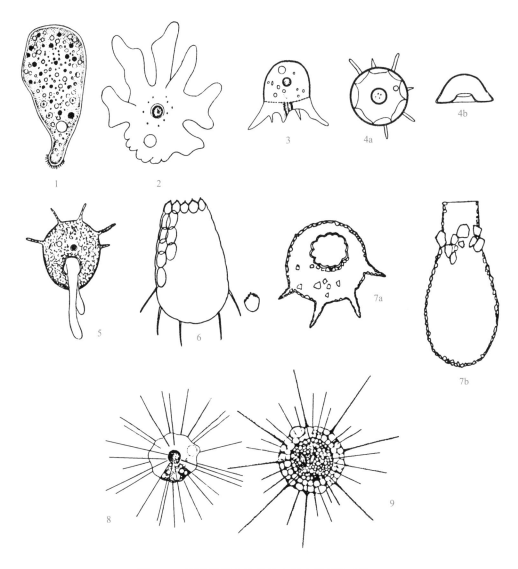

图 2-33　活性污泥中常见的肉足虫类原生动物

1—多核变形虫（*Pelomvxa*）；2—无恒变形虫（*Amoeba*）；

3—螺足虫（*Cochliopodium*）；4a，4b—表壳虫（*Arcella*）；5—匣壳虫（*Centropyxis*）；

6—鳞壳虫（*Euglypha*）；7a，7b—砂壳虫（*Difflugia*）；8—太阳虫（*Actinophrys*）；

9—光球虫（*Actinosphaerium*）

　　① 游泳型纤毛虫。游泳型纤毛虫能借助周身的纤毛而自由运动。常见代表属有草履虫（*Paramecium*）、肾形虫（*Colpoda*）、斜管虫（*Chilodonella*）、漫游虫（*Liomotus*）、半眉虫（*Idemiophorys*）、四膜虫（*Tetrahymena*）、裂口虫（*Amphileptus*）、喇叭虫（*Stebtor*）、板壳虫（*Nitzsch*）、管叶虫（*Trachelophyllum*）等，其识别要点见表 2-7，常见种见图 2-34 和图 2-35。

　　游泳型纤毛虫多数是在 α-中污带和 β-中污带出现，少数在寡污带中生活。在污水生物处理中，游泳型纤毛虫在活性污泥培养中期或处理效果较差时出现。草履虫、扭头虫、豆形虫等在缺氧或厌氧环境中生活，耐污力极强，而漫游虫则喜在较清洁水中生活。

表 2-7　游泳型纤毛虫常见属识别要点比较

代表属	识 别 要 点
草履虫	体呈鞋底形或雪茄形,有十分发达的口沟
肾形虫	体呈肾形,背腹扁平,体右缘弧形,左缘平直,胞口位于身体中央腹面
斜管虫	体常呈椭圆形,前端左缘有"吻"突,背腹平,仅腹面有纤毛,胞口位于腹面前半部,裂缝状
半眉虫	体呈矛形或柳叶刀状,体前端有刺丝泡束形成的钉针,胞口在"颈"的腹侧,裂缝状,大核两个,中间共一小核
漫游虫	体呈矛形,侧面在形态上与半眉虫相似,但左面躯干部向外突起,有削细的颈部和尾部,体前端无"钉针"
四膜虫	体小,呈梨形,口位于腹面中部与身体纵轴一致
喇叭虫	体呈喇叭形,能高度收缩,口缘区纤毛沿身体前端向右旋转约 300°,大核带状或念珠状,体长 0.5～2mm
板壳虫	体呈榴弹形,体表有纵横排列整齐的硬质的板壳
管叶虫	体呈矛形,十分扁平,前端有明显的颈状延伸

注:将口部移到视野的前方,并从腹面(有口一面)观察,观察者视野的右方就是虫体的左侧。

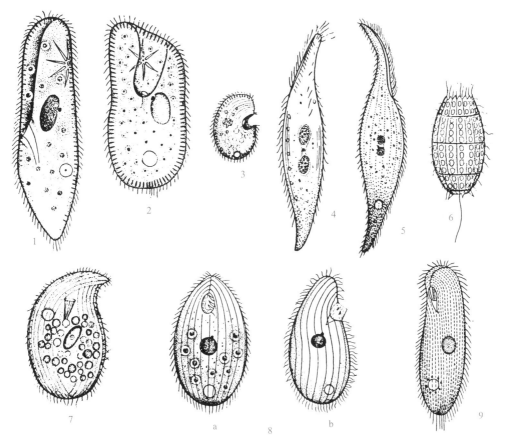

图 2-34　活性污泥中常见的游泳型纤毛虫(一)

1—尾草履虫(*Paramecium caudatum*);2—绿草履虫(*P. bursaria*);

3—僧帽肾形虫(*Colpoda cucullus*);4—片状漫游虫(*L. fasciola*);

5—肋状半眉虫(*H. pleurosigma*);6—毛板壳虫(*Coleps hirtus*);

7—食藻斜管虫(*Chilodonella algivora*);8—梨形四膜虫(*Tetrahymena priformis*)

(a. 腹面,b. 侧面);9—弯豆形虫(*Colpidium campylum*)

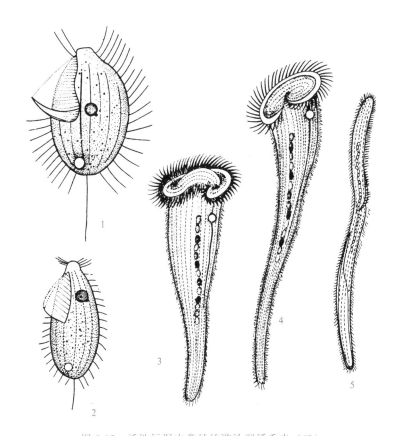

图 2-35　活性污泥中常见的游泳型纤毛虫（二）

1—银灰膜袋虫（*Cyclidium glaucoma*）；2—长圆膜袋虫（*C. oblongum*）；3—天蓝喇叭虫（*S. coeruleus*）；

4—多态喇叭虫（*S. polymorphrus*）；5—小旋口虫（*Spirostomum minus*）

②匍匐型纤毛虫。匍匐型纤毛虫的体纤毛融合为棘毛，又称触毛。触毛排列于虫体腹面，起支撑虫体、在污泥絮体表面爬行或游动的作用。匍匐型纤毛虫以游离细菌或污泥碎屑为食。污水生物处理中常见的代表属有楯纤虫属（*Aspidisca*）、尖毛虫属（*Qxytricha*）、棘尾虫属（*Stylonychia*）、游仆虫属（*Euplotes*）等，常见种类见图 2-36。

③固着型纤毛虫。常见的固着型纤毛虫主要是钟虫类。钟虫体呈钟形，大多数钟虫在后端有尾柄，固着在其他物体（如活性污泥、生物膜等）上，有的种类尾柄中有肌原纤维组成的肌丝，与虫体里的肌原纤维相联系。当虫体受到刺激时，尾柄中的肌丝收缩，虫体也随之收缩。钟虫前端有一个由许多纤毛构成的纤毛环带，称口缘纤毛。口缘纤毛摆动使虫体前端的水形成旋涡，把水中的细菌、有机颗粒引进胞口。食物在虫体内形成食物泡，食物泡随着细胞质流动而移动，并逐渐被消化、吸收。剩下的残渣代谢废物和多余的水分渗入到伸缩泡，并通过伸缩泡的收缩而排出体外，起维持体内水分平衡的作用。正常情况下伸缩泡定期收缩和舒张，但当水中溶解氧降低到 1mg/L 以下时，伸缩泡就不活动，而处于舒张状态。故可通过对伸缩泡的观察来推断水中溶解氧的状况。

在污水生物处理中常见的钟虫有沟钟虫、污钟虫、八钟虫、杯钟虫和小口钟虫，见图 2-37。

在污水生物处理中常见的群体固着型纤毛虫有独缩虫属（*Carchesium*）、聚缩虫属（*Zooth-amnium*）、累（等）枝虫属（*Epistylis*）、盖纤虫属（*Opercularia*）等。累（等）枝虫和盖纤虫的尾柄内均无肌丝，但累（等）枝虫的纤毛带无小柄，有膨大围口唇，而盖纤虫的纤毛带有小

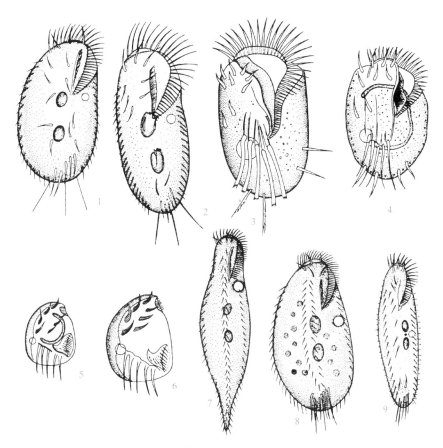

图 2-36　活性污泥中的匍匐型纤毛虫

1—弯棘尾虫（*S. curvata*）；2—背状棘尾虫（*S. notophora*）；3—阔口游仆虫（*E. eurystomus*）；
4—盘状游仆虫（*E. patella*）；5—有肋楯纤虫（*A. castate*）；6—凹缝楯纤虫（*A. sulcata*）；
7—尾瘦毛虫（*Ureleptus caudatus*）；8—绿全列虫（*Holosticha viridis*）；9—膜状急纤虫（*Tachysoma pellionella*）

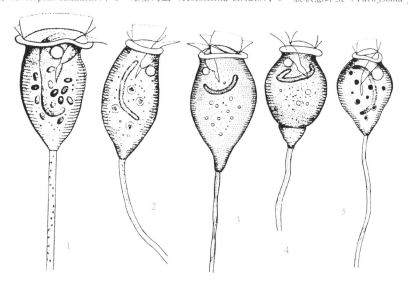

图 2-37　活性污泥中常见的钟虫

1—沟钟虫（*Vorticella convallaria*）；2—污钟虫（*V. putrina*）；3—八钟虫（*V. actava*）；
4—杯钟虫（*V. cupifera*）；5—小口钟虫（*V. microstoma*）

柄并能伸缩。聚缩虫和独缩虫的尾柄内均有肌丝，聚缩虫的尾柄肌丝相连，各个体同时呈“之”字形收缩，而独缩虫的尾柄肌丝不相连，各个体单独呈螺旋盘绕收缩（见图 2-38）。

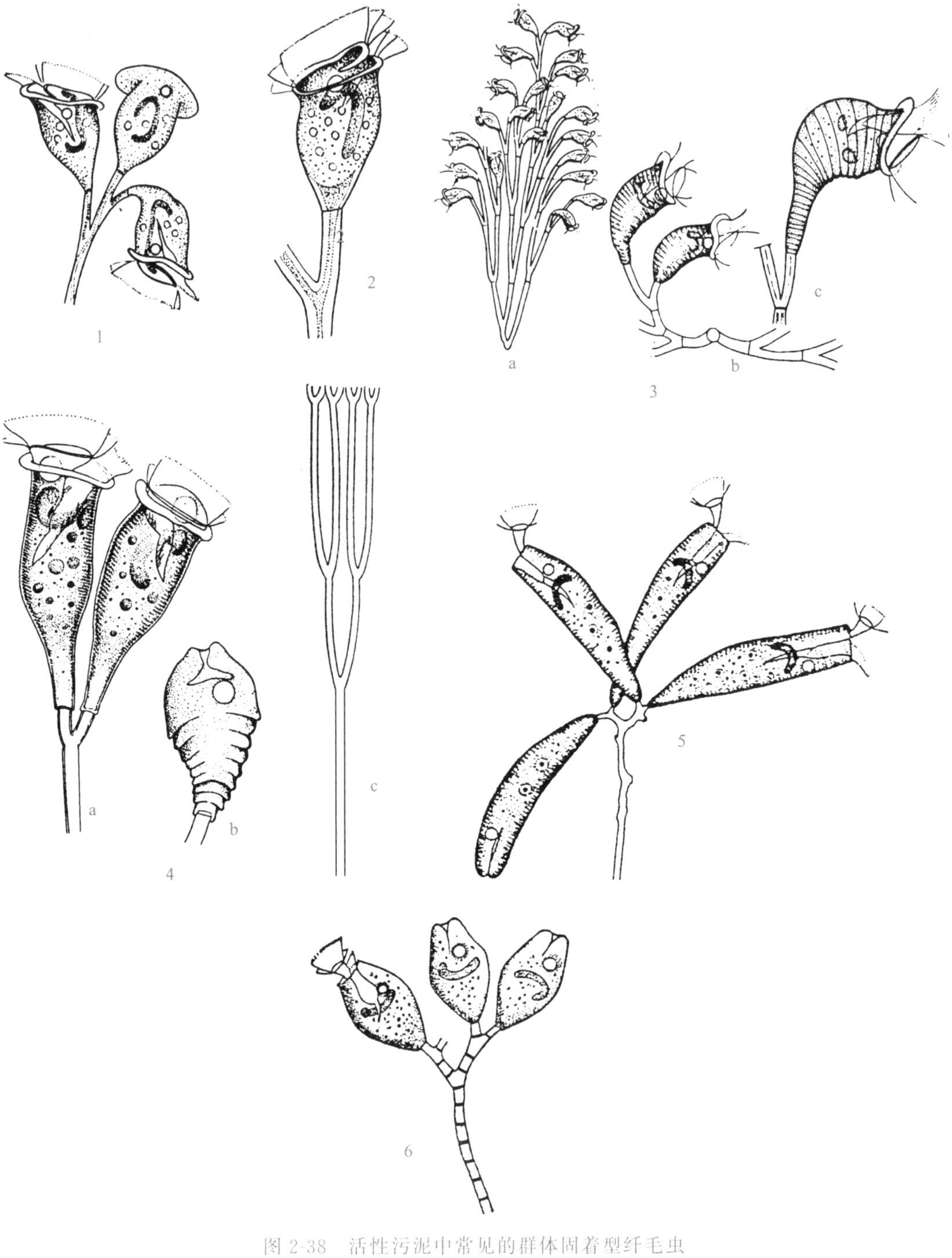

图 2-38 活性污泥中常见的群体固着型纤毛虫

1—螅状独缩虫（*Carchesium polypinum*）（分支的一部分）；
2—树状聚缩虫（*Zoothamnium arbuscula*）（分支的一部分）；3—浮游累枝虫（*E. rotans*）
（a. 自然环境中形态，b. 活性污泥中形态，c. 自然环境个体形态）；4—褶累枝虫（*E. plicatilis*）
（a. 个体形态，b. 个体收缩状态，c. 柄分枝状态）；5—长盖虫（*O. elongate*）；6—节盖虫（*O. coarctata*）

固着型纤毛虫，如累枝虫、盖纤虫等常常是水体自净程度高、污水处理效果好的指示生物。在活性污泥中，固着型纤毛虫可促进生物絮凝作用，从而改善出水水质。

（4）吸管虫类　吸管虫类幼体有纤毛，成虫纤毛消失具有吸管和柄，行固着生活。吸管长短不一，末端膨大或修尖，呈放射状排列于虫体上，并与虫体细胞质相通。虫体呈球形、倒圆锥形或三角形等，没有胞口，以吸管为捕食细胞器。当纤毛虫和轮虫等微型动物碰上吸管时，就会被粘住，并被注入消化液消化，体液被吮吸干而死亡。在污水生物处理中常见的有足吸管虫（*Podophrya*）、壳吸管虫（*Acineta*）和锤吸管虫（*Tokophrya*）等（见图2-39）。

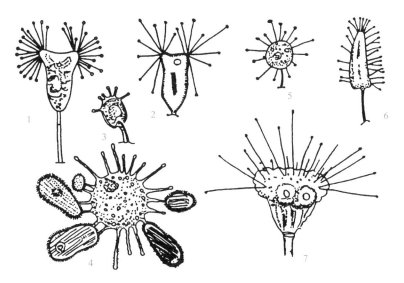

图 2-39　活性污泥中常见的吸管虫类原生动物

1—壳吸管虫（*Acineta tuberosa*）；2—*A. lacustris*；3—环锤吸管虫（*Tokophrya eyelopum*）；
4—球吸管虫捕食纤毛虫情景；5—固着足吸管虫（*Podophrya fixa*）；6—长足吸管虫（*Pelongata*）；
7—尘吸管虫（*Ephelota gemmipara*）

吸管虫多生活在有机污染的水体中，是污水生物处理净化效果正常的指示生物。

2.2.3.3　原生动物在污水生物处理中的作用

（1）净化作用　原生动物直接参与污染物的去除，主要是吞食游离细菌和有机颗粒物，并能降解溶解性的有机物。原生动物的纤毛虫吞噬细菌的能力较强，原生动物吞食大量的游离细菌，使出水变清澈，水的浊度、有机氮和 BOD 降低，提高出水水质。

（2）絮凝作用　活性污泥颗粒主要由细菌絮凝而成，而有些原生动物能产生絮凝物质，促进活性污泥的形成。实验证明，钟虫、累枝虫、草履虫等纤毛虫能分泌一些黏性多糖，使它们能够附着在小的絮凝体上，同时促进絮凝体进一步黏附细菌，使污泥絮体增大，提高污泥沉降性能，使出水澄清。常发现在活性污泥培养初期，一旦处理系统中出现固着型纤毛虫，随后就可看到活性污泥絮体的形成并逐渐增大。

（3）指示作用　原生动物个体大，便于观察，对于环境变化比细菌敏感，更早更容易反映环境的变化。直接观察原生动物的种类组成、数量、生长和变化状况，也能反映出细菌的生长和变化情况，即间接地评价污水处理过程和处理效果的好坏，起指导生产的作用。

污泥恶化时，活性污泥絮凝体较小，往往为 0.1～0.2mm。主要出现豆形虫属、肾形虫属、草履虫属、瞬目虫属、波豆虫属、尾滴虫属、滴虫属等优势原生动物。这些都属于快速游泳型的种属。污泥严重恶化时，微型动物几乎不出现，细菌大量分散，活性污泥的凝聚、沉降能力下降，处理能力差。

当污泥从恶化恢复到正常的过渡期，常常有下列原生动物出现：漫游虫属、斜叶虫属、管叶虫属等，这些都属于慢速游泳或匍匐行进的生物。

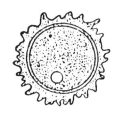

在一定条件下，原生动物能分泌胶质并形成膜将虫体包围起来，形成孢囊（见图2-40）。大多数孢囊用以保护虫体免受不利的环境因素（如温度不适，pH值变化，食料短缺等）的影响。待环境转好时，虫体能恢复活力，脱孢而出。

如原生动物群体的纤毛虫缩成一团，或发现钟虫的柄脱落或形成孢囊，则表明水中存在有毒物质，或其他条件如温度、pH值等的不适宜。累枝虫对毒物的耐受能力较一般钟虫强，实验表明，废

图2-40　原生动物的孢囊

水中硫含量超过100mg/L时，其他原生动物都消失或生长不正常，而累枝虫仍能正常生活。

有些原生动物对水中溶解氧的变化十分敏感，当曝气池中溶解氧降低到1mg/L以下时，钟虫生长不正常，体内伸缩泡会胀得很大，顶端突进一个气泡，很快会死亡，反之则表明溶解氧情况适中良好。变形虫和鞭毛虫较能忍耐缺氧环境，通常出现在大负荷的处理系统或污水处理起始阶段，三角鞭毛虫的出现表示曝气不足或负荷过大而引起的缺氧状态。细湿鲜豆形虫（*Colpidium canpylum*）、油碟钟虫（*V. microstoma*）是高负荷处理缺氧的标志。

有肋循纤虫（*Aspidisca costata*）对缺氧很敏感，它的存在说明供氧良好。大量的固着型纤毛虫的出现表示废水中溶解氧适当，活性污泥状况良好。肉足虫大量出现时预示出水水质差。吸管虫大量出现表示出水水质好，污泥驯化佳。

2.2.4　微型后生动物

微型后生动物是指形体微小、需借助光学显微镜才能看清楚的多细胞动物。常见种类有轮虫、线虫、寡毛类颤体虫等，以及枝角类和桡足类等甲壳动物。这些动物在天然水体、潮湿土壤、水体底泥和污水生物处理系统中均有存在，对水质有一定的净化和指示作用。

2.2.4.1　轮虫

轮虫（*Rotifer*）是一类小型多细胞动物，一般长100~500μm，需借助光学显微镜才能看到。虫体一般分成头部、躯干部和尾部（足部）。头部有头冠，是由1~2圈纤毛组成的左右两个纤毛环，纤毛经常摆动犹如旋转的车轮，故名轮虫。轮虫头部的左右两个纤毛环向相对方向拨动，形成中间的水流，使游离细菌、悬浮的有机颗粒及污泥碎屑等随水流由两纤毛环之间的口部进入虫体，故头冠具有运动和摄食的功能。口外还有咽、食道和咀嚼器。咀嚼器具磨碎食物的功能，咀嚼器有不同类型，常是鉴定种类的依据之一，有些种类具眼点。

头冠下方即为躯干部，是虫体最长最宽的部分，一般背腹扁宽。有些种类的躯干部的表皮薄而软，且具许多环形皱褶，称假节；有些种类的躯干部表皮高度硬化，形成坚硬的被甲，被甲上常有刻纹、刺或棘等。

尾部又称足部，大多呈柄状，有假节的能自由收缩，末端常有分叉的足。

轮虫雌雄异体，一般看到的都是雌体，常进行孤雌生殖。当环境不利时，可形成胞囊，以度过不良环境。

轮虫在自然环境中分布很广，是水生生物的食料。在污水生物处理系统中常在运行正常、水质较好、有机物含量较低时出现，所以轮虫是清洁水体和污水生物处理效果好

的指示生物。但当污泥老化解絮、污泥碎屑较多时，会刺激轮虫大量增殖，数量可多至1mL 中近万个，这是污泥老化解絮的标志。环境中常见的轮虫有旋轮虫、水轮虫、龟甲轮虫，臂尾轮虫、三肢轮虫、多肢轮虫等。活性污泥中常见的轮虫有转轮虫、红眼旋轮虫、猪吻轮虫等（见图 2-41）。

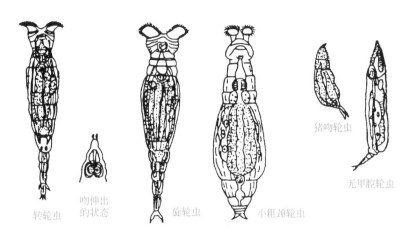

图 2-41　活性污泥中常见的轮虫

2.2.4.2　线虫

线虫（*Rhabdolaimus*）的虫体为长线形（见图 2-42），污泥中的线虫长度一般 1mm 以下，多自由生活。它们以细菌、藻类、轮虫和其他线虫为食，在厌氧区常会大量出现，是污水生物处理中净化程度差的指示生物。

图 2-42　线虫

2.2.4.3　颤体虫

颤体虫（*Aeolosoma*）又称颤蚓蚓，属环节动物的寡毛类，是活性污泥中体形最大、分化较高级的一种多细胞动物。在污泥中出现较多的为红斑颤体虫（见图 2-43）。红斑颤体虫口前叶圆而宽，口在腹侧如吸盘，上有纤毛，是捕食器官；身体分节不明显，每体节背腹有 4 束刚毛，体表有带绿色或黄色的油点。颤体虫以污泥中的细菌和有机碎片为食料。

2.2.4.4　浮游甲壳动物

浮游甲壳动物广泛分布于各种水体中，种类多、数量大，在水生生态系统中占重要地位，是鱼类的重要饵料，也是自然水体水质状况的指示生物。浮游甲壳动物包括枝角类和桡足类。

（1）枝角类　枝角类通称水蚤，俗称红虫，是一类小型甲壳动物，一般体长为 0.2～3.0mm。身体左右侧扁，分节不明显，具有一块由两片合成的甲壳，包被于躯干部的两侧。

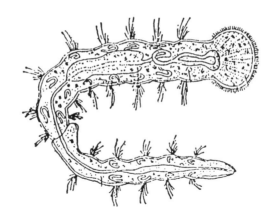

图 2-43　红斑颚体虫

头部有显著的黑色复眼，复眼的周围有许多水晶体，第二触角十分发达，呈枝角状，是运动的主要器官。在身体后腹部末端有一对尾爪（见图 2-44）。

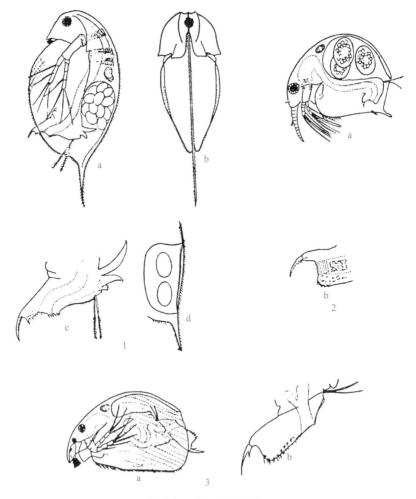

图 2-44　常见的枝角类

1—大型蚤（*Daphnia magna*）（a. 整体，侧面观；b. 整体，背面观；c. 后腹部；d. 卵鞍）；2—长额象鼻蚤（*Bosmina longirostris*）（a. 整体；b. 后腹部）；3—中型尖额蚤（*Alona intermedia*）（a. 整体；b. 后腹部）

（2）桡足类　桡足类也是一类小型甲壳动物，体长 0.3～3.0mm，一般小于 2mm。身体窄长，分节明显，体节数目一般不超过 11 节，可分头胸部和腹部，头胸部较宽，腹部较窄。头部有 1 个眼点、2 对触角和 3 对口器；胸部具 5 对胸足，腹部无附肢。身体末端具 1 对尾叉，雌性腹部两侧或腹面常带 1 个或 1 对卵囊。见图 2-45。

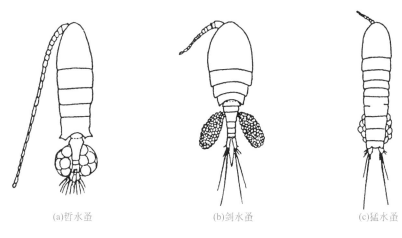

(a)哲水蚤　　　　　(b)剑水蚤　　　　　(c)猛水蚤

图 2-45　桡足类形态

2.3　非细胞型微生物——病毒

病毒（virus）是一类超显微结构的非细胞型生物，广泛寄生在人类、动植物、微生物细胞内。据统计，人类传染病的 80% 由病毒引起，许多动物、植物的疾病与病毒有关。

2.3.1　病毒的主要特征

① 形体微小，直径为 100～300nm，必须借助电子显微镜才能看到，一般能通过细菌滤器。

② 没有细胞结构，仅由核酸和蛋白质组成。而且每一种病毒只含有一种核酸，不是 DNA，就是 RNA。

③ 病毒只在特定的宿主细胞内，利用宿主细胞的代谢系统以核酸复制和核酸蛋白质装配的形式进行繁殖。

④ 专性活细胞内寄生，在活体外没有生命特征。

2.3.2　病毒的形态与结构

2.3.2.1　病毒的形态

病毒的形态多样，有球状、杆状、蝌蚪状、丝状和海胆状等。以近球形的多面体和杆状为多。人和动物的病毒大多为球形，侵染细菌的病毒（噬菌体）多为蝌蚪形（见图 2-46 和图 2-47）。

2.3.2.2　病毒的结构

病毒的基本结构包括核酸内芯和蛋白质衣壳两部分。核酸内芯又称核髓，即 DNA 或 RNA，每种病毒只含一种类型核酸。核髓与蛋白质衣壳构成核衣壳（nucleocapsid），核衣

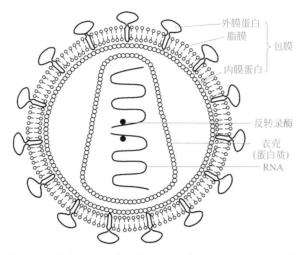

图 2-46 人免疫缺陷病毒粒子（艾滋病病毒，HIV）结构

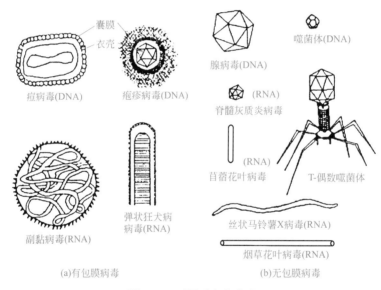

(a)有包膜病毒 (b)无包膜病毒

图 2-47 不同形态的病毒

壳即为具有感染性的病毒粒子。这种只有核衣壳结构的病毒粒子为简单的病毒粒子，还有一类复杂的病毒粒子在核衣壳外包有包膜（或称囊膜）（见图 2-46）。

衣壳和包膜的主要作用是保护病毒免受环境因素影响，此外，还可决定病毒感染的特异性，使病毒与宿主细胞表面特定部位有特异亲和力，这样，病毒便可牢固地附着在宿主细胞上。而病毒核酸的功能主要是决定病毒遗传、变异和对敏感宿主细胞的感染力。

2.3.3 病毒的繁殖

病毒侵入宿主细胞后，接管宿主细胞的生物合成机构，使之按照病毒的遗传特性合成病毒的核酸与蛋白质，然后装配成大量新的病毒。这种繁殖方式称为病毒的复制。各类病毒的繁殖过程基本相同，一般可分为吸附、侵入、生物合成、装配和释放等步骤。现以大肠杆菌噬菌体为例简要说明病毒的繁殖过程。

（1）吸附 噬菌体利用尾部末端的尾丝吸附在细菌细胞壁的特定部位。

（2）侵入　当噬菌体尾端吸附在细菌细胞壁上后，依靠尾部的溶菌酶将细菌细胞壁的肽聚糖溶解，再通过尾鞘收缩将头部的 DNA 注入细菌细胞内，而蛋白质衣壳则留在细菌体外。一般一个细菌细胞只能被一个噬菌体所感染。

（3）生物合成　病毒核酸进入细胞内，一方面抑制宿主细胞的正常生长，另一方面利用宿主细胞内的蛋白质合成机构及原料合成自己的蛋白质，同时复制自身的核酸。

（4）装配　核酸和蛋白质在宿主细胞内组装成子代病毒粒子。

（5）释放　噬菌体完成装配之后，可合成溶解细胞壁的水解酶，裂解宿主细胞，释放出子代病毒粒子。一个宿主细胞可释放 10～1000 个噬菌体粒子，这些新的子代病毒在适宜条件下又可感染新的宿主细胞。这种使宿主细胞裂解的噬菌体称为毒性噬菌体。还有一类侵染细菌后不会引起细菌细胞裂解的噬菌体称为温和噬菌体。

2.3.4　污水处理过程中对病毒的去除效果

拓展阅读 2

污水处理的一级处理是物理过程，以过筛、除渣、初级沉淀除去沙砾、碎纸、塑料袋及纤维状固体废物为目的。对病毒的去除效果很差，通常只能去除 30％左右。二级处理是生物处理过程，是通过生物吸附和生物降解和絮凝沉降作用去除有机物、脱氮和除磷的过程。这一过程对污水中病毒的去除率较高，去除率可达 90％～99％。三级处理是继生物处理后的深度处理，包括絮凝、沉淀、过滤和消毒（加氯或臭氧）等生物、化学及物理化学的处理过程。三级处理可进一步去除有机物、脱氮和除磷，使病毒降低至 10^{-4}～10^{-6} 单位。

扫描二维码可拓展阅读《列文虎克发明显微镜的故事》。

1. 原核微生物无真核微生物所有的核仁、核膜和细胞器。通过革兰染色法可把所有的原核微生物分成革兰阳性菌和革兰阴性菌两大类。

2. 原核微生物主要包括细菌、放线菌、蓝细菌等。

3. 根据细菌细胞的基本形态可把细菌分为球菌、杆菌、螺旋菌和丝状菌等。

4. 细菌细胞有细胞壁、细胞膜、核质体（原始核）和细胞质等基本结构，还具有荚膜、鞭毛、芽孢等特殊结构。

5. 放线菌是具有分枝的丝状菌。根据菌丝的生理功能不同分为营养菌丝、气生菌丝和孢子丝三类。

6. 光合细菌是一类在厌氧光照条件下进行不产氧光合作用的原核生物，其中紫色非硫细菌在光照厌氧和黑暗好氧条件下均具有降解高浓度有机污水的能力。

7. 蓝细菌能进行光合作用，产生氧气，菌体一般呈蓝绿色。

8. 常见霉菌主要有毛霉、根霉、曲霉、青霉、镰刀霉、木霉、地霉等。

9. 细菌、放线菌、酵母菌和霉菌的菌落特征归纳比较如表 2-8 所示。

表 2-8　四大类微生物菌落特征的比较

菌落特征	细　菌	酵母菌	放线菌	霉　菌
含水状态	很湿或较湿	较湿	干燥或较干燥	干燥
外观形态	小而有突起或大而扁平	大而有突起	小而紧密	大而疏松或大而致密

续表

菌落特征	细 菌	酵母菌	放线菌	霉 菌
菌落颜色	多样	乳白色,少红或黑色	十分多样	十分多样
菌落正反面颜色差别	相同	相同	一般不同	一般不同
菌落与培养基结合程度	不结合(易挑取)	不结合(易挑取)	牢固结合(难挑取)	较牢固结合(不易挑取或较难挑取)
气味	一般有臭味	多带酒香味	常有泥腥味	常有霉味

10. 藻类植物是一类个体微小、结构简单、无根茎叶分化的真核低等生物,是水生态系统中最重要的生物组成部分。它们中有些类群是污染水体或清洁水体的指示生物,主要包括裸藻门、绿藻门、金藻门、黄藻门、硅藻门和隐藻门。

11. 原生动物是一类个体微小、结构简单的单细胞真核动物,是水生态系统中重要的组成成员。在自然水体和污水生物处理中常见的类群有肉足虫类、鞭毛虫类、纤毛虫类和吸管虫类,它们中有些类群有净化作用,有些类群是污水净化程度的指示生物。

12. 微型后生动物主要包括轮虫、线虫和寡毛类等动物。它们是生态系统中最重要的生物组成部分,在污水生物处理系统中轮虫和线虫是污水净化程度的指示生物。

13. 病毒是一类超显微的、不具细胞结构的、专性活细胞寄生的微生物。其主要化学成分是核酸(DNA 或 RNA)和蛋白质。病毒的基本结构是核衣壳。

复习思考题

1. 细菌的形态主要有哪几种?举例说明。

2. 细菌有哪些基本结构和特殊结构?

3. 细菌的形态和大小是否会因培养条件(如培养浓度、温度、pH 值)等变化而发生改变?

4. 革兰阳性菌和革兰阴性菌的细胞壁结构有什么异同?各有哪些化学组成?

5. 什么叫荚膜?其化学成分如何?有何生理功能?

6. 什么是芽孢?为什么芽孢具有极强的抗逆性?

7. 试述革兰染色的步骤和作用原理。

8. 细菌细胞质中有哪些内含颗粒?是否所有细菌都具有?有何作用?

9. 细菌鞭毛有何特点?其着生的方式有几类?请举例说明。鞭毛不经特殊染色能否在显微镜下看见?

10. 什么是质粒?它分哪几种?其中哪种质粒在环境污染物的降解中起重要作用?

11. 可用什么培养技术判断细菌的呼吸类型和能否运动?如何判断?

12. 紫色非硫细菌有何特点?

13. 在污水生物处理中起重要作用的是哪类光合细菌?

14. 试列表比较光合细菌与蓝细菌的异同点。

15. 如何区别微囊藻、颤藻、平裂藻、鱼腥藻和束丝藻?它们中哪些种类易导致水体发生水华?

16. 如何区分细菌与酵母菌的菌体和菌落以及放线菌与霉菌的菌体和菌落？

17. 在显微镜下怎样区别毛霉与根霉？怎样区别青霉与曲霉、镰刀霉？怎样区别木霉和交链孢霉？

18. 列表比较原核细胞与真核细胞的主要区别。

19. 如何区别裸藻、扁裸藻和囊裸藻？如何区别绿藻门中的衣藻、小球藻、团藻、栅藻、纤维藻、盘星藻、角星鼓藻和鼓藻？如何区别甲藻门中的裸甲藻和角甲藻？

20. 纤毛虫中包括哪些固着型纤毛虫（钟虫类）？如何区分各种固着型纤毛虫？

21. 原生动物在水体自净和污水生物处理中如何起指示作用？

22. 如何区别原生动物肉足虫类的变形虫、螺足虫、表壳虫、磷壳虫和太阳虫？

23. 如何区别纤毛虫类的草履虫、肾形虫、斜管虫、四膜虫、漫游虫、板壳虫和喇叭虫？

24. 纤毛虫中匍匐型纤毛虫与游泳型纤毛虫有何区别？

25. 微型后生动物主要包括哪几类？

26. 什么是病毒？它有何特点？

27. 病毒具有什么样的化学组成和结构？

28. 简述大肠杆菌噬菌体的繁殖特点及过程。

3 微生物生理

学习指南

　　微生物从外界环境中摄取和利用营养物质的过程，称为营养（nutrition）。微生物获得的用于合成细胞物质和提供生命活动所需的能量的各种物质，称为营养物质（nutrient）。在微生物体内，营养物质经过一系列的反应，释放能量，合成细胞物质，以维持正常的生长和繁殖。微生物体内发生的所有生化反应的集合，称为新陈代谢，简称代谢（metabolism）。代谢包括能量代谢和物质代谢。本章着重介绍微生物的营养、生长、代谢、遗传变异等方面的内容。

本章学习要求

知识目标：了解微生物所需营养物质的种类及作用；

　　　　　清楚微生物的营养类型；

　　　　　掌握培养基的类型与作用；

　　　　　掌握微生物生长规律；

　　　　　掌握微生物的消毒与灭菌方法；

　　　　　了解微生物遗传变异的物质基础和发生变异的实质；

　　　　　掌握几种常用菌种的保存方法。

技能目标：学会配制培养基和培养微生物；

　　　　　能够对物品进行灭菌处理。

素质目标：培养劳模精神、劳动精神、工匠精神。

重点：培养基的类型与作用；

　　　微生物生长规律；

　　　微生物的消毒与灭菌方法。

难点：不同的微生物用不同的培养基培养。

3.1　微生物的营养

3.1.1　微生物的化学组成

　　细胞物质是微生物合成代谢的末端产物，因此通过对细胞物质的化学分析可知道合成细胞物质需要哪些化学元素和微生物需要合成哪些化学物质。下列的元素已被发现是组成微生物细胞的基本元素。

　　① C、H、O、N、P、S 等元素，含量相对较多。

　　② K、Mg、Mn、Ca、Fe 等，含量很少。

③ Co、Cu、Zn、Mo、Ni 等，含量非常少，因此称为微量元素。

微生物所含的十大生物元素见表 3-1。

对生物物质的简单分析，即可知道它们能粗略地划分为以下几类，它们都是由上述元素组成的。

① 多糖类物质。例如淀粉、纤维素、糖原。它们是细胞的贮藏物和细胞壁组成成分。

② 蛋白质。由大约 20 种不同的氨基酸组成，其中一些氨基酸除了含有 C、H、O、N 外还含有 S。它们构成各种酶、生物的肌肉等。

③ 核酸。形成 DNA 和 RNA。它们除含有 C、H、O 外，还含有 N 和 P。

④ 脂肪。

⑤ 其他化合物。例如辅酶、维生素。

⑥ 水。

表 3-1 微生物所含十大生物元素

元素	来源	代谢功能
C	有机化合物、CO_2	细胞物质主要成分
O	O_2、H_2O、CO_2、有机化合物	细胞物质主要成分
H	H_2、H_2O、有机化合物	细胞物质主要成分
N	NH_4^+、NO_3^-、N_2、有机化合物	细胞物质主要成分
S	SO_4^{2-}、HS^-、S^0、$S_2O_3^{2-}$、有机硫化物	蛋白质成分、某些辅酶成分
P	HPO_4^{2-}	核酸、磷脂、辅酶的成分
K	K^+	细胞中主要的阳离子、某些酶的辅助因子
Fe	Fe^{2+}、Fe^{3+}	细胞色素、其他血红色素蛋白质及非血红色素蛋白质的成分、许多酶的辅助因子
Ca	Ca^{2+}	重要细胞阳离子、某些酶的辅助因子
Mg	Mg^{2+}	多种酶的辅助因子、细胞壁、细胞膜、磷酸酯中均含有

3.1.2 微生物的营养需求

3.1.2.1 碳素化合物（碳源）

碳素化合物是构成机体中有机物分子的骨架。各类微生物细胞中的含量都比较稳定，约占细胞干质量的 50%。碳素化合物也是大多数微生物的能源。微生物能够利用的碳源极其广泛，从简单的无机碳化物（CO_2 或碳酸盐）到复杂的有机碳化物都能被微生物所利用。有些微生物能利用很多种有机物，例如洋葱假单胞菌（*Pseudomonas domonascepacia*）可以利用 90 多种碳素化合物。

3.1 微生物的营养需求

有些微生物只能利用一二种碳素化合物作为碳源和能源，如有些纤维素分解菌只能利用纤维素、甲烷和甲醇。因此，可以根据微生物对碳源的利用情况作为分类的依据，目前在微生物分类工作上已利用了 148 种碳水化合物进行菌种鉴定。总的说来，大多数细菌，如所有放线菌和真菌是以有机碳化合物作为碳源。在自然界中，几乎各种有机化合物，甚至是高度不活跃的碳氢化合物，如石蜡和酚、氰等有毒物质均可被不同的微生物利用。有些霉菌和诺卡菌可以利用氰化物，如热带假丝酵母可以分解塑料。故可用这些微生物净化环境并生产单细胞蛋白。虽然微生物能利用的碳源很广泛，但多数微生物的最好碳源是葡萄糖、果糖、蔗糖、麦芽糖和淀粉，其次是有机酸、醇和脂类。在生产实践中，常用的碳源是农副产品的工业废物，如甘薯粉、玉米粉、饴糖、麸皮、米糠、野生植物淀粉、酒糟等。这些物质除可用作碳源和能源外，还可供应其他营养成分。但自养型微生物只能利用 CO_2 或碳酸盐为唯一碳源，所需的能源或来自于光能，或来自无机物氧化过程中释放的化学能。

3.1.2.2 氮素化合物（氮源）

各种微生物的含氮量差异较大，细菌和酵母菌的含氮量较高，约占干质量的 7%～13%，霉菌仅占 5% 左右。氮素化合物是构成微生物物质或代谢产物中的氮素来源。氮源一般不提供能量，只有少数例外，例如硝化细菌可利用铵盐作为氮源和能源。

在自然界中，从分子态氮到复杂的有机含氮化合物，例如蛋白质及其降解产物、尿素等都能作为不同微生物的氮源。固氮菌，厌氧性的巴氏芽孢梭菌，与植物共生的根瘤菌，个别放线菌以及一些光合细菌和蓝细菌能固氮。少数真菌也可能有固氮作用，但当环境中有无机和有机氮化物存在时，它们便利用这些化合物作为氮源而丧失固氮能力。能利用无机氮化物的微生物种类较多，尤其是铵盐，几乎可为所有微生物利用。多数微生物也能利用有机氮化物作为能源。在实验室和生产实践中常用的有机氮化物有牛肉膏、蛋白胨、尿素、酵母膏、酪素、玉米浆、饼粕等。一般来说，蛋白质必须经过蛋白酶水解后，才能被吸收和利用。如果在蛋白质中加入微量的蛋白胨，微生物利用了蛋白胨，并释放蛋白酶，并可以分解利用蛋白质。饼粕中的氮主要以蛋白质形式存在，所以称为迟效性氮源。而玉米浆、牛肉膏中的氮，主要是蛋白质的降解产物，可直接被菌体吸收利用，被称为速效性氮源。有些寄生性微生物只能利用活体中的有机氮化合物作为氮源。

3.1.2.3 无机盐

微生物除了需要碳源、能源和氮源之外，还需要 P、S、K、Mg、Ca、Na、Fe、Ni、Co、Zn、Mo、Cu、Mn 等元素。其中需要浓度在 10^{-4}～10^{-3} mol/L 的元素称大量元素，如 P、S、K、Mg、Ca、Na、Fe 等；需要浓度在 10^{-8}～10^{-6} mol/L 的元素称为微量元素，如 Ni、Co、Zn、Mo、Cu、Mn 等。

无机盐的需要量虽远比 C、N 少，但其重要性并不亚于 C 和 N，它们的生理功能可归纳为：①提供微生物细胞化学组成中（除碳和氮外）的重要元素，如 P 和 S 分别为核酸和含硫氨基酸（半胱氨酸和甲硫氨酸）的重要组成元素；②参与并稳定微生物细胞的结构，如 P 参与的磷脂双分子层构成了细胞膜的基本结构，Mg 有稳定核糖体和细胞膜的作用；③与酶的组成和活力有关，如 Fe 是细胞色素氧化酶的必要组分，Mg、Cu 和 Zn 等是许多酶的激活剂；④调节和维持微生物生长过程中诸如渗透压、氢离子浓度和氧化还原电位等生长条件，如 Na 和 K 有调节细胞渗透压的作用，由磷酸盐组成的缓冲剂能保持微生物生长过程中 pH 值的稳定；⑤可作为某些化能自养细菌的能源物质，如 NH_4^+、NO_2^-、S^0 和 Fe^{2+} 分别可作为亚硝化细菌、硝化细菌、硫化细菌和铁细菌的能源；⑥可作为呼吸链末端的氢受体，如 NO_3^-、SO_4^{2-} 和 S^0 等可被硝酸盐还原细菌等用作无氧呼吸时呼吸链的末端氢受体。

3.1.2.4 生长因子

许多微生物除了需要碳源、能源、氮源与无机盐之外，还必须在培养基中补充微量的有机营养物质才能生长或者生长良好，这些微生物生长所不可缺少的微量有机物就是生长因子（growth factor）。生长因子包括维生素、氨基酸、嘌呤碱和嘧啶碱、咔啉及其衍生物、固醇、胺类、C_2～C_6 直链或分支脂肪酸等。维生素类物质中以 B 族维生素种类最多，主要有硫胺素（维生素 B_1）、核黄素（维生素 B_2）、泛酸（维生素 B_3）、吡哆醇（维生素 B_6）、叶酸（维生素 B_c）、生物素（维生素 H）和维生素 B_{12} 等。一些特殊的辅酶也能用作生长因子。能提供生长因子的天然物质有酵母膏、蛋白胨、麦芽汁、玉米浆、动植物组织或细胞液以及微生物生长环境的提取液等。

生长因子的主要功能是提供微生物细胞重要化学物质（蛋白质、核酸和脂肪）、辅助因子（辅酶和辅基）的组分和参与代谢。

3.1.2.5 水

水是微生物营养中不可缺少的一种物质。这并不是由于水本身是营养物质，而是因为水是微生物细胞的主要化学成分，是营养物质和代谢的良好溶剂，是细胞中各种生物化学反应得以进行的介质，并参与许多生物化学反应。水的比热容高，又是热的良好导体，保证了细胞内的温度不会因代谢过程中释放的能量骤然上升。水还有利于生物大分子结构的稳定，例如 DNA 结构的稳定，蛋白质表面的极性（亲水）基团与水发生水合作用形成的水膜，使得蛋白质颗粒不致相互碰撞而聚集沉淀。

水以自由水和结合水两种形式存在，结合水没有流动性和溶解力，所以微生物不能利用它。

3.1.3 微生物的营养类型

3.1.3.1 光能自养型

光能自养微生物是能够利用光能作能源，同化 CO_2、无机氮化合物（NH_4^+、NO_3^-）、硫酸盐、磷酸盐和一些其他无机物合成细胞物质的微生物。它们包括蓝细菌、绿硫菌科（Chlorobiaceae）、着色菌科（Chromatiaceae）中的细菌和真核藻类。蓝细菌和藻类能像高等植物那样利用水作为光合作用中的还原剂进行放氧的光合作用。绿硫细菌、色硫细菌（紫色硫细菌）的特性见表 3-2。由表 3-2 可知绿色硫细菌和紫色硫细菌为专性厌氧的光能自养菌，它们光合作用的还原剂不是水，而是 H_2S，所以其光合作用过程不产生氧。紫色非硫细菌可以用厌氧光能自养、厌氧光能异养、厌氧化能异养和好氧化能异养四种方式生活，以不同生活方式生活时，其能源、碳源和还原剂来源不同。

3.2 微生物的营养类型

表 3-2 光合细菌的特征

特 性	绿色硫细菌	紫色硫细菌	紫色非硫细菌
主要生活方式	光能自养	光能自养	光能异养
有氧、黑暗生长	－	－	＋或－
利用氧化硫的能力	＋	＋	＋或－
H_2S 对菌体的毒性	低	低	高
菌体积累单质硫	＋（胞外）	＋（胞内）	－

不同类群的微生物其光合作用反应不同。其中藻类和蓝细菌与高等植物相同，它们同化 CO_2 时产生氧。

$$CO_2 + H_2O \xrightarrow{光} [CH_2O] + O_2$$

绿色硫细菌和紫色硫细菌的光合作用不同于高等植物，在光合作用中还原 CO_2 的氢来自 H_2S，其光合作用反应过程为

$$CO_2 + 2H_2S \xrightarrow{光} [CH_2O] + H_2O + 2S$$

蓝细菌中的个别种在无氧和 H_2S 达到一定程度的水环境中也能进行此种光合作用。

所有光能自养生物的生命活动都受到其环境中氧化还原电位（即供氧水平）、二氧化碳、无机氮、硫、磷化合物及其他微量生命元素的浓度和光照强度、渗透压、pH 值等条件的控制。

3.1.3.2 化能自养型

能够进行化能自养生活的微生物全部为细菌，它们也能利用 CO_2 或碳酸盐作为唯一碳源，但是所需能量不是来自光，而是来自周围物质的氧化。不同化能自养菌所需能源物质不同，已知作为化能自养菌能源的物质有还原态的硫和氮化合物、二价铁离子、氢以及甲烷、甲醇等一碳化合物。

化能自养菌多数能以 CO_2 为唯一碳源生长，它们同化 CO_2 是通过核酮糖-二磷酸循环（Calvin-Bassham 循环）。

（1）氢　某些细菌能利用氢气作为能源，其产能反应为

$$2H_2 + O_2 \longrightarrow 2H_2O + 能量$$

氧化过程为：首先氢被氢化酶激活，然后氢被转移到 NAD 形成 $NADH_2$，$NADH_2$ 将电子供给一个电子转载分子，并通过氧化磷酸化合成 ATP。这类细菌被称为氢细菌，它们也能利用一些有机物作为能源。

（2）还原态的硫化合物　许多种无色硫细菌能够利用还原态的硫化合物，如 H_2S、单质硫（S^0）和硫代硫酸盐（$S_2O_3^{2-}$）作为能源物质，并氧化它们产生 SO_4^{2-} 和 ATP。H_2S 氧化的第一个产物是单质硫，S^0 不溶于水，所以常贮于细胞内或细胞外，当 H_2S 供应缺乏时，则可以进一步将 S^0 氧化为 SO_4^{2-} 再次得到 ATP。SO_4^{2-} 的产生可导致环境酸化，有时 pH 值可降到 2.0 以下。有一种氧化单质硫的细菌——氧化硫硫杆菌（*Thiobacillus thiooxidans*）特别能抵抗酸性条件，在酸性自然环境中可以找到它们。所有能氧化还原态硫产生硫酸的细菌称为硫化细菌。

（3）还原态氮化合物　可作为能源的无机氮化合物是氨和亚硝酸。能氧化 NH_3 和 NO_2^- 产生 NO_3^- 和 ATP 的细菌，称为硝化细菌。由于硝化过程是由 NH_3 氧化成 NO_2^-，NO_2^- 再氧化成 NO_3^- 两个阶段组成的，所以在第一阶段起作用的细菌被称为亚硝化细菌，在第二阶段起作用的细菌被称为硝化细菌。

（4）二价铁　少数细菌可以氧化二价铁成为高价铁，并从高价铁形成过程中取得能量。高价铁在水中易形成 $Fe(OH)_3$ 沉淀，所以在 $Fe(OH)_3$ 大量形成的地方会形成特异的橙黄色。

不同能源物质被氧化产生的能量多少不同，所以化能自养菌氧化不同无机物所得到的能量多少不同，形成 ATP 的数量也不同。

与光能自养微生物相比，化能自养菌的正常生活和种群发展更依赖于其环境中氧的充分供应，其能量来源不是光，而是无机能源物质的氧化；环境中较高的有机物水平是其正常生活的限制因素。化能自养菌中的硫化细菌和硝化细菌对环境的影响是可以改变环境的酸碱性，由此也影响其他生物的生存条件和种群发展。

3.1.3.3 光能异养型

能够利用光作为能源，利用有机物作为光合作用还原剂，由 CO_2 合成有机物的细菌称为光能异养菌。例如红螺菌科（Rhodospirillaceae）中的细菌能利用异丙醇作为光合作用中的还原剂还原 CO_2 合成有机物，并形成细胞物质，其光合作用反应过程为：

$$2 \begin{array}{c} CH_3 \\ | \\ CHOH \\ | \\ CH_3 \end{array} + CO_2 \xrightarrow{\text{光}} 2 \begin{array}{c} CH_3 \\ | \\ C=O \\ | \\ CH_3 \end{array} + [CH_2O] + H_2O$$

用这类细菌处理高浓度有机废水，不但剩余污泥少，而且菌体作为动物饲料和鱼虾饵料的添加剂，增产效果明显。

3.1.3.4 化能异养型

化能异养型微生物是以有机物为碳源和能源物质进行生长繁殖的微生物。大多数微生物属于此营养类型，如多数细菌、全部真菌、全部放线菌和全部原生动物。

化能异养微生物能利用的有机物种类很多，其中糖类、蛋白质、核酸、脂肪酸及它们的水解产物，烃类、醇、醛等天然有机物都是易被化能异养菌利用的有机物。多数人工合成有机物也可被其分解利用。化能异养微生物是自然环境中有机污染物最重要的净化者，自养生

物营养物的重要供应者，对自然界的物质循环和能量流动负有重要责任。化能异养微生物生命活动和种群发展最重要的限制因素是其环境中有机物的含量和供应水平。

但是，根据微生物生命活动所需能源和碳源划分的四种营养类型并不是绝对的，在自养型和异养型之间，光能型和化能型之间都存在中间类型。例如，氢细菌（hydrogenomonas）就既利用 CO_2 作为碳源又能利用有机物作为碳源；紫色非硫细菌则具有光能自养和化能异养两种代谢方式。

3.1.4 微生物的培养基

培养基是人工配制的适合于不同微生物生长繁殖或积累代谢产物的营养物质，是供给微生物生长繁殖所需营养的天然或人工基质。在实验室中人工配制的培养基是根据专家们长期反复研究制定的适合某种或某些微生物生长，或适合某种实验目的的人工基质。在废水处理中，废水或略加调整（如补 N、P 等营养物，调节 pH 值）后的废水，也是微生物生长的培养基。在人工培养基上微生物能否良好生长，主要受培养基特性影响。

3.3 微生物的培养基

3.1.4.1 配制培养基的原则

配制培养基应遵循以下原则。

① 根据各种微生物的营养需要，配制不同的培养基。例如，培养细菌常用牛肉膏蛋白胨培养基；培养放线菌常用高氏 1 号合成培养基；培养酵母菌常用麦芽汁培养基；培养霉菌常用查氏培养基等。

② 各种营养物质的浓度及配比要适当。营养物质的浓度太低，不能满足微生物生长的需要；浓度太高，则会抑制微生物的生长。碳氮比对微生物的生长和代谢有很大的影响，例如利用微生物进行谷氨酸发酵时，若培养基的 C∶N 为 4∶1，菌体大量增殖；若 C∶N 为 3∶1，则菌体增殖受抑，谷氨酸产量增加。

③ 理化条件（酸碱度、渗透压、氧化还原电位等）要适宜。

④ 应利用价格低廉、来源丰富的原料，这对工业生产降低成本尤为重要。

⑤ 培养基应无菌。

3.1.4.2 培养基的类型

培养基的种类很多。根据培养基组分的来源、培养基的物理状态以及培养基的使用目的，可分成若干类型。

（1）按培养基组分的来源分

① 天然培养基。用化学成分还不清楚或化学成分不恒定的天然有机物为主要成分配制而成的培养基。例如，实验室中常用的细菌培养基（牛肉膏蛋白胨培养基）。

② 合成培养基。用完全了解化学成分的化学物质配制而成的培养基。例如，实验室中常用的放线菌培养基（高氏 1 号培养基）。

（2）按物理状态分

① 液体培养基。将各种培养基组分溶于水即成。工业生产中，液体培养基常用于发酵生产。实验室中，液体培养基常用于增殖菌体，研究微生物的生理和代谢。

② 固体培养基。在液体培养基中加入凝固剂，使培养基呈固态，或直接用马铃薯块、胡萝卜条等固体表面作为培养基。固体培养基常用于菌种分类、鉴定、菌落计数、菌种保藏等。

在制备固体培养基时，最常用的凝固剂是琼脂，添加量为 1.5%～2%。琼脂是从石花菜等红藻中提取的琼脂糖和琼脂胶，不被大多数微生物降解。加温至 96℃ 以上时，琼脂熔化；降温至 45℃ 以下时，琼脂凝固。在酸性条件下高温灭菌，琼脂发生水解，故在配制

pH<5 的固体培养基时，通常将琼脂与培养基的其他组分分开配制，高温灭菌并降至适当温度后再混合。

明胶也是制备固体培养基的凝固剂。它用动物的皮、骨、韧带等煮熬而成，主要成分为蛋白质，含有多种氨基酸，可被许多微生物利用。温度介于 28～35℃ 时，明胶熔化，低于 20℃，明胶会凝固，因此，适宜的温度范围为 20～25℃。明胶固体培养基的使用面很窄，仅用于某些特殊的微生物生理生化检验。

硅胶是无机盐硅酸钠、硅酸钾与盐酸、硫酸进行中和反应而产生的胶体。由于硅胶完全由无机物组成，在分离和研究自养菌时，被用作固体培养基的凝固剂。一旦凝固，硅胶即不能再熔化。

③ 半固体培养基。在液体培养基中加入 0.5% 左右的凝固剂，使培养基呈半固体状态。半固体培养基常用于穿刺培养，观察细菌运行，培养厌氧菌，保藏菌种等。

（3）按用途分

① 基础培养基。根据某种或某类群微生物的共同营养需要而配制的培养基。一般而论，基础培养基能满足野生型菌株的营养要求。

相关链接 3-1　　　　　　　　　　　　　　　　　　　　_ □ ×

琼脂——从餐桌到实验台

最早用来培养微生物的人工配制的培养基是液体状态的，但是，用液体培养基分离并获得微生物纯培养物非常困难：需将混杂的微生物样品进行系列稀释，直到平均每个培养管中只有一个微生物个体，进而获得微生物纯培养物。此方法不仅烦琐，而且重复性差，并常导致纯培养物被杂菌污染。因此，在早期微生物学研究中，分离（病原）微生物的进展相当缓慢。

利用固体培养基分离培养微生物的技术，首先是由德国细菌学家 Robert Koch 及其助手建立的。1881 年，Koch 发表论文介绍利用土豆片分离微生物的方法，其做法是：用灼烧灭菌的刀片将煮熟的土豆切成片，然后用针尖挑取微生物样品在土豆片表面划线接种，经培养后可获得微生物的纯培养。上述方法的缺点是一些细菌在土豆培养基上生长状态较差。

几乎在同时，Koch 的助手 Prederick Loeffler 发展了利用牛肉膏蛋白胨培养基培养病原细菌的方法，Koch 决定采取方法固化此培养基。值得提及的是，Koch 还是一个业余摄影家，他首先拍出细菌的显微照片，具有利用银盐和明胶制备胶片的丰富经验。作为一名知识渊博的杰出科学家，Koch 将其制备胶片方面的知识应用到微生物学研究方面，他将明胶和牛肉膏蛋白胨培养基混合后铺在玻璃平板上，让其凝固，然后采取与在土豆片表面划线接种的同样方法在其表面接种微生物，获得纯培养。但由于明胶熔点低，而且容易被一些微生物分解利用，其使用受到限制。

有意思的是，Koch 一名助手的妻子具有丰富的厨房经验。当她听说明胶作为凝固剂遇到的问题后，提议以厨房中用来做果冻的琼脂代替明胶。1882 年，琼脂就开始作为凝固剂用于固体培养基的配制，这样，琼脂从餐桌走向了实验台，为微生物学发展起到重要作用，是培养基最好的凝固剂，一直沿用至今。

---

② 加富培养基。在基础培养基内加入额外营养物质（如血清、动物组织液等）而配制

成的培养基。主要用于培养某种或某类营养要求苛刻的异养型微生物。

③ 鉴别培养基。在基础培养基中加入某种指示剂而鉴别某种微生物的培养基。经培养后，微生物形成不同代谢产物，使指示剂产生不同的反应，以达到快速鉴别的目的。

④ 选择培养基。根据某种或某类群微生物的特殊营养需要或对某种化合物的敏感性不同而设计的培养基。利用选择培养基可使某种或某类微生物从混杂的微生物群体中分离出来。例如，利用纤维素作为唯一碳源的选择培养基，可以从混杂的微生物群体中分离出纤维素降解菌。

（4）按生产目的分

① 种子培养基。适合微生物菌体生长的培养基，营养物质丰富而完全，含氮量高。目的是获取优质菌种。

② 发酵培养基。用于生产预定发酵产物的培养基，其碳源高于种子培养基，目的是获取菌体或代谢产物。

扫描二维码可拓展阅读《改变人类历史进程的细菌艺术》。　　　　　拓展阅读 3

3.2　微生物的生长

生长和繁殖是生物体的一种重要生理功能。微生物细胞在适宜的环境条件下不断吸收营养物质，并按其自身的代谢方式进行新陈代谢。当新陈代谢中同化作用的速度超过异化作用时，细胞原生质总量不断增加，体积不断增大，这种现象称为生长。当单细胞微生物生长到一定程度时，母细胞开始分裂，形成两个基本相同的子细胞，导致微生物个体数目的增加，称为繁殖。微生物的生长一般是指微生物的群体生长，它包括个体生长和个体繁殖。生长和繁殖虽然概念不同，但却是两个紧密相连的过程，生长是繁殖基础，繁殖是生长的结果。微生物由于个体很小，常以细胞数量的增加或以细胞群体总质量的增加作为生长的指标。

3.2.1　微生物生长的测量

3.2.1.1　测定微生物总数

（1）显微镜直接计数法　用细菌计数器或血细胞计数板在显微镜下直接计数。此法具有简便、快速、直观的优点，是一种常用的方法。测定结果既包括活菌又包括死菌，故又称为全菌计数法。这种方法常用于酵母菌计数。

3.4　微生物生长的测量

（2）比浊法　由于菌体的生长可使培养液产生浑浊现象，因此可用比浊计或比色计测定培养液的浊度，用透光率或光密度表示菌悬液的浓度，再对照标准曲线，即可求出菌数。

（3）Coulter 计数器法　Coulter 计数器是一种电子仪器。它利用细菌通过微孔时引起电流脉冲自动计数，因此此法大大方便了细菌总数的测定。

（4）膜过滤法　对细胞总数小于 10^6 个/mL 的情况，可以采用膜过滤的方法。即取已知体积的海水、湖水或饮用水等含菌数通常不是十分多的水样品，使之通过一个膜过滤器，此膜经过干燥后，对其上面的细胞染色，使之与膜背景对比清楚，然后在显微镜下对一定面积的膜上的细胞计数。

3.2.1.2　测定活细菌数

通常活菌计数是通过活细菌在有利的生长条件下产生出的菌落数来确定的。

（1）平板计数法　将待测样品适当稀释后，接种到平板培养基上培养，一个菌落通常由一个菌体长成，所以可以通过统计菌落数计算出样品中的活菌数。此法较为准确，但所需时间较长。

（2）薄膜过滤计数法 用微孔薄膜过滤定量的空气或水样，菌体便被截留在滤膜上，然后取下滤膜进行培养，计数其上的菌落数，从而求出样品中所含的菌数。本法适宜检测含菌量很少的液态样品。

（3）最近似法（MPN 法） 这是对细菌数目统计性的估算方法，即 MPN 法（the most probable number）。其基本思想是，一个水样在试管中进行一系列的稀释（例如稀释倍数依次为 10，10^2，10^3，…，10^n），细菌密度被稀释到平均不多于 1 个细菌，原样品的细菌数越多，则需要稀释的次数也越多。根据对样品细菌数的初步估计进行适当稀释。将最终的稀释液用作接种物对一批含培养基的试管接种，如果原先的稀释倍数适当，则经过培养后，经接种的试管中有一部分因细菌繁殖而浑浊，而另一些没有细菌生长因而依然澄清。根据有和没有细菌生长的试管的数目，查统计表可以得到细菌数的近似值。MPN 法常用于食品和水的卫生检测中，例如水的纯净度的检查。它也常用于那些因细菌数过低不宜采用稀释培养法的场合。

3.2.1.3 测定细胞物质量

（1）称量法 通过离心或过滤，收取菌体，在 100℃ 左右烘干，测出干质量，干质量一般是湿质量的 20%～25%。

（2）含氮测定法 通过测定微生物细胞的含氮量，确定微生物的量，单细胞微生物的氮含量约占细胞干质量的 8%～15%，丝状真菌的氮含量约占细胞干质量的 5%。

（3）DNA 测定法 DNA 与 3,5-二氨基苯甲酸-盐酸溶液能显示特殊的荧光反应。一定容积的菌悬液，通过荧光反应强度，求得 DNA 量，每个细菌平均含 DNA 8.4×10^{-5} ng。进而可计算细菌数量。

3.2.2 微生物群体生长规律

微生物的生长可分为个体生长和群体生长，由于微生物个体很小，研究它们的个体生长有困难，所以一般通过培养，研究群体生长。培养方法有分批培养和连续培养，这里只介绍分批培养。

3.5 微生物群体生长规律

3.2.2.1 分批培养

分批培养是将少量微生物接种到一定体积的新鲜液体培养基中，在适宜条件下，微生物生长、繁殖。营养物质越来越少，而代谢产物不断积累，直到最后养分耗尽导致生长停止和机体死亡。

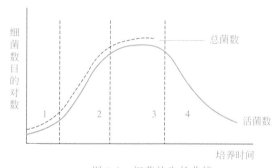

图 3-1 细菌的生长曲线
1—延迟期；2—指数期；3—稳定期；4—衰亡期

3.2.2.2 细菌生长曲线

各种微生物的生长速度虽然不同，但它们在分批培养中却表现出类似的生长繁殖规律。以细菌纯种培养为例，将少量细菌接种到一定量的新鲜液体培养基中，在适宜的条件下培养，定时取样测定细菌数目。以培养时间为横坐标，以细菌数目的对数为纵坐标，绘制成曲线图，即为细菌的生长曲线（见图 3-1）。它可以反映细菌从开始生长到死亡的整个动态过程。细菌的生长曲线可分为如下几个阶段。

（1）延迟期（lag phase）　又叫迟滞期、延滞期、迟缓期或停滞期。当少量菌体接种到新培养基上后，一般不立即进行繁殖，而是需要一段时间来适应新的环境。有的细菌产生适应酶，开始生长，但细胞数目并不增加；有的细菌不适应这一环境，代谢趋缓甚至死亡。最初细菌数目可能减少，但细胞个体较大，RNA 和蛋白质等含量增加，易产生诱导酶，细胞内合成代谢活跃，对外界不良环境的抵抗力有所下降。在这个时期的后阶段，细菌开始繁殖，随后进入指数期。延迟期的长短随菌种特性、接种量、菌龄和培养条件的不同而不同。

（2）指数期（exponential phase）　又叫对数期（log phase）。这个时期的细胞分裂最快、个体整齐、健壮、代谢作用最旺盛。在这个时期内，微生物的代谢活动经过调整，适应了新的生长环境，在营养丰富的条件下，微生物的生长繁殖不受底物供给限制，微生物的生长速度达到最大，细菌数量以几何级数增长，菌体数量的对数值和培养时间呈直线关系。

（3）稳定期（stationary phase）　又叫恒定期或静止期。指数期以后，细胞繁殖速度逐渐下降，细胞死亡数目逐渐上升，当细胞繁殖增加的数目和死亡的数目基本相等时，生物群体达到动态平衡，细菌总数不再增加，这时细菌总数达到最大值并恒定一段时间。

在此阶段，细菌开始贮存糖原、异染颗粒、脂肪、β-羟基丁酸等贮藏物，多数芽孢细菌在此时形成芽孢。稳定期的长短与菌种和环境条件有关。

（4）衰亡期（decline phase）　在稳定期后，由于营养物质的缺乏、代谢产物和有毒物质的积累，使细胞生长受到限制，细胞分裂由缓慢而停止，细胞死亡率增加。这时培养时间和菌数的对数成反比，生长曲线显著下降。衰亡期的细胞常出现多种形态，如畸形或衰退型。

在此阶段，由于环境中营养消耗殆尽，细胞开始利用自身贮藏的物质进行内源呼吸，即自身溶解，故又称内源呼吸（endogenous respiration）阶段或内源代谢阶段。

3.2.2.3　生长曲线在污水生物处理中的应用

不同的废水生物活性污泥处理法中，其活性污泥中微生物的生长状态不同，或处于静止期，或处于对数生长期，或处于衰亡期等。在进行污水生物处理系统设计时，根据污水水质情况，利用不同生长阶段的微生物处理污水，可达到较好的处理效果。例如，在活性污泥培养初期常用对数期的微生物；常规活性污泥法和生物膜法利用稳定期的微生物；高负荷活性污泥法利用对数期和减数期的微生物；对于有机物含量低，$BOD_5/COD<0.3$、可生化性差的废水，采用延时曝气法处理，即利用衰亡期的微生物进行处理。

从微生物群体生长曲线可以看出，处于对数生长期的微生物具有最强的代谢强度和增长率，那么，该时期的活性污泥对污水中有机物的降解能力也是最强的。

可为什么常规活性污泥法不利用对数期的微生物而利用稳定期的微生物？因为虽然微生物在对数期生长繁殖快，代谢活力强，能去除废水中有机物多，但要求进水维持较高的有机物浓度，而常规活性污泥法属于连续培养方式，在进水有机物浓度高的情况下，出水中有机物含量也会相应提高，不易达到排放标准。另外，对数期中的微生物尚未形成荚膜，运动活跃但不形成菌胶团，沉降性能差，导致出水水质差。而稳定期的微生物，代谢活力虽然不如对数期，但仍有相当的代谢活力，去除有机物的效果仍然较好，而其最大的特点是产生了荚膜物质，强化了微生物的生物吸附能力，且凝聚和沉降能力强，在二沉池中泥水分离效果好，出水水质好。

延时曝气法处理低浓度有机废水，不利用稳定期而利用衰亡期的微生物的原因是：低浓度有机物满足不了稳定期微生物的营养需求，处理效果不会好。

若采用延时曝气法，通常延时曝气时间在 8h 以上，甚至长达 24h，延长水力停留时间，以汇集大水量，提高有机负荷，满足微生物的营养要求，从而可取得较好的处理效果。

3.2.3 理化因子对微生物生长的影响

3.2.3.1 温度

温度是影响微生物生长的重要因子。任何微生物都只能生活在一定的温度范围内，并且都有自己生长繁殖的最低温度、最适温度和最高温度。微生物生长繁殖的最低温度界限，是该微生物的最低生长温度，低于这个温度，微生物就不能生长繁殖；微生物生长繁殖最快的温度叫最适生长温度；微生物生长繁殖的最高温度界限，叫最高生长温度；一种微生物在 10min 内被完全杀死的最低温度，叫致死温度。

根据一般微生物对温度的最适生长需求，可将微生物分为四大类。以细菌为例，分为嗜冷菌、嗜中温菌、嗜热菌及嗜超热菌四类（见表 3-3）。大多数细菌是嗜中温菌，嗜冷菌和嗜热菌占少数。

对于不同微生物而言，其适宜生长温度范围差异很大，这与每种微生物长期生活环境的温度有关。表 3-4 列出了废水生物处理中几种细菌所适应的温度范围和最适温度。

表 3-3　低温、中温和高温细菌的生长温度范围

细　　菌	最低温度/℃	最适温度/℃	最高温度/℃
嗜冷菌	−5～0	5～15	20
嗜中温菌	5～10	25～40	45～50
嗜热菌	30	50～60	70～80
嗜超热菌	>55	70～105	110～115

表 3-4　废水生物处理中几种细菌所适应的温度范围和最适温度

项　　目	假单胞菌	硫氢氧化杆菌	维氏硝化杆菌	硝化球菌属	亚硝化球菌属	动胶团属
温度范围/℃	25～35	27～33	10～37	15～30	2～30	10～45
最适温度/℃	30		28～30	25～30	20～25	28～30

3.2.3.2 pH 值

微生物的生命活动与生长环境的酸碱度——pH 值有着密切的关系。环境 pH 值的变化可引起细胞膜电荷的变化，从而影响微生物对营养物质的吸收，影响代谢过程中酶的活性。pH 值还可影响营养物质的可给性和有害物质的毒性，甚至影响微生物的形态。

微生物生长的 pH 值范围是 4.0～9.0，不同微生物要求不同的 pH 值（见表 3-5）。大多数细菌、藻类和原生动物的最适 pH 值为 6.5～7.5，放线菌的最适 pH 值为 7.5～8.0，酵母菌和霉菌的最适 pH 值为 4～6。少数细菌可在强酸性或强碱性环境中生活，如氧化硫硫酸杆菌和极端嗜酸菌的最适 pH 值为 2～3.5，在 pH 值为 1.5 时仍能生活。

表 3-5　几种微生物生长的 pH 值

微 生 物 种 类	pH 值		
	最低	最适	最高
圆褐固氮藻（*Azotobacter chroococcus*）	4.5	7.4～7.6	9.0
大肠埃希杆菌（*Escherichia coli*）	4.5	7.2	9.0
放线菌（*Actinomyces sp.*）	5.0	7.5～8.0	10.0
霉菌（mold）	2.5	3.8～6.0	8.0
酵母菌（yeast）	1.5	3.0～6.0	10.0
小眼虫（*Euglena gracilis*）	3.0	6.6～6.7	9.9
草履虫（*Paramaccum sp.*）	5.3	6.7～6.8	8.0

在培养微生物的过程中，微生物的代谢活动会改变环境的 pH 值，所以微生物的培养基中往往需要加入缓冲剂。对于需要 pH 值为 6.5～7.5 的微生物，常用缓冲剂为磷酸盐（KH_2PO_4 和 K_2HPO_4）；要求碱性时，使用硼酸盐或甘氨酸；若要求 pH 值在 9 以上，则可使用重碳酸盐。城市生活污水、污泥中含蛋白质，在运行时可不加缓冲性物质。如果不含蛋白质、氨等物质时，运行之前就要投加缓冲物质。若是连续运行，不但在运行之前，而且在运行期间也要注意投加缓冲物质，如碳酸氢钠、碳酸钠、氢氧化钠、氢氧化铵等，以调节 pH 值。

3.2.3.3 氧

根据微生物生长时对氧气的需求可将其分为好氧微生物（aerobic microorganisms）（包括专性好氧微生物和微好氧微生物）、兼性好氧（或称兼性厌氧）微生物（facultative microorganisms）及厌氧微生物（anaerobic microorganisms）。好氧微生物必须在有氧条件下才能生长，大多数细菌、放线菌和霉菌都属于好氧微生物。兼性厌氧微生物在有氧和无氧条件下都能生存，它们在有氧时进行有氧呼吸，无氧时进行酵解或无氧呼吸，许多酵母菌和细菌属于兼性厌氧微生物。在无氧条件下才能生存的微生物叫厌氧微生物，又可分为专性厌氧微生物和耐氧性微生物。专性厌氧微生物不能利用氧，且一遇到氧就会死亡，如梭状芽孢杆菌属、脱硫弧菌属、所有产甲烷菌等；耐氧性微生物不能利用氧，但氧气的存在对它们无害，如大多数的乳酸菌。

3.2.4 消毒与灭菌

在人类的生活环境中，生活着各种各样的大量微生物。其中有些微生物对人类和人类生活环境带来危害，这类微生物称为有害微生物。对这类有害微生物必须采取有效的措施加以控制。

3.6 消毒与灭菌

消毒与灭菌是两个不同的概念，消毒一般指消灭病菌和有害微生物的营养体，而灭菌是指杀灭一切微生物的营养体、芽孢和孢子。在微生物学的研究和生产实践中经常要进行消毒或灭菌的操作，常用的方法有以下几种。

3.2.4.1 物理法

（1）高温消毒灭菌法　高温，指高于微生物最适温度的温度。一旦温度超过微生物最高生长温度时，微生物就不会存活。高温对微生物的影响主要有两方面：一是引起细胞中的大分子物质如蛋白质、核酸等物质发生不可逆的变性；二是高温能使细胞膜中的脂类熔化，使膜产生小孔，引起细胞内含物泄漏导致微生物死亡。

利用高温来杀灭微生物的方法又分为干热和湿热两大类。

① 干热灭菌

a. 火焰烧灼灭菌。火焰烧灼灭菌是通过火烧达到灭菌的目的。此法灭菌彻底，迅速简便，适用于接种环、接种针和金属用具如镊子等，无菌操作时的试管口、棉塞和瓶口也在火焰上短暂烧灼灭菌。另外污染物品和实验动物尸体等废弃物的处理也用火烧法。

b. 干热灭菌。通常所说的干热灭菌是在电热干燥箱中利用高温干燥空气灭菌。一般在 160～170℃下处理 2h。但不可超过 170℃，因为包扎物品的纸张超过 170℃时会被烤焦。如果被处理物传热性差、体积较大或堆积过挤时，需适当延长时间。此法适用于玻璃器皿如培养皿、试管、移液管以及陶瓷、金属用具等耐热物品的灭菌。培养基、橡胶制品、塑料制品不能采用干热灭菌。

② 湿热灭菌

　　a. 高压蒸汽灭菌。此法是将物品放在密闭的高压蒸汽灭菌锅内灭菌。在密闭的系统中，蒸汽压力升高，温度也随着升高，加之热蒸汽穿透力强，可迅速引起蛋白质凝固变性，从而起到杀菌的目的。目前，高压蒸汽灭菌已成为湿热灭菌法中效果最佳、应用最广的一种灭菌方法，适用于培养基、工作服、生理盐水等缓冲溶液、玻璃器皿等的灭菌。常采用 0.105MPa、121℃灭菌 15～30min，时间的长短可根据灭菌物品的种类和数量的不同而有所变化，对体积大、热传导性差的物品，加热时间应适当延长。

　　虽然高压蒸汽灭菌效果很好，但多少会破坏一些培养基的成分。例如，含糖浓度高的培养基经过灭菌后，其中还原糖的羰基与一些氨基酸中的氨基发生反应，形成褐色的氨基糖，糖本身变成焦糖，使糖和氨基酸失去营养价值。培养基中若有 Cu^{2+}、Mg^{2+}、Fe^{2+}、Zn^{2+} 等，加热后可与磷酸盐形成沉淀。高压蒸汽灭菌可使培养基 pH 值下降 0.2～0.3，所以，在配培养基时应把 pH 值略调高一些，灭菌后可正好达到所要求的 pH 值。

　　b. 常压蒸汽灭菌。在不具备高压蒸汽灭菌的情况下，常压蒸汽灭菌也是一种常用的灭菌方法。对于不适于高压蒸汽灭菌的培养基如明胶培养基、牛乳培养基、含糖培养基等可采用常压蒸汽灭菌。这种灭菌方法可用阿诺流动蒸汽灭菌器进行灭菌，也可用普通蒸笼进行灭菌。由于常压，其温度不超过 100℃，仅能使大多数微生物被杀死，而细菌芽孢却不能在短时间内杀死，因此可采用间歇灭菌以杀死芽孢细菌，达到彻底灭菌的目的。

　　常压间歇灭菌是将灭菌培养基放入灭菌器内，每天加热 100℃，30min，连续 3 天，第一天加热后，其中的营养体被杀死，将培养基取出放在室温下 18～24h，使其中的芽孢发育成营养体，第二天再加热 100℃，30min，发育的营养体又被杀死，但可能仍留有芽孢，故应再重复一次，达到彻底灭菌。

　　③ 影响高温灭菌效果的因素

　　a. 菌种　不同微生物由于细胞结构和生物学特性不一样，对热的抵抗力也不同。多数细菌和真菌的营养细胞在 60℃处理 5～10min 后即可被杀死，嗜热菌的抗热力大于嗜温菌和嗜冷菌，球菌大于非芽孢杆菌，细菌的芽孢最耐热，一般要在 121℃处理 15min 才被杀死。

　　b. 菌龄　一般情况下幼龄菌比老龄菌抗热能力差，例如，在 53℃加热大肠杆菌 15min，菌龄为 62h 的，活菌数下降至原菌数的 8.3%，而菌龄为 2.75h 的，活菌数下降至原菌数的 0.004%。

　　c. 菌体数量　菌数越多，抗热力越强，微生物聚集在一起时，受热致死有先有后，因加热杀死最后一个微生物所需的时间也长。

　　d. pH　在 pH 值小于 6.0 的环境中，细菌易被高温致死；pH 值为 6.0～8.0 时，微生物死亡相对较少。

　　(2) 消毒

　　① 巴氏消毒法。是用较低温度处理牛奶、酒类等饮料，以杀死其中的病原菌的方法。如将牛奶等饮料用 63℃处理 30min，或用 71℃处理 15min 后迅速冷却即可饮用。饮料经此法消毒后其营养与口味不受影响。

　　② 煮沸消毒法。是将物品在水中煮沸 15min 以上，可杀死所有致病菌的营养细胞和部分芽孢。若延长煮沸时间，并在水中加入 1% 碳酸氢钠或 2%～5% 石炭酸，灭菌效果更好。注射器和解剖器械等可用此法消毒。

　　(3) 紫外线灭菌　紫外线的波长范围是 200～390nm，以波长 260nm 左右的紫外线杀菌力最强。在波长一定的条件下，紫外线的杀菌效率与强度和时间的乘积成正比。紫外线的杀菌作用主要是由于它诱导了胸腺嘧啶二聚体的形成和 DNA 链的交联，从而抑制了 DNA 的复制。此外，由于紫外线能使空气中的分子氧变成臭氧（O_3）或使水（H_2O）氧化生成过氧化氢（H_2O_2），而 O_3 和 H_2O_2 均有杀菌作用。紫外线杀菌主要用于以下几个方面。

① 空气消毒。无菌室、无菌箱、医院手术室均装有紫外线杀菌灯进行消毒，无菌室内紫外线杀菌灯的功率为 30W（无菌箱用 15W），在距离照射物 1m 左右处，照射 20～30min 即可杀死空气中的微生物。

② 表面消毒。对有些不能用热和化学药品消毒的器具，如胶质离心管、药瓶、牛奶瓶等，可用紫外线消毒。

相关链接 3-2 ‐|□|×|

微生物猎人——巴斯德

19 世纪中叶，法国葡萄酒的酿造者在酿酒的过程中遇到了麻烦。他们酿造的美酒总是变酸，于是，纷纷求助于正在对发酵作用机制进行研究的巴斯德。巴斯德不负众望，经过分析发现，这种变化是由于乳酸杆菌使糖部分地转变成乳酸引起的。同时，找到了后来被称为乳酸杆菌的生物体。巴斯德提出，只要对酒或糖液进行灭菌，就可以解决这个问题，这种灭菌方法就是流传至今的巴斯德灭菌法。

3.2.4.2 化学法

化学消毒主要是使用消毒剂。消毒剂不仅能杀死病原体，同时对人体组织细胞也有损害作用。所以，消毒剂只限外用，如用于体表以及物品和周围环境的消毒。

（1）理想的消毒剂应具备的条件

① 杀灭微生物范围广、作用快、穿透力强。

② 易溶于水，性质稳定不易分解，无特殊刺激性气味。

③ 无毒性，对机体组织和被消毒物品的损伤很小。

④ 价格低廉，运输、使用方便。

（2）消毒剂的抗微生物作用机理

① 使微生物蛋白质变性凝固，或与蛋白质结合形成盐类。

② 使微生物细胞成分氧化，水解。

③ 干扰和破坏细胞酶的活力，影响细菌的新陈代谢。

④ 改变或降低细菌的表面张力，增加细胞膜的通透性，使菌体内物质外渗，导致细胞破裂。

一些重金属及其化合物、卤素及其他氧化剂、一些有机化合物都是有效的杀菌剂和防腐剂，可以利用这些物质作为表面消毒剂（见表 3-6）。

表 3-6　一些重要的表面消毒剂及其应用

类　型	名称及使用浓度	作　用　机　制	应　用　范　围
重金属盐类	0.05%～0.1%升汞 2%红汞 0.1%～1%$AgNO_3$ 0.1%～0.5%$CuSO_4$	与蛋白质的巯基结合使其失活 与蛋白质的巯基结合使其失活 沉淀蛋白质,使其变性 与蛋白质的巯基结合使其失活	非金属物品、器皿 皮肤、黏膜、小伤口 皮肤,滴新生儿眼睛 杀致病真菌及藻类
酚类	3%～5%石炭酸 2%煤酚皂(来苏尔)	蛋白质变性,损伤细胞膜 蛋白质变性,损伤细胞膜	地面、家具、器皿 皮肤
醇类	70%～75%乙醇	蛋白质变性,损伤细胞膜,脱水,溶解类脂	皮肤、器皿

续表

类　型	名称及使用浓度	作　用　机　制	应　用　范　围
酸类	5～10mL 醋酸/m³(熏蒸)	破坏细胞膜和蛋白质	房间消毒(防呼吸道传染)
醛类	0.5%～10%甲醛	破坏蛋白质氢键或氨基	物品、接种箱、接种室的熏蒸
氧化剂	0.1%KMnO₄ 3%H₂O₂	氧化蛋白质的活性基团 氧化蛋白质的活性基团	皮肤、尿道、水果、蔬菜 污染物件的表面
卤素及其化合物	0.2～0.5mg/L 氯气 10%～20%漂白粉 0.5%～1%漂白粉 0.2%～0.5%氯胺 2.5%碘酒	破坏细胞膜、酶和蛋白质 破坏细胞膜、酶和蛋白质 破坏细胞膜、酶和蛋白质 破坏细胞膜、酶和蛋白质 酪氨酸卤化,酶失活	饮水、游泳池水 地面、厕所 饮水、空气(喷雾)、体表 室内空气(喷雾)、表面消毒 皮肤
表面活性剂	0.05%～0.1%新洁尔灭	蛋白质变性,破坏膜	皮肤、黏膜、手术器械
染料	2%～4%龙胆紫	与蛋白质的羧基结合	皮肤、伤口

3.3　微生物的代谢与遗传变异

3.3.1　微生物的代谢

新陈代谢（metabolism）简称代谢，是活细胞中进行的所有化学反应的总称。新陈代谢包括同化作用和异化作用。微生物把从环境中摄取的物质，经一系列的生物化学反应转变为自身物质的过程，称为同化作用，也叫合成代谢（anabolism）。同化作用是一个贮存能量的过程。微生物将自身的各种复杂有机物分解为简单化合物的过程，称为异化作用，也叫分解代谢（catabolism），是由大分子物质转变为小分子物质的过程，它是一个释放能量的过程。同化作用与异化作用既有明显差别，又紧密相关，相辅相成，异化作用为同化作用提供能量及原料，同化作用又是异化作用的基础，它们在细胞中偶联进行，相互对立而又统一。

3.3.1.1　酶

酶（enzyme）是活细胞内合成的生物催化剂。除少数核酸具有酶的特性外，绝大多数酶都是由蛋白质所构成。因此，酶除具有蛋白质的特性外，还具有催化生物化学反应的功能。生物的一切活动，如吸收、代谢、生长、繁殖等，都离不开酶的作用，没有酶就没有生命。各种污水和固体废物的生物处理，实际上就是利用处理系统中的微生物，将污水中的各种污染物代谢、分解，从而净化水体。微生物降解污染物是通过一系列生化反应实现的，而这些生化反应则必须在各种酶的催化下才能完成。为了更大限度地发挥酶的催化效率，近年来国内外许多专家学者都在进行各种不同形式的酶（如酶制剂、固定化酶、固定化细胞等）净化污水的研究工作，并已取得十分可喜的进展。大量的科学研究表明，酶不仅能以各种不同形式被直接用来净化污水，而且还可通过对某些酶类的活性测定来及时准确地反映生化处理效果。

（1）酶催化的特征

① 催化效率高。酶催化反应的速率比非酶催化反应的速率高 $10^8 \sim 10^{20}$ 倍，比一般催化剂高 $10^7 \sim 10^{13}$。例如 1mol 过氧化氢酶在 1s 的时间内可催化 10^5 mol H_2O_2 分解，而铁离子在相同的条件下，只能催化 10^{-5} mol H_2O_2 分解，过氧化氢酶的催化效率是铁离子的 10^{10} 倍。又如在常温下淀粉酶催化淀粉水解的速度比用盐酸催化高 1000 万～10 亿倍。

② 酶的催化活性易受环境变化的影响。高温、强酸、强碱都能使酶丧失活性；Cu^{2+}、

Hg^{2+}、Ag^{2+} 等重金属离子也能使酶钝化而失活。

③ 酶的催化作用具有高度专一性。一种酶往往只能催化一种反应或一类反应，作用于一种或一类物质。如蛋白酶只能催化蛋白质的分解，脂酶只能催化脂肪的分解。

④ 酶的催化活性可被调节控制。通过改变现成的酶分子活性来调节新陈代谢的速度，包括酶活性的激活和抑制两个方面。酶的种类很多，不同的酶调控方式不同。

（2）酶的分类

① 按酶蛋白的分子组成，可将酶分成单成分酶（也称简单酶类或单体酶）和全酶（也称结合酶类或复合酶）。单成分酶只含蛋白质，如水解酶类。全酶由酶蛋白和非蛋白质的辅助因子组成。与酶蛋白结合较紧的辅助因子叫辅基，与酶蛋白结合较松的辅助因子叫辅酶。几种重要的辅酶和辅基见表 3-7。酶蛋白和辅酶、辅基是酶表现催化活性不可缺少的两部分，酶蛋白起加速生物化学反应的作用，辅酶和辅基起传递电子、原子、化学基团的作用。

表 3-7　几种重要的辅酶、辅基

辅酶、辅基	缩写式	化学名称	功能	相关的酶
辅酶 I	NAD	烟酰胺腺嘌呤二核苷酸	传递氢	脱氢酶的辅酶
辅酶 II	NADP	烟酰胺腺嘌呤二核苷酸磷酸	传递氢	脱氢酶的辅酶
	FMN	黄素单核苷酸	传递氢	氧化还原酶的辅基
	FAD	黄素腺嘌呤二核苷酸	传递氢	
辅酶 A	CoASH	4'-磷酸泛酰巯乙胺	传递酰基	酰基转移酶的辅酶
铁卟啉			传递电子、催化氧化还原反应	细胞色素氧化酶、过氧化氢酶、过氧化物酶等的辅基
硫辛酸	L		两者结合成 LTPP，传递酰基和传递氢	α-酮酸脱羧酶和糖类转酮酶的辅酶
焦磷酸、硫胺素	TPP			
磷酸吡哆醛	$\begin{array}{c}H\\P-C-O\end{array}$		传递氨基、脱羧	氨基酸转氨酶、脱羧酶的辅酶
磷酸吡哆胺	$P-CH_2NH_2$			
辅酶 Q	CoQ	泛醌	传递氢和电子	
生物素（维生素 H、维生素 B_7）			CO_2 固定和转移、脂肪合成	羧化酶的辅酶
辅酶 F	CoF	四氢叶酸	传递甲酰基及羟甲基	一碳单位（即含有一个碳原子的基团）转移酶的辅酶
辅酶 M	HS—CoM	2-巯基乙烷磺酸	活性甲基的载体	甲基转移酶的辅酶（产甲烷菌特有）
	$(S—CoM)_2$	2,2-二硫二乙烷磺酸		
	$CH_3—S—CoM$	2-甲基乙烷磺酸		
辅酶 420	F_{420}（或 Co420）		活性甲基的载体	甲基转移酶的辅酶（产甲烷菌具有）

② 按催化反应的类型，可把酶分为六大类。

a. 氧化还原酶类（oxide-reductase）。氧化还原酶是催化底物氧化还原的酶，其反应通式为

$$AH_2+B \xrightleftharpoons[\text{还原酶}]{\text{脱氢酶}} A+BH_2$$

式中，AH_2 为供氢体，B 为受氢体。根据供氢体的性质分为氧化酶和脱氢酶。

（a）氧化酶类。氧化酶类催化的反应有两种结果。

第一种：催化底物脱氢，由辅酶 FAD（或 FMN）将脱下的氢传递给活化的氧，两者结合生成 H_2O_2，反应通式为

$$AH_2+O_2 \Longleftrightarrow A+H_2O_2$$

第二种：催化底物脱氢，活化的氧与氢结合生成 H_2O，反应通式为

$$AH_2+\frac{1}{2}O_2 \Longleftrightarrow A+H_2O$$

如多酚氧化酶催化含酚基的有机物脱氢，氧化为醌类和 H_2O。

（b）脱氢酶类。脱氢酶催化底物脱氢，氢由中间受体 NAD 接受，如乙醇脱氢酶、谷氨酸脱氢酶。

$$CH_3CH_2OH+NAD \Longleftrightarrow CH_3CHO+NADH_2$$

b. 转移酶类（transterases）。转移酶是催化底物的基团转移到另一有机物上的酶，其反应通式为

$$A-R+B \Longleftrightarrow A+B-R$$

式中的 R 为被转移的基团，包括氨基、醛基、酮基、磷酸基等。

c. 水解酶类（hydrolases）。水解酶是催化大分子有机物水解反应的酶，其反应通式为

$$A-B+H_2O \Longleftrightarrow A-OH+B-H$$

d. 裂解酶类（裂合酶类）（lyases）。裂解酶是催化有机物裂解为小分子有机物的酶，其反应通式为

$$AB \Longleftrightarrow A+B$$

例如，丙酮酸脱羧酶将丙酮酸裂解为乙醛与 CO_2。

e. 异构酶类（isomerases）。异构酶是催化同分异构分子内的基团重新排列的酶，其反应通式为

$$A \Longleftrightarrow A'$$

例如，葡萄糖异构酶催化葡萄糖转化为果糖的反应。

f. 合成酶类（ligases）。合成酶催化底物的合成反应。蛋白质和核酸等的生物合成都需要合成酶参加，并需消耗 ATP 取得能量，其反应通式为

$$A+B+ATP \Longleftrightarrow AB+ADP+Pi$$

如丙酮酸羧化酶催化丙酮酸羧化为草酰乙酸。

$$CH_3COCOOH+CO_2+ATP \longrightarrow HOOCCH_2COCOOH+ADP+H_3PO_4$$

③ 按酶存在于细胞的不同部位，可把酶分为胞内酶和胞外酶。固定在细胞内部不能向外分泌的酶称为胞内酶。少数可分泌到细胞外的酶，称为胞外酶，如纤维素水解酶、蛋白质水解酶、淀粉水解酶、脂肪水解酶等。

④ 结构酶与诱导酶。微生物细胞中含有上千种酶，绝大多数酶存在于细胞中的一定部位，推动细胞的物质变化，这些酶称为结构酶或固有酶。还有一些酶，并非微生物所固有，但在一定条件下可经诱导产生，称为诱导酶。诱导酶的产生在污水生物处理中有重要意义。

（3）影响酶促反应的因素　凡是在酶参与下发生的化学反应都称为酶促反应。被酶作用的物质，称为底物。酶促反应的速率取决于酶和底物的浓度，同时也受温度、pH 值、激活剂及抑制剂等因素的影响。

① 酶浓度。当底物浓度充足且其他条件都合适时，酶促反应速率在一定范围内与酶的浓度成正比关系。但当酶浓度很高时，并不保持这种关系，速度曲线逐渐变平缓（见图 3-2）。

② 底物浓度。当酶浓度一定而其他条件不变时，酶促反应的速率随底物浓度的增加而增加。但底物增加到一定浓度后，反应速率便不再增加（见图 3-3）。

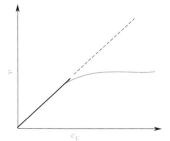

图 3-2　酶浓度与酶促反应速率的关系

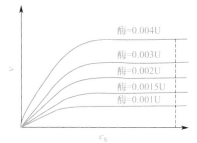

图 3-3　不同酶初始浓度下，底物浓度与酶促反应速率的关系

③ 温度。各种酶在最适温度范围内活性最强，酶促反应速率最快。中温微生物体内各种酶的最适温度一般在 $25 \sim 60℃$，高温性微生物酶的最适温度在 $60℃$ 以上。例如，黑曲糖化酶的最适温度为 $62 \sim 64℃$；巨大芽孢杆菌、产气杆菌等体内的葡萄糖异构酶，最适温度为 $80℃$；枯草杆菌的液化型淀粉酶的最适温度为 $85 \sim 94℃$。可见，一些芽孢杆菌的酶热稳定性较高。过高或过低的温度都会降低酶促反应速率。一般的中温酶在 $60℃$ 以上即失活。各种酶在一定温度范围内，随温度升高，酶促反应速率加快，一般温度每升高 $10℃$，酶促反应速率可相应提高 $1 \sim 2$ 倍，当超过酶的最高生长温度，继续提高温度，酶则容易变性失活。

④ pH 值。每种酶都有其最适的 pH 值，大于或小于最适 pH 值，都会降低酶的活性。一般微生物酶的最适 pH 值为 $6 \sim 8$，酵母菌和霉菌的最适 pH 值多为 $3 \sim 5$。

⑤ 酶的抑制剂。凡能减弱、抑制甚至破坏酶活性的物质，叫酶的抑制剂。酶的抑制剂可降低酶促反应速率。抑制剂的种类很多，有重金属离子（如 Ag^+、Cu^+、Hg^{2+}）、CO、H_2S、氢氰酸、氟化物、碘化乙酸、生物碱、染料、对氯汞、苯甲酸、表面活性剂等。

⑥ 酶的激活剂。与抑制剂相反，酶的激活剂可提高酶的活性，在一定条件下可以加速酶促反应的速率。激活剂的种类也很多，有无机阳离子，如 Na^+、K^+、Rb^+、Cs^+、NH_4^+、Mg^{2+}、Fe^{2+}、Cd^{2+}、Cu^{2+}、Mn^{2+}、Co^{2+}、Al^{3+}、Ni^{2+}、Cr^{3+} 等；无机阴离子，如 Cl^-、Br^-、I^-、CN^-、NO_3^-、S^{2-}、SO_4^{2-}、AsO_4^{3-} 等；有机化合物，如维生素 C、半胱氨酸、维生素 B_1、维生素 B_2 和维生素 B_6 的磷酸酯酶等。

3.3.1.2　微生物的呼吸作用与产能代谢

微生物的呼吸作用，实质上就是细胞内物质的分解、氧化和释放能量的过程，是新陈代谢的异化作用。呼吸作用中物质的氧化主要是以脱氢方式（同时失去电子）实现的，即在化学反应中一种物质脱氢同时失去电子被氧化，另一种物质得到氢和电子被还原。在此过程中释放的能量主要被贮存在 ATP（三磷酸腺苷）中，满足各需能代谢反应的需要，未被贮存的能量则以热量形式散发掉。

根据受氢过程中最终氢受体（或最终电子受体）性质的不同，可以把呼吸类型分为发酵、有氧呼吸和无氧呼吸三类（见图 3-4）。

（1）发酵　发酵是微生物在缺氧条件下进行的生命活动，是厌氧或兼性厌氧微生物获得能量的一种方式。发酵是指在厌氧条件下，底物脱氢后所产生的 H^+ 不经过呼吸链而直接交给中间代谢产物的一类低效产能反应。一般以有机物作为最终氢受体（最终电子受体）。在此过程

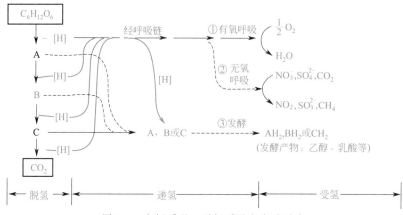

图 3-4　有氧呼吸、无氧呼吸和发酵示意

中，由于有机物只是部分被氧化，所以释放出的能量少，其余能量保留在最终产物中。

葡萄糖是微生物常利用的发酵基质，糖酵解（EMP 途径）是葡萄糖分解的主要途径之一，是所有细胞生物具有的代谢途径。此反应系列发生在微生物的细胞质中，并且在厌氧或有氧条件下均能发生。EMP 途径的具体步骤见图 3-5。通过 EMP 途径，1mol 葡萄糖变成 2mol 丙酮酸，产生 2mol ATP 和 2mol NADH，其总反应式为

$$C_6H_{12}O_6+2ADP+2Pi+2NAD^+ \longrightarrow 2CH_3COCOOH+2ATP+2NADH+2H^+$$
葡萄糖　　　　　　　　　　　　　丙酮酸

根据葡萄糖发酵产物和代谢途径的不同，有不同的发酵类型（见图 3-5），主要有如下几类。

① 乙醇发酵。进行乙醇发酵的微生物主要是酵母菌。酵母菌在厌氧条件下，通过 EMP 途径将葡萄糖分解为丙酮酸，丙酮酸再经脱羧，放出 CO_2 生成乙醛，乙醛接受糖酵解过程放出的氢而被还原成乙醇。因此，在乙醇发酵过程中，1mol 葡萄糖最终转变成 2mol 乙醇和 2mol CO_2，净产 2mol ATP。

$$C_6H_{12}O_6+2ADP+2H_3PO_4 \longrightarrow 2C_2H_5OH+2ATP+2CO_2+2H_2O$$

② 乳酸发酵。乳酸细菌和某些芽孢杆菌以葡萄糖为呼吸基质时，通过 EMP 途径产生丙酮酸，丙酮酸接受糖酵解过程中脱下的氢，使之还原成乳酸，并净产 2mol ATP。

$$C_6H_{12}O_6 \xrightarrow[2H_2O]{2ADP+2Pi \quad 2ATP} 2C_3H_6O_3$$

③ 丁酸发酵。梭菌属、丁酸弧菌属、真杆菌属和梭杆菌属的微生物在厌氧条件下分解葡萄糖进行丁酸发酵，发酵产物有丁酸、丁醇、丙酸、乙醇、乙酸、CO_2 和 H_2 等。

（2）有氧呼吸　有氧呼吸是以分子氧为最终电子受体的生物氧化过程。许多好氧微生物能利用各种有机物作为氧化底物，进行有氧呼吸，从而获得所需能量。有氧呼吸的特点是底物脱下的氢交给呼吸链（又称电子传递链），经逐步释放出能量后再交给最终氢受体（最终电子受体）。因此，有氧呼吸的产能效率高。以葡萄糖为例，在微生物有氧呼吸过程中，葡萄糖先经 EMP 途径（糖酵解）降解为丙酮酸（见图 3-5），然后丙酮酸经氧化脱羧生成乙酰辅酶 A。乙酰辅酶 A 经 TCA 循环（三羧酸循环）（见图 3-6）被彻底氧化为 CO_2 和 H_2O。在此过程中底物氧化释放的电子先通过电子传递链（见图 3-7），最后传递给氧，氧得到电子被还原，与底物

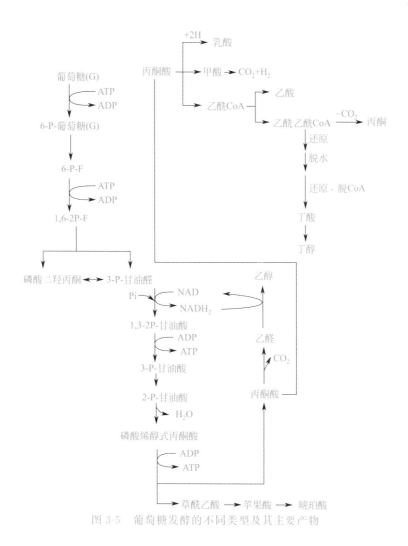

图 3-5　葡萄糖发酵的不同类型及其主要产物

脱下的 H^+ 结合生成 H_2O。在电子传递过程中释放的能量合成 ATP，称为电子传递磷酸化或氧化磷酸化。好氧微生物氧化分解 1mol 葡萄糖分子总共可生成 38mol ATP。其总反应式为

$$C_6H_{12}O_6 + 6O_2 + 38ADP + 38H_3PO_4 \longrightarrow 6CO_2 + 6H_2O + 38ATP$$

在有氧呼吸中，除进行 TCA 循环外，有的细菌利用乙酸盐进行乙醛酸循环（见图 3-6）。

有氧呼吸可分为外源性呼吸和内源性呼吸。在正常情况下，微生物利用外界供给的能源进行呼吸，叫外源呼吸，即通常所说的呼吸。如果外界没有供给能源，而是微生物利用自身内部贮存的能源物质，如多糖、脂肪、聚 β-羟基丁酸等进行呼吸，则叫做内源呼吸。内源呼吸的速度取决于细胞原有营养水平，有丰富营养的细胞具有相当多的能源贮备和高速的内源呼吸，饥饿细胞的内源呼吸速度很低。

有氧呼吸能否进行，取决于氧的浓度能否达到 0.2%，当氧浓度低于 0.2% 时，有氧呼吸不能发生。

（3）无氧呼吸　某些厌氧和兼性厌氧微生物在无氧条件下可进行无氧呼吸。这是一类在无氧条件下进行的产能效率较低的特殊呼吸。无氧呼吸的特点是底物脱氢后，经呼吸链传递氢，最终由氧化态的无机物受氢，其最终氢受体（最终电子受体）不是氧，而是 NO_3^-、

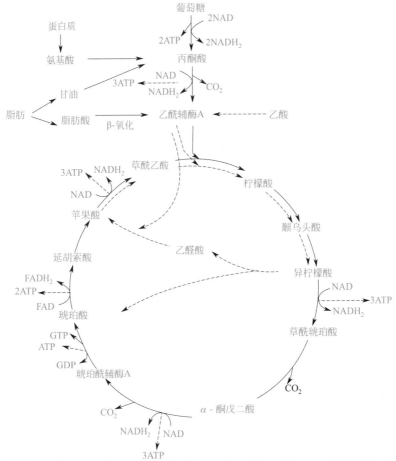

图 3-6　糖、蛋白质和脂肪水解及三羧酸（或叫柠檬酸）循环和乙醛酸循环的关系

——→表示三羧酸循环；---→表示乙醛酸循环

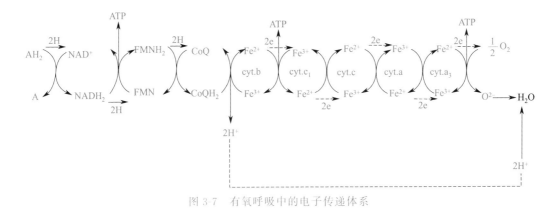

图 3-7　有氧呼吸中的电子传递体系

NO_2^-、SO_4^{2-}、$S_2O_3^{2-}$、CO_3^{2-} 和 CO_2 等外源受体。无氧呼吸中作为氧化底物的一般是有机物，如葡萄糖、乙酸和乳酸等，通过无氧呼吸被彻底氧化成 CO_2，并伴随产生 ATP。

① 以 NO_3^- 作为最终电子受体。假单胞菌属和某些芽孢杆菌属的种能以硝酸盐作为最终电子受体，将 NO_3^- 还原为 NO_2^-、N_2O 和 N_2。其供氢体可以是葡萄糖、乙酸等有机物，也可以是 NH_3 和 H_2。它们的反应式如下。

$$C_6H_{12}O_6 + 4NO_3^- \longrightarrow 2N_2\uparrow + 6CO_2 + 6H_2O + 1756kJ$$

$$5CH_3COOH + 8NO_3^- \longrightarrow 10CO_2 + 4N_2\uparrow + 6H_2O + 8OH^-$$

$$2NH_3 + NO_3^- \longrightarrow 1.5N_2\uparrow + 3H_2O$$

$$6H_2 + 2NO_3^- \longrightarrow N_2\uparrow + 6H_2O$$

硝酸盐的 NO_3^- 在接受电子后变成 NO_2^-、N_2 的过程，叫脱氮作用或反硝化作用。

② 以 SO_4^{2-} 为最终电子受体。普通脱硫弧菌能以硫酸盐作为最终电子受体，将 SO_4^{2-} 还原为 H_2S。该菌氧化有机物不彻底，如氧化乳酸时产物为乙酸。

$$2CH_3CHOHCOOH + H_2SO_4 \longrightarrow 2CH_3COOH + 2CO_2 + H_2S + 2H_2O$$

③ 以 CO_2 和 CO 作为最终电子受体。产甲烷菌能利用甲醇、乙醇、乙酸、氢等物质作为供氢体，将 CO_2 或 CO 还原为 CH_4。

$$2CH_3CH_2OH + CO_2 \longrightarrow CH_4 + 2CH_3COOH$$

$$4H_2 + CO_2 \longrightarrow CH_4 + 2H_2O$$

$$3H_2 + CO \longrightarrow CH_4 + H_2O$$

3.3.2　微生物的遗传变异

遗传与变异是生物最本质的属性之一。生物产生与自己相似的后代，这种现象称为遗传。但是，生物的亲代与子代之间，或子代各个体之间，无论在形态结构或生理机能方面总会有差异，这种现象称为变异。微生物的变异性是普遍的，其变异现象也很多。例如，个体形态的变异，菌落形态的变异，营养要求的变异等。因此，遗传是相对的，变异是绝对的。在工农业生产和污染物的生物处理过程中，可根据遗传和变异的辩证关系，利用自然条件或物理、化学因素来促使微生物发生变异，使其符合人们的需要。

3.3.2.1　遗传与变异的物质基础

微生物的遗传物质除少数病毒为核糖核酸（RNA）外，其余均为脱氧核糖核酸（DNA）。

DNA 是由大量的脱氧核糖核苷酸组成的线状或环状大分子。每个脱氧核糖核苷酸由一个脱氧核糖、磷酸和一种碱基构成。碱基有 4 种，即腺嘌呤（A）、鸟嘌呤（G）、胞嘧啶（C）和胸腺嘧啶（T）。这些核苷酸通过磷酸二酯键联在一起，形成 DNA 分子的骨架。DNA 的可变部分是它的碱基顺序，碱基携带遗传信息。根据 Watson-Crick 的理论，DNA 分子是两条多核苷酸链整齐地排列成双螺旋结构，每 10 个碱基构成一个螺旋（见图 3-8），一条链上的碱基与另一条链上的碱基总是按 A-T、C-G 的配对原则连接。

DNA 的复制是以原来的 DNA 链为模板，底物脱氧核糖核苷酸上的碱基和模板 DNA 分子上裸露的碱基之间互补配对（A-T，G-C），以决定哪种核苷酸加入新合成的 DNA 链（见图 3-9）。当整个 DNA 复制出来时，每个新的 DNA 螺旋是由一个原来的链和一个新合成的链组成的，称为半保留复制（semiconservative replication），通过其复制过程将无数的遗

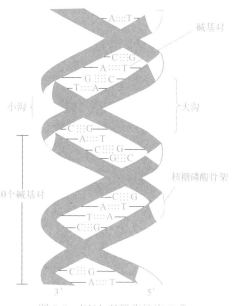

图 3-8　DNA 双螺旋结构示意

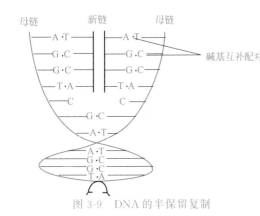

母链　新链　母链

碱基互补配对

图 3-9　DNA 的半保留复制

传信息传递给子代。

基因（gene）是 DNA 分子上具有特定核苷酸顺序的片段，是生物体内具有自我复制能力的遗传功能单位。不同基因的遗传信息，由各自片段的碱基排列顺序所决定。基因的精确复制保证了遗传信息的代代相传，基因通过转录出的信息使核糖核酸 mRNA 指导合成特定的蛋白质，基因得以表达，去完成特定的生命活动。不同的生物种类都有自己特有的基因库，从而使生物界千姿百态，各有千秋。

遗传密码是指 DNA 链上的特定核苷酸排列顺序，每个密码子（codon）是由三个核苷酸顺序（三联体）所决定的，它是负载遗传信息的基本单位。

生物体内的无数蛋白质都是生物体各种生理功能的执行者。可是蛋白质并没有自我复制的能力，它是按 DNA 分子结构上的遗传信息来合成的。不同三联体密码子决定不同的氨基酸，不同的氨基酸顺序决定了蛋白质分子的特异性。

3.3.2.2　基因突变

基因突变（gene mutation）指生物体内遗传物质的分子结构突然发生的可遗传的变化。

（1）基因突变的特点

① 自发性。基因突变可以在自然条件下自发地发生。

② 稀有性。自发突变虽可随时发生，但自发突变率极低且稳定，一般在 $10^{-6} \sim 10^{-9}$。

③ 不对应性。突变的性状与引起突变的原因之间无直接的对应关系。例如，在紫外线作用下，除产生抗紫外线的突变体外，还可诱发任何其他性状的变异。

④ 诱变性。在诱变剂作用下，自发突变率可提高 $10 \sim 10^5$ 倍。

⑤ 稳定性。由于突变的根源是遗传物质结构上发生了稳定的变化，所以产生的新的变异性状也是稳定的、可以遗传的。

⑥ 独立性。突变的发生一般是独立的，即在某一群体中，既可发生抗青霉素的突变型，也可发生抗链霉素的突变型，还可发生任何其他性状的突变型。某一基因的突变，既不提高也不降低其他任何基因的突变率，说明突变不仅对某一个细胞是随机的，而且对某一基因也是随机的。

⑦ 可逆性。由原始的野生型基因变异为突变型基因的过程称为正向突变，相反的过程则称为回复突变。任何性状都可发生正向突变，也都可发生回复突变。

（2）基因突变的类型　按突变的条件和原因可把突变划分为两种类型，即自发突变和诱发突变。

① 自发突变。是指某种微生物在自然条件下发生的基因突变。

② 诱发突变。利用物理或化学因素处理微生物群体，促使个体细胞的遗传物质（主要是 DNA）分子结构发生改变，基因内部碱基配对发生差错，从而引起微生物的遗传性状发生变异。

a. 物理诱变。利用物理因素引起基因突变的，称为物理诱变。物理诱变因素有紫外线、X 射线、γ 射线和激光等。

b. 化学诱变。利用化学物质对微生物进行诱变，因而引起基因突变或真核生物染色体畸变的，称为化学诱变。能引起化学诱变的物质有亚硝酸、硫酸二乙酯、甲基磺酸乙酯等。

　　c. 定向培育。适当控制微生物的生活环境条件，用物理因素和化学药品等来诱导微生物向着人们需要的方向变异，称为定向培育，在工业废水生物处理中也叫驯化。它是指在某一特定环境下长期处理某一微生物群体，同时不断将它们进行移种传代，以达到积累和选择合适的自发突变体的一种育种方法。在污水生物处理中用定向培育的方法培育菌种。经验证明，定向培育（或驯化）是控制微生物为人类服务的有效途径。例如，处理炼油厂废水、印染废水、煤气厂含酚和氰等废水的菌种，多来自生活污水处理厂的活性污泥。由于生活污水无毒，含有大量的有机物，可以为微生物生长繁殖提供必需的营养物质和较为适宜的水温、pH 值等条件。生活污水处理厂的微生物有其固有的遗传性，当它们在各种废水中生活时，营养、水温、pH值均已改变，有的废水甚至有毒。例如，印染废水中有染料、淀粉、尿素、棉纤维及一些无机盐，冬季水温 10～20℃，夏季水温达 40℃，pH 值为 7～10。然而，这些微生物经过长时间的定向培育（又称驯化）后改变了原来对营养、温度、pH 值等的要求，改变了其代谢途径，产生了适应酶，能利用印染废水中各种成分，使这些微生物不仅能在印染废水中生存，而且处理印染废水的能力强。这时，微生物发生了变异，成为变种或变株。

3.3.2.3　基因重组

　　凡把两个不同性状个体内的遗传基因转移到一起，使基因重新组合，形成新遗传型个体的方式，称为基因重组。基因重组可通过转化、转导、杂交等手段实现。

　　（1）转化（transformation）　受体菌直接吸收来自供体菌的 DNA 片段，并把它整合到自己的基因组里，从而获得供体菌部分遗传性状的现象，称为转化。在原核生物中，转化是一个较普遍的现象。在芽孢杆菌属（*Bacillus*）、假单胞菌属（*Pseudomonas*）、葡萄球菌属（*Staphylococcus*）、根瘤菌属（*Rhizobium*）等中尤为多见。在某些放线菌和蓝细菌以及少数真核微生物如酿酒酵母（*Saccharomyces cerevisiae*）、黑曲霉（*Aspergillus niger*）中也发现有转化现象。

　　（2）转导（transduction）　通过缺陷噬菌体的媒介作用，把供体菌的 DNA 片段携带至受体菌细胞中，使后者获得前者部分遗传性状的现象，称为转导。

　　（3）杂交　杂交是通过双亲细胞的融合，使整套染色体的基因重组，或者是通过双亲细胞的沟通，使部分染色体重组。在真核微生物和原核微生物中可通过杂交获得有目的的、定向的新品种。

3.3.2.4　基因工程

　　基因工程是 20 世纪 70 年代初发展起来的育种新技术，是用人为方法将所需的某一供体生物的遗传物质（DNA）提取出来，在离体条件下用适当的工具酶切割后，与作为载体的DNA 分子连接，然后导入受体细胞，使之进行正常的复制和表达，从而获得新物种，即基因工程菌（genetic engineered microorganisms）。切割的供体 DNA 可与同种、同属或异种、异属甚至异界的基因连接，因而可望实现超远缘杂交。基因工程的主要操作步骤包括基因分离、体外重组、载体传递、复制、表达及筛选、繁殖等。

3.3.3　菌种的衰退、复壮与保藏

3.3.3.1　菌种的衰退与复壮

　　（1）菌种的衰退与防止　在微生物的系统发育过程中，遗传性的变异是绝对的，而它的稳定性则是相对的。退化性的变异即负变是大量的，而进化性的变异即正变却是个别的。在自然情况下，个别的适应性变异通过自然选择就可保存和发展，最后使微生物得到进化。在

人为条件下，人们可通过人工选择有意识地筛选出个别的正变体而用于生产实践中。菌种的负变就是衰退，它是发生在微生物群体中的一个从量变到质变的逐步演变过程。当群体中只有个别个体发生负变时，如不及时发现并采取有效措施，而一味移种传代，则群体中的负变个体的比例将逐步增多，最后由它们占了优势，从而使整个群体表现出严重的衰退。所以，在开始时，所谓"纯"的菌株，实际上其中已包含着一定程度的不纯因素。同样，到了后来，整个菌种虽已"衰退"了，但其中还有少数尚未衰退的个体存在。为了防止菌种衰退的发生，可采取以下措施。

① 控制传代次数。即尽量避免不必要的移种和传代，将不必要的传代降低到最低限度，以减少发生突变的概率。采取良好的菌种保藏方法（见 3.3.3.2），就可大大减少不必要的移种和传代次数。

② 创造良好的培养条件。创造一个适合原种的生长条件，可以防止菌种衰退。例如，从废水生物处理中筛选出来的菌种，如果定期用原来的废水培养和保存菌种，也可以防止其退化。

③ 利用不同类型的细胞进行接种传代。在放线菌和霉菌中，由于它们的菌丝细胞常含几个核或甚至是异核体，因此用菌丝接种就会出现不纯和衰退，而孢子一般是单核的，用它接种时就没有这种现象发生。

（2）菌种的复壮　为了使微生物的优良性状持久延续下去，可采用相应措施使退化菌株复壮。方法如下。

① 纯种分离。通过纯种分离，可将退化菌种的细胞群体中一部分仍保持原有典型性状的单细胞分离出来，经扩大培养，可恢复原菌株的典型性状。常用的分离方法有稀释平板法，平板划线分离法或涂布法。

② 通过寄主进行复壮。对于寄生性微生物的退化菌株，可接种到相应寄主体内以提高菌株的毒性。

③ 淘汰已衰退的个体。例如用低温处理，使已衰退的个体死亡，在抗低温的存活个体中，留下了未退化的健壮个体。

3.3.3.2　菌种的保藏

菌种是一种资源，不论是从自然界直接分离到的野生型菌株，还是经人工方法选育出来的优良变异菌株或基因工程菌株都是重要生物资源。因此，菌种保藏是微生物工作的基础，菌种保藏的目的是使菌种保藏后不死亡、不变异、不被杂菌污染，并保持其优良性状，以利于生产和科研的应用。

菌种保藏的关键是降低菌种的变异率，以达到长期保持菌种原有特性的目的。菌种的变异主要发生在微生物旺盛生长繁殖过程中。因此，必须创造一种环境，使微生物处于新陈代谢最低水平、生长繁殖处于不活跃状态。目前菌种保藏的方法很多，但基本都是根据以下原则设计的：①必须选用典型优良纯种，最好采用它们的休眠体（如芽孢、分生孢子等）进行保藏；②创造一个微生物生命活动处于最低状态的环境条件，如低温、干燥、缺氧、避光、缺乏营养以及添加保护剂等；③尽量减少传代次数。采用以上措施有利于达到菌种长期保藏的目的。下面介绍几种常用的菌种保藏方法。

（1）简易保藏法

① 转斜面低温保藏法。将要保存的菌种接种在适宜的斜面培养基上，在适宜的温度下培养，使其充分生长。如果是有芽孢的细菌或分生孢子的放线菌及霉菌等，都要等到孢子生成后再将菌种置于冰箱中 4～5℃ 环境进行保藏，并定期传代。这是实验室最常用的一种保藏方法，适于保藏细菌、放线菌、酵母菌及霉菌等。

此法的优点是操作简单，不需特殊设备；缺点是保藏时间短，菌种经反复转接后，遗传性状易发生变异，生理活性减退。

② 半固体穿刺保藏法。用穿刺接种法将菌种接种至半固体深层培养基的中央部分，在适宜温度下培养，然后将培养好的菌种置于冰箱 4～5℃ 保藏，0.5～1 年移植 1 次。此法一般用于保藏兼性厌氧细菌或酵母菌。

以上两种方法都是利用低温抑制微生物的生长繁殖，从而延长保藏时间。

③ 液体石蜡保藏法。在新鲜的斜面培养物上，用无菌滴管吸取已灭菌的液体石蜡，注入已长好菌的斜面上，液体石蜡的用量以高出斜面顶端 1cm 左右为准，然后将斜面培养物直立，置于冰箱 4～5℃ 保存。液体石蜡主要起隔绝空气作用，使外界空气不与培养物接触，从而降低对微生物的供氧量。培养物上面的液体石蜡层也能减少培养基水分的蒸发。此法是利用缺氧及低温双重抑制微生物生长，从而延长保藏时间。

此法适于保藏霉菌、酵母菌和放线菌，保藏期达 1～2 年之久，并且操作也比较简单易行，但有些细菌和霉菌如固氮菌、乳杆菌、分枝菌和毛霉、根霉等不宜用此法保存。

④ 含油培养物保藏法。在液体的新鲜培养物（菌液）中加入 15% 已灭菌的甘油，然后置于冰箱中 -20℃ 或 -70℃ 保藏。此法是利用甘油作为保护剂，甘油透入细胞后，能强烈降低细胞的脱水作用，而且，在 -20℃ 或 -70℃ 条件下，可大大降低细胞代谢水平，但却仍能维持生命活动状态，达到延长保藏时间的目的。

在基因工程中，此法常用于保存含质粒载体的大肠杆菌，一般可保存 0.5～1 年。

⑤ 沙土管保藏法。取洗净的河沙和细土按 1∶4 混合均匀，装入小试管中（装入量约 1cm 高即可），塞上棉塞，高压蒸汽灭菌（0.1MPa，灭菌 1h，每天一次，连续 3 天），即制成沙土管。将待保藏的菌种接种于适当的斜面培养基上，经培养后，制成菌悬液，无菌操作将菌悬液滴入已灭菌的沙土管中，每管滴 4～5 滴，菌悬液中的孢子即吸附在沙子上，将沙土管置于真空干燥器中，通过抽真空吸干沙土管中水分，然后将干燥器置于 4℃ 冰箱中保存。此法利用干燥、缺氧、缺乏营养、低温等因素综合抑制微生物生长繁殖，从而延长保藏时间。

此法仅适于保藏产生芽孢或孢子的微生物，常用于保藏芽孢杆菌、梭菌、放线菌或霉菌等。保藏期达数年之久。

(2) 冷冻真空干燥保藏法　将待保藏的菌种在适当的培养基上以最适温度斜面培养（一般细菌培养 24～28h，酵母菌培养 3 天左右，放线菌与霉菌可培养 7～10 天），然后吸取 2mL 已灭菌的脱脂牛奶至培养好的菌种斜面上，用接种环轻轻刮下培养物，使其悬浮在牛奶中，制成菌悬液分装到安瓿管内（0.2mL/管），用火焰熔封安瓿管口。脱脂牛奶起保护剂的作用。再将装有菌悬液的安瓿管直接放在低温冰箱中（-45～-35℃）或放在干冰无水乙醇浴中进行预冻，使菌悬液在低温条件下结成冰。然后放在真空干燥箱中，开动真空泵进行真空干燥，以除去大部分水分，最后封口。

此法是目前最有效的菌种保藏方法之一。它有两个突出的优点：

① 适用范围广。据报道，除少数不产生孢子只产生菌丝体的丝状真菌不宜采用此法保藏外，其他各大类微生物如细菌、放线菌、酵母菌、丝状真菌以及病毒都可采用此法保藏。

② 保藏期长、存活率高。采用此法保藏菌种其保藏期一般可长达数年至几十年，并且均能取得良好的保藏效果。缺点是设备昂贵，操作复杂。

(3) 液氮超低温冷冻保藏法　液氮超低温冷冻保藏法的原理是：生物在超低温（-130℃）条件下，一切代谢停止，但生命仍在延续。将微生物细胞悬浮于含保护剂的液体培养基中，或者把带菌琼脂块直接浸没于含保护剂的液体培养基中，经预先缓慢冷冻后，再转移至液氮冰箱内，于液相（－196℃）或气相（－156℃）进行保藏。冷冻保护剂常用体积分数为10％的甘油或10％的二甲基亚砜。具体做法是：首先将待保藏的菌种在斜面上培养，待长好后加入5mL含10％甘油的液体培养基，制成菌悬液分装在安瓿管中（0.5～1mL/管），用火焰熔封安瓿管口；如要保藏只长菌丝的霉菌时，可用无菌打孔器从平板上切下带菌落的琼脂块（直径约5～10mm），置于装有含10％甘油液体培养基的无菌安瓿管中，用火焰熔封安瓿管口；然后将封口的安瓿管置于－70℃冰箱中预冷冻4h（有条件的可采用控速冷冻），最后再转入液氮冰箱中保藏。

此法是目前比较理想的一种保藏方法，其优点是它不仅适合保藏各种微生物，而且特别适于保藏某些不宜采用冷冻干燥法保藏的微生物。此外，保藏期也较长，可达数年至数十年，菌种在保藏期内不易发生变异。此法已被国外菌种保藏机构作为常规保藏方法。目前，我国许多菌种保藏机构也采用此法保藏菌种。此法的缺点是需要液氮冰箱等特殊设备，故其应用受到一定限制。

相关链接3-3 　　　　　　　　　　　　　　　　　　　　　　　　 − □ ×

微生物向邻居"借"或"盗用"基因

微生物通过接合、转导和转化进行的水平方向的基因转移是早已不争的事实。但是近年来的研究表明，微生物似乎还擅长向邻居"借"或"盗用"基因。这些邻居不仅包括它们的"同类"——微生物，也包括它们的"异类"——高等植物。

基因组序列分析表明，生活在意大利海底火山口附近的激烈热球菌（*Pyrococcus furiosus*）含有来自近邻但亲缘关系较远的*Thermococcus*的转运麦芽糖的基因。序列分析表明，两者仅有138bp的差异，而生活在太平洋的同种激烈热球菌却没有这种基因。激烈热球菌的转运麦芽糖的基因看来是向*T. litotralis*"借来"的，是否会"还"回去，目前难以得知。此外，微生物还有向高等动植物"盗用"基因的本领。例如，耐放射异常球菌（*Denococcus radiodurans*）含有几个只有在植物中才有的基因；结核分枝杆菌（*Mycobacterium tuberculosis*）的基因组上至少含有8个来自人类的基因，而这些基因编码的蛋白质能帮助细菌逃避宿主的防御系统。显然，这是结核分枝杆菌通过某种方式从宿主那儿"盗用"了这些基因为自己的生存服务。有关"借"或"盗用"的机制目前还不很清楚，但转座基因的普遍存在及其转座功能可能起了很大作用。

本章小结

1. 营养物质包括碳源、氮源、无机盐、生长因子和水五大类。

2. 根据碳源、能源和供氢体的不同可将微生物划分为光能自养型、光能异养型、化能自养型和化能异养型。

3. 培养基是满足微生物营养需求的营养物质基质。配制时要选择适宜营养物质并调整其浓度及配比，控制一定的pH值范围。

4. 培养基主要类型有：按化学成分不同分为天然和合成培养基；按物理状态

不同分为固体、半固体和液体培养基；按用途不同分为基础、加富、鉴别和选择培养基。

5. 酶是活细胞内合成的一种生物催化剂，由蛋白质所构成。生物的一切活动，如吸收、代谢、生长、繁殖等都离不开酶的作用。酶的催化作用具有专一性。

6. 按催化反应的类型，可把酶分为六大类，即氧化还原酶类、转移酶类、水解酶类、裂解酶类、异构酶类和合成酶类。

7. 酶促反应的速率取决于酶和底物的浓度，同时也受温度、pH值、激活剂及抑制剂等因素的影响。

8. 呼吸作用可分为有氧呼吸、无氧呼吸和发酵三种类型，其中有氧呼吸产能效率最高，其次为无氧呼吸，发酵产能效率最低。

9. 有氧呼吸以 O_2 作为最终电子受体，无氧呼吸主要以氧化态的无机物作为最终电子受体，而发酵则以有机物作为最终电子受体。在有氧呼吸和无氧呼吸过程中，底物脱下的 H^+ 要经过呼吸链传递，最后交给最终氢受体，但无氧呼吸的呼吸链短些。在发酵过程中，底物脱下的 H^+ 不经呼吸链直接交给最终氢受体。

10. 典型的细菌的生长曲线可分为四个时期，即延迟期、指数期、稳定期和衰亡期。

11. DNA 是微生物遗传变异的物质基础，而微生物发生变异的实质是基因突变。

12. 保藏菌种常用的方法有简易保藏法、冷冻真空干燥保藏法和液氮超低温冷冻保藏法。

复习思考题

1. 微生物含有哪些化学组分？各组分占的比例是多少？

2. 根据微生物对碳源和能源需要的不同，可把微生物分为哪几种类型？

3. 什么叫培养基？按物质的不同，培养基可分为哪几类？按实验目的和用途的不同，培养基可分为哪几类？

4. 简述微生物的四种基本营养类型。

5. 什么是氮源？微生物能利用的氮源物质有哪些？异养型微生物利用的氮源是否一定需要有机氮？

6. 什么叫细菌生长曲线？可分哪几个生长阶段？各有什么特点？

7. 简述基因突变的类型。

8. 什么是生长因子？它包括哪些物质？是否任何微生物都需要生长因子？

9. 什么是碳源？微生物能利用的碳源物质有哪些？它们是否能被所有微生物利用？对于异养型微生物而言，最好的碳源是什么？

10. 用于制备培养基的凝固剂有哪几种？它们各有何特点？常用的凝固剂是什么？

11. 什么是酶？

12. 什么是辅基？什么是辅酶？哪些物质可作辅基或辅酶？

13. 酶有哪些类型？

14. 酶的催化作用有哪些特性？

15. 影响酶促反应的因素有哪些？

16. 微生物呼吸作用的本质是什么？它可分为几种类型？各呼吸类型有什么特点？

17. 微生物变异的实质是什么？微生物突变的类型有几种？

18. 什么叫定向培育？

19. 为什么要对所保藏的菌种进行复壮？如何复壮？

20. 为什么要保藏菌种？菌种保藏的目的是什么？

21. 菌种保藏的方法有哪些？各有何优点和缺点？酶是什么？它有哪些组成？它们各有什么生理功能？

22. 微生物生长的测定方法有哪几种？污水生物处理中主要用什么方法测定微生物生长？

4 微生物生态

学习指南

　　生态学是生物科学的一个重要分支，涉及生物之间、非生物之间、生物与非生物之间的相互作用。微生物生态学是研究微生物群体与其周围环境的生物和非生物因素的相互关系的科学。微生物与环境的关系极为密切，环境中的各种因素影响着微生物，而微生物通过新陈代谢等活动又对环境产生影响。因此，通过微生物生态学研究，有助于开发丰富的菌种资源，充分利用有益微生物和控制有害微生物。微生物生态学内容广泛，与人类生存关系极为密切，已成为当今微生物学研究的重要学科，日益受到人们的重视。

本章学习要求

知识目标：了解微生物在环境中的分布状况；
　　　　　了解微生物之间的相互关系；
　　　　　了解微生物在自然界循环中所起的作用及降解与转化途径。
技能目标：能够根据目标微生物选择采集环境。
素质目标：树立"人与自然是生命共同体"的生态文明新理念。

重点：微生物在环境中的分布；
难点：微生物在自然界循环中所起的作用及降解与转化途径。

4.1　微生物在环境中的分布

　　微生物因为体积小、质量轻、适应性强等特点，在自然界分布广泛，可以达到"无孔不入"的地步，只要环境条件合适，它们就可以大量繁殖。在动植物体内外、土壤、水体、大气中都有大量的微生物存在。但环境条件不同，生存着的微生物的种类和数量也不同。

4.1　微生物
在环境中的分布

4.1.1　土壤中的微生物

　　栖息在土壤中的微小生物统称为土壤微生物。主要种类包括细菌、放线菌、真菌、原生动物等。通过对表层土壤分布的微生物进行多点取样发现，微生物在土壤中的分布是极不均匀的。

4.1.1.1　土壤是微生物生活的良好环境

　　土壤具备了微生物生长所需要的各种条件如有机质、空气、水分、温度、酸碱度、渗透压等。土壤中还存在着微生物之间、微生物与动植物之间的相互作用，所以土壤是微生物生存的良好基地，也是人类最丰富的菌种资源库。

　　（1）土壤有机质　土壤有机质是土壤固相中活跃的部分，其化合物种类繁多，性质各异，主要是非腐殖质和腐殖质两大类。非腐殖质主要是碳水化合物和含氮化合物。腐殖质是土壤有机质的主体，是异养微生物重要的碳源和能源。

（2）土壤温度 土壤保温性较强，一年四季温度变化相对较小，即使表面冻结，在一定深度土壤中仍保持一定的温度，这种环境有利于微生物的生长。

（3）土壤水分、酸碱度和空气 土壤水分和空气都处于土壤孔隙中，两者是互为消长的。土壤中都含有一定量的水分，土壤中的水分是一种浓度很稀的盐类溶液，其中含有各种有机和无机氮素及各种盐类、微量元素、维生素等，土壤的 pH 值多数为 5.5～8.5，类似于常用的液体培养基。这对微生物的生长是十分有利的，土壤中氧气的含量比空气中的低，只有空气的 10%～20%，通气良好的土壤，有利于好氧微生物的生长。

（4）渗透压 土壤渗透压通常为 0.3～0.6MPa，对土壤微生物来讲是等渗或低渗环境，有利于吸收营养。

4.1.1.2 土壤中常见的微生物类群

土壤中各种微生物的含量变化很大，主要种类有：①细菌，每克土壤中约含几百万到几千万个，占土壤微生物总数的 70%～90%，多数为腐生菌，少数是自养菌；②放线菌，含量约为细菌的 1/10；③丝状菌，主要指霉菌，在通气良好的近地面土壤中，霉菌的生物总量往往大于细菌和放线菌；④酵母菌，普通耕作土中酵母菌含量很少，在含糖量较高的果园土、菜地土壤中含有一定量的酵母菌。此外，土壤中还分布有许多藻类及原生动物等，常见的藻类主要是蓝藻（蓝细菌）和硅藻，蓝藻是土壤中藻类数量最多的，能固定碳素，为土壤提供有机质。土壤中原生动物生活于土粒周围的水膜中，它们大多捕食细菌、真菌、藻类或其他有机体。

4.1.1.3 土壤中微生物的数量与分布

不同类型的土壤中微生物的种类和数量是不相同的。我国主要土壤微生物调查结果表明，在有机质含量丰富的黑土、草甸土、磷质石灰土、某些森林土或其他植被茂盛的土壤中微生物数量多；而西北干旱地区的栗钙土、盐碱土及华中、华南地区的红壤土、砖红壤土中微生物数量较少。

不同深层土壤中微生物的含量不同，从土壤的不同断面采样，用间接法进行分离、培养研究，发现微生物的数量按表层向里层的次序减少，种类也因土壤的深度和层位而异。对表层土壤中分布的微生物进行多点取样，就会发现微生物的分布是极不均匀的。在肥沃的土壤中细菌和丝状菌的含量高，在贫瘠的土壤中含量少。

4.1.2 水体中的微生物

水体是微生物生存的良好基质。各种水体，特别是污染水体中存在有大量的有机物质，适于各种微生物的生长，因此水体是仅次于土壤的第二种微生物天然培养基。水体中的微生物主要来源于土壤以及人类和动物的排泄物。水体中微生物的数量和种类受各种环境条件的制约。自然界的江、河、湖、海及人工水体如水库、运河、下水道、污水处理系统等水体中都生存着相应的微生物类群。但由于水域环境不同，给微生物提供的营养、光照、温度、酸碱度、渗透压、溶解氧等条件差异也较大，所以不同类型的水域中微生物的种类、数量差异也较大。

4.1.2.1 水体是微生物的天然生境

无论海洋还是淡水水体中，都存在着微生物生长所必需的营养。水体具备微生物生命活动适宜的温度、pH 值、氧气等。由于雨水冲刷，将土壤中各种有机物、无机物、动植物残体带入水体，加之工业废水和生活污水的不断排入和水生生物的死亡等都为水体中微生物的生长提供了丰富的有机营养。不同的水体中有机质的含量不同，其微生物群落差异也较大。

4.1.2.2　水中微生物的数量和分布

土壤中大部分细菌、放线菌和真菌，在水体中都能找到，成为淡水中的固有种类。水体中细菌的种类很多，自然界中细菌共有 47 科，水体中就占有 39 科。

处于城镇等人口聚集地区的湖泊、河流等淡水，由于不断地接纳各种污物，含菌量很高，每毫升水中可达几千万个甚至几亿个，主要是一些能分解各种有机物的腐生菌，如芽孢杆菌、生孢梭菌、变形杆菌、大肠杆菌、粪链球菌等。有的甚至还含有伤寒、痢疾、霍乱、肝炎等人类病原菌。

溪流及贫营养湖的表层缺乏营养物质，在每毫升水中一般只含几十个到几百个细菌，并以自养型种类为主。常见细菌有绿硫细菌、紫色细菌、蓝细菌、柄细菌、赭色纤发菌、球衣菌和荧光假单胞菌等。此外，还有许多藻类（如绿藻、硅藻等）、原生动物（如钟虫及其他固着型纤毛虫、变形虫、鞭毛虫等）和微型后生动物（轮虫、线虫等）。

地下水、自流井、山泉及温泉等经过厚土层过滤，有机物和微生物都很少。石油岩石地下水含分解烃的细菌，含铁泉水有铁细菌，含硫温泉有硫黄细菌。

影响微生物在淡水水体中分布的因素有水体类型、污染程度、有机物的含量、溶解氧量、水温、pH 值及水深等。

由于海洋具有盐分较多、温度低、深海静水压力大等特点，所以生活在海水中的微生物，除了一些从河水、雨水及污水等带来的临时种类外，绝大多数是耐盐、嗜冷、耐高渗透压和耐高静水压力的种类。海水中常见的微生物有假单胞菌属、弧菌属、黄色杆菌属、无色杆菌属及芽孢杆菌属等。一般在港口，每毫升海水含菌量为 1×10^5 个，在外海每毫升含菌量为 $10 \sim 250$ 个。

江、河、湖泊、池塘等水体中有机物含量较多，微生物的种类、数量也较多。微生物在水体中表现为水平分布和垂直分布的规律。此外，相同水域的不同时期微生物的含量及分布也不同。

4.1.3　空气中的微生物

空气中有较强的紫外线辐射，而且缺乏营养和水分，温度变化较大，所以空气不是微生物生存的良好场所。但空气中仍然存在着大量的病毒、细菌、真菌、藻类、原生动物等各种微生物。

4.1.3.1　空气微生物的来源

空气中的微生物主要来自土壤飞起来的灰尘、水面吹起的水滴、生物体体表脱落的物质、人和动物的排泄物等。这些物体上的微生物不断以微粒、尘埃等形式逸散到空气中。

4.1.3.2　空气中微生物的数量和分布

空气中的微生物大部分是腐生的种类，但是不同的空气环境中微生物的种类不同。有些种类是普遍存在的，如某些霉菌、酵母菌及对干燥、射线等有较强抵抗能力的真菌孢子到处都有。细菌主要是来自于土壤的腐生性种类，常见的为各种球菌、芽孢杆菌、产色素细菌等。在医院的附近和人群比较密集的区域，存在着多种寄生性病原菌（如结核分枝杆菌、白喉杆菌、溶血链球菌、金黄色葡萄球菌等）、若干种病毒（如麻疹病毒、流感病毒等）以及多种真菌孢子。

空气中微生物的分布随环境条件及微生物的抵抗力不同而呈现不同的分布规律。空气中微生物的数目决定于尘埃的总量。空气中尘埃含量越高，微生物的种类数量越多。一般城市空气中微生物的含量比农村高，而在高山、海洋的上空，森林地带、终年积雪的山脉或基地上空的空气中，微生物的含量就极少（见表 4-1）。

表 4-1　不同条件下 1m³ 空气的含菌量

条　　件	数　量/个	条　　件	数　量/个
畜舍	$1 \times 10^6 \sim 2 \times 10^6$	市区公园	200
宿舍	20000	海洋上空	$1 \sim 2$
城市街道	5000	北极（北纬80°）	0

由于尘埃的自然下沉，所以距地面越近的空气中，含菌量就越高，但在 85km 的高空仍能找到微生物。微生物在空气中滞留的时间与风力、雨、雪、气流的速度、微生物附着的尘粒的大小等条件有关。在静止的空气中微生物随尘埃下落，而极缓慢的气流也可以使微生物悬浮于空中不下沉。

相关链接 4-1

惊人的数字

① 每克新鲜植物叶子表面附生着大约 100 万个微生物。

② 人的皮肤上平均每平方厘米含有 10 万个细菌，而且繁殖速度惊人，刚洗过的皮肤，在几小时之内细菌就可恢复到原来的数量，人的肠道中聚集有 100 万亿个左右的微生物。粪便中细菌大约占粪便干质量的 1/3。

③ 一般人每个喷嚏的飞沫含有 4500～150000 个细菌，感冒患者一个喷嚏含有多达 8500 万个细菌。

④ 生活在土壤中和地下的细菌数加起来，估计其总质量为 10034×10^{11} t。

⑤ 据成都市 14 家银行对回收货币的调查表明，平均每张纸币带有 900 万个细菌。

⑥ 大肠杆菌在 1h 内可消耗相当于它们自身质量 2000 倍的糖。

⑦ 被埋在琥珀中达 2500 万年的芽孢，当放到营养培养基上时仍可萌发生长。

4.2　微生物间的相互关系

在自然界，各种不同类群的微生物能在多种不同的环境中生长繁殖。微生物与微生物之间，微生物与其他生物之间彼此联系，相互影响。通常，这种彼此之间的相互关系可归纳为四大类，即共生、互生、寄生和拮抗。

4.2　微生物间的相互关系

4.2.1　共生关系

共生（simbiosis）是指两种生物共居在一起相互分工协作，彼此分离就不能很好地生活。地衣就是微生物间共生的典型例子，它是真菌和蓝细菌或藻类的共生体。在地衣中，藻类和蓝细菌进行光合作用合成有机物，作为真菌生长繁殖所需的碳源，而真菌则起保护光合微生物的作用，在某些情况下，真菌还能向光合微生物提供生长因子和必需的矿质养料。见图 4-1 叶状地衣。

不仅微生物间存在着共生关系，微生物与动植物之间也存在着共生关系。根瘤菌（Rhizobium）与豆科植物形成共生体，是微生物与高等植物共生的典型例子。根瘤菌固定大气中的氮气，为植物提供氮素养料，而豆科植物根的分泌物能刺激根瘤菌的生长，同时，

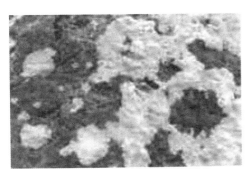

图 4-1 叶状地衣

还为根瘤菌提供保护和稳定的生长条件。许多真菌能在一些植物根上发育，菌丝体包围在根外面或侵入根内，形成了两者的共生体，称为菌根。一些植物，例如兰科植物的种子若无菌根菌的共生就无法发芽，杜鹃科植物的幼苗若无菌根菌的共生就不能存活。微生物与动物互惠共生的例子也很多，例如，牛、羊、鹿、骆驼等反刍动物，吃的草料为它们胃中的微生物提供了丰富的营养物质，但这些动物本身却不能分解纤维素，食草动物瘤胃中的微生物能够将纤维素分解，为动物提供碳源。所以，反刍动物为瘤胃菌提供了纤维素形式的养料、水分、无机元素、合适的 pH 值、温度以及良好的搅拌条件和厌氧环境；而瘤胃中的微生物的生理活动则为动物提供了有机酸和必需的养料，这是一种典型的共生关系。

4.2.2　互生关系

互生（metabiosis）是指两种可以单独生活的生物生活在一起，通过各自的代谢活动而利于对方，或偏利于一方的生活方式。这是一种可分可合，合比分好的相互关系。例如在土壤中，当分解纤维素的细菌与好氧的固氮菌生活在一起时，固氮菌可将固定的有机氮化合物供纤维素分解菌利用，而纤维素分解菌产生的有机酸也可作为固氮菌的碳源和能源物质，从而促进各自的增殖和扩展。微生物与动植物之间也存在着互生关系。在植物根部生长的根际微生物与高等植物之间的相互关系为互生关系。人体肠道中正常菌群可以完成多种代谢反应，对人体生长发育有重要意义，而人体的肠道则为微生物提供了良好的生存环境，两者之间的相互关系也是互生关系。

4.2.3　寄生关系

寄生（parasitism）指的是小型生物从大型的生物体内或体表获取营养进行生长、繁殖的现象。即从活体上获取营养为寄生。小型生物被称做寄生者，大型生物被称做寄主或宿主。寄生关系总是对寄生者有利，而损害寄主的利益。例如，噬菌体寄生于细菌细胞内；蛭弧菌寄生于寄主细菌细胞内；动植物体表或体内寄生的病毒、细菌、真菌等。寄生于人和有益动物或者经济作物体表或体内的微生物危害寄主的生长及繁殖，固然是有害的，但如果寄生于有害生物体内，对人类有利，则可加以利用，例如利用昆虫、病原微生物防治农业害虫等。

4.2.4　拮抗关系

生物之间并非都是友好相处，也有矛盾和争斗，甚至生死相拼。拮抗（antagonism）关系是指一种微生物在其生命活动中，产生某种代谢产物或改变环境条件，从而抑制其他微生物的生长繁殖，甚至杀死其他微生物的现象。在制造泡菜、青贮饲料时，乳酸杆菌产生大量乳酸，导致环境 pH 值下降，抑制了其他微生物的生长，这属于非特异性的拮抗作用。而可产生抗生素的微生物，则能够抑制甚至杀死某些种类的微生物，例如青霉菌产生的青霉素能抑制一些革兰阳性细菌，链霉菌产生的制霉菌素能够抑制酵母菌和霉菌等，这些属于特异性的拮抗关系。

4.3　微生物在自然界物质循环中的作用

微生物在自然界的物质循环中连续不断地进行分解作用，把复杂的有机物质逐步地分解成为无机物。最终以无机物的形式返还给自然界，供自养生物作为营养物质。每一种天然存在的有机物质都能被已存在于自然界中的微生物所分解。在自然界中微生物的种类不同，分解有机物的种类和能力也不相同。

4.3　微生物在自然界物质循环中的作用

4.3.1　碳元素循环

碳是构成生物体的主要元素，参与循环的碳元素主要是空气中的二氧化碳。光能和化能自养生物把大气中的二氧化碳固定为有机碳——活细胞的组分，然后一部分有机碳通过食物链在生态系统中转移。食物链各营养级有机体的呼吸作用释放出二氧化碳，有机体的排泄物和尸体被微生物分解，释放出二氧化碳。在缺氧条件下，有机物的分解一般不完全，积累的有机质经地质变迁形成煤、石油等矿物燃料，这部分有机碳从生态系统中损失。当火山爆发或矿物燃料被开采后，其中的碳大部分再转变成二氧化碳。煤、石油等作为化工原料，生产出各种各样的非生物性含碳化合物，使碳素循环变得更为复杂，因为人工合成的有机化合物不少是微生物不能降解的。产甲烷菌利用有机物厌氧分解中产生的 H_2 和 CO_2 作为底物进行代谢活动，从而使有机物继续分解；生成的 CH_4 逸入好氧环境，被甲烷氧化菌氧化为二氧化碳。在有氧条件下，几乎所有碳最终都能被转化为二氧化碳。碳循环与氧、氢的循环相偶联，全球碳素循环见图 4-2。

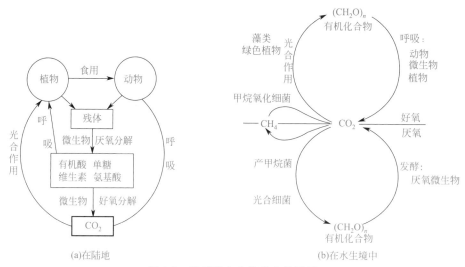

图 4-2　碳元素在自然界中的循环

4.3.1.1　碳的有机化——CO_2 的固定

二氧化碳的固定是将二氧化碳还原为碳水化合物的生化反应过程，对于微生物来讲，这个过程主要是通过光合作用和化能合成作用来实现的。

（1）光合微生物的种类和特性　光合微生物主要有藻类、蓝细菌和光合细菌。藻类的光合作用与高等植物相同。细菌的光合作用与蓝细菌及绿色植物的光合作用有所不同。光合细菌没有叶绿素，只有菌绿素及类胡萝卜素，它们的光合作用没有水的光解，也不放出氧气；光合细菌都是厌氧的，光合作用在厌氧的条件下进行。蓝细菌的光合色素存在于类囊体上，光合作用色素主要是叶绿素 a 及藻蓝素，有的还有藻红素、藻黄素等。常见的光合细菌主要包括紫色硫细菌（亦称红色硫细菌）、紫色非硫细菌、绿色硫细菌、绿色非硫细菌。

（2）化能合成微生物的种类和特性　这类微生物以 CO_2 为碳源，以 H_2、H_2S、$S_2O_3^{2-}$、NH_4^+、NO_2^-、Fe^{2+} 等作为能源，无机物作为氢供体同化 CO_2。常见种类有氢细菌、硝化细菌、硫化细菌、铁细菌、硫黄细菌等。

4.3.1.2　有机碳的矿化——CO_2 的再生

碳素循环过程中，食物链起到了媒介作用。自养生物同化作用合成的有机碳化合物，经食物链传递到异养生物体内，被异养生物作为生长的基质。动植物残体及排泄物中的有机碳化合物被微生物降解利用。无论在食物链的哪一个营养级上的异养代谢过程消耗的有机物，最终都要以 CO_2 的形式返还大气。微生物在转化有机物的过程中，使一部分有机物合成细胞，一部分成为其他有机物排出体外，一部分则转变为 CO_2。

有机物的分解过程和涉及的微生物种类与氧气的有无关系很大。在有氧条件下，有机物被好氧和兼性厌氧的异养微生物分解，有机碳的最终代谢产物为二氧化碳及部分难以分解的腐殖质。参与分解的微生物包括真菌、细菌和放线菌。生态系统中的微生物区系处于不断变化的状态以适应基质的变化。生境中氮、磷等元素的浓度可影响有机物降解速率。菌体 $C:N:P$ 接近 $100:10:1$，氮、磷含量不足会限制有机物的分解。

在厌氧条件下，有机物的分解几乎完全是细菌的作用。微生物在厌氧条件下分解有机物释放能量少，这导致了有机物分解速率慢，基质降解不彻底，产物主要是有机酸、醇、二氧化碳、氢等。产甲烷菌可转移甲基，这是最重要的厌氧转化之一。厌氧条件下未彻底分解的有机物，经地质学过程变为煤、石油等深藏地下，被人类开采之后用作燃料、化工原料等，使它们重新加入碳循环。

4.3.2　氮元素循环

氮素是构成蛋白质的基本成分，因此是一切生命结构的必需原料。大气中氮的含量十分丰富，达 78%。但 N_2 惰性较强，植物不能直接利用，必须通过固氮作用转化成硝态氮或氨态氮，才能被大部分生物利用参与蛋白质的合成。在微生物、植物、动物三者的共同作用下，使得无机氮、有机氮和 N_2 三种形式的氮相互转化，构成氮的循环。微生物在氮素循环中起着非常重要的作用，归纳起来有固氮作用、硝化作用、氨化作用和反硝化作用。自然界中氮素循环如图 4-3 所示。

4.3.2.1　固氮作用

固氮的途径有三种，其中生物固氮是最重要的，大约占到地球总固氮量的 90%。与工业固氮相比，生物固氮只需在常温常压下进行，大大节约了能源。在现代农业中，生物固氮不仅具有提高农作物产量和增强土壤肥力的作用，而且对维持生态平衡有重要意义。能进行固氮作用的生物种类主要是固氮菌、蓝细菌等微生物。

（1）自生固氮　固氮菌属及蓝细菌等原核微生物可将大气中氮气（N_2）转变成菌体蛋白质。固氮微生物死亡后，细胞被分解，释放出氨，成为植物的氮素营养。所以，自生固氮

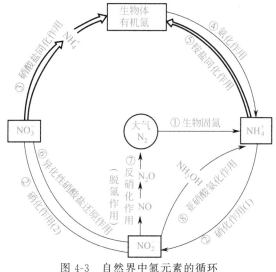

图 4-3　自然界中氮元素的循环

作用间接供给植物氮源，固氮效率低。并且当环境中存在结合态氮（如 NH_4^+、NO_3^- 等）时，自生固氮菌就失去固氮能力。

（2）共生固氮　除根瘤菌和弗兰克菌分别与豆科植物和非豆科植物共生固氮外，蓝细菌与真菌的共生体（地衣）中的一些种类，也有固氮作用。共生固氮作用直接供给植物氮源，固氮效率高。即使环境中有 NH_4^+ 存在，固氮酶仍有活性。

相关链接4-2　　　　　　　　　　　　　　　　　　　　　　□ ×

细菌与生物固氮

　　自然界中能进行生物固氮的生物主要是微生物，而细菌又是其主力军。植物与动物对氮元素的摄取多数情况下要依赖于微生物。为什么早期植物没有获得固氮能力而微生物掌握了固氮的本领呢？

　　大约在 38 亿年前地球外周有了水圈和大气圈，此时地层中找到的化石证明当时的生命为光合自氧原核微生物，这些微生物不需要氧就能生存，它们的光合作用释放氧气到大气层中，这样氧气就成为大气层的固定成分。直至距现在大约 15 亿年前，地球上唯一的生命体仍然是微生物。但这时候的微生物的生化过程已经十分复杂。对于专性厌氧的微生物来讲，氧气是致命的。于是在自然选择的过程许多厌氧的微生物种类被淘汰，有氧呼吸的种类出现并得以进化。在进化的过程中，生物种类、数量越来越多，对氮的需求量随之上升，细菌大约在这时开始了固氮作用。

　　与当时已经存在的生命相比较，细菌更有灵活性。细菌易发生突变使得它们能适应新的自然状况而生存。原始的厌氧菌首先从突变中获得了固氮的能力，之后传递给进化过程中的后代（这或许是固氮酶依然对氧敏感的原因）。当大量的细菌拥有了固氮能力后，高等的生物便可以利用固氮菌提供的氮元素生存，于是诞生了今天的共生固氮系统。在生物进化过程中，高等生物没有发展固氮能力，因为已存在的固氮菌所固定的氮元素，足以满足生物圈中所有生命对氮元素的需求。直到今天，为了大力发展农业，人工固氮量越来越多，才开始扰乱大气圈中的氮素循环。

（3）联合固氮　某些固氮菌，如固氮螺菌与高等植物（水稻、甘蔗、热带牧草等）根际或叶际之间的一种简单而特殊的共生固氮作用，是介于典型的自生固氮与共生固氮之间的一种中间型，又叫"弱共生"或"半共生"固氮作用。它与典型共生固氮的区别是不形成根瘤、叶瘤那样独特的形态结构；与普通自生固氮不同的是有较大的专一性，且固氮作用强得多。联合固氮为禾本科粮食作物的生物固氮找到了一条独特的途径，引起世界各国微生物学家的兴趣和重视。

各种固氮微生物进行固氮作用的总反应为

$$N_2 + 6e + 6H^+ + nATP \longrightarrow 2NH_3 + nADP + nPi$$

还原 1 分子 N_2 成为 2 分子 NH_3 需要 6 个电子和 6 个 H^+。由于 N_2 分子具有键能很高的三键（$N\equiv N$），要打开它们需要很大的能量，这个反应是由固氮酶催化完成的。

生物固氮主要是依靠固氮微生物体内的固氮酶催化进行的，因组成固氮酶的铁蛋白和铁钼蛋白对氧都很敏感，从好氧固氮菌体内分离的固氮酶，一遇氧就发生不可逆性失活。好氧菌生长需要氧而固氮酶不需氧。在不同的固氮微生物体内，存在着各自不同的防氧保护系统。如好氧菌细胞内的固氮酶处于受到保护的防氧微环境中，兼性厌氧菌固氮作用只发生在厌氧条件下，蓝细菌在不产氧的异形胞中进行固氮。

4.3.2.2　氨化作用（ammonification）

有机氮化物在微生物的分解作用中释放出氨的过程，称为氨化作用。

含氮有机物的种类很多，主要是蛋白质、尿素、尿酸和壳多糖等。很多细菌、放线菌和真菌都有很强的氨化能力，称为氨化菌，主要有芽孢杆菌、梭菌、色杆菌、变形杆菌、假单胞菌、放线菌以及曲霉、青霉、根霉、毛霉等。

4.3.2.3　硝化作用（nitrification）

指氨态氮在有氧的条件下，经亚硝化细菌和硝化细菌的作用转化为硝酸的过程。由氨转化为硝酸经两个步骤完成。

$$氨(NH_3) \longrightarrow 亚硝酸(HNO_2) \longrightarrow 硝酸(HNO_3)$$

具体转化过程如下。

第一步由亚硝化细菌（如亚硝化单胞菌属、亚硝化螺菌属、亚硝化球菌属等）起作用

$$2NH_3 + 3O_2 \longrightarrow 2HNO_2 + 2H_2O + 619kJ$$

第二步由硝化细菌（如硝化杆菌属、硝化球菌属等）起作用

$$2HNO_2 + O_2 \longrightarrow 2HNO_3 + 210kJ$$

进行硝化作用的硝化细菌和亚硝化细菌都是化能自养菌且专性好氧，它们分别从氧化 NH_3 和 NO_2^- 的过程中获得能量，以二氧化碳为唯一碳源，作用产物分别为 NO_2^- 和 NO_3^-（见两阶段反应式）。它们要求中性或弱碱性的环境（pH 值 6.5~8.0），pH<6.0 时，作用强度明显下降。亚硝化细菌是革兰阴性菌，在硅胶固体培养基上生长，菌落细小、稠密，色泽为褐色、黑色、浅褐色。硝化细菌在硅胶培养基和琼脂培养基上培养时菌落小，色泽由淡褐色变成黑色。

4.3.2.4　反硝化作用

兼性厌氧的硝酸盐还原菌将硝酸盐还原为氮气，称为反硝化作用。在水体和土壤积水的环境条件下，由于厌氧而发生反硝化作用。由于还原程度不同，反硝化作用的还原态产物不同。

（1）异化型硝酸盐还原作用（dissimilartive nitrate reduction）

$$2NO_3^- + 5H_2A \longrightarrow N_2 + 2OH^- + 4H_2O + 5A$$

在无氧的条件下微生物利用硝酸盐作为呼吸链的最终氢受体，进行硝酸盐呼吸，其产物

为亚硝酸、次亚硝酸、一氧化氮以及分子态氮等。

能进行硝酸盐呼吸的都是一些兼性厌氧菌即反硝化细菌。这些细菌都有完整的呼吸系统。反硝化作用多数情况下发生在厌氧环境中。只有在无氧的条件下，才能诱导出反硝化作用所需要的硝酸盐还原酶 A（结合在膜上）和亚硝酸还原酶。异化性硝酸盐还原作用过程使土壤氮素损失，对农业不利；环保可用于减少氮素污染，防止水体富营养化。但大面积土壤反硝化作用产生的 N_2O 是温室效应气体之一，会加重大气污染，还会破坏臭氧层。

（2）同化型硝酸盐还原作用（assimilative nitrate reduction）

$$HNO_3 \longrightarrow HNO_2 \longrightarrow \cdots \longrightarrow NH_2OH \longrightarrow NH_4^+$$

NO_3^- 用作微生物氮源时，它被还原成 NH_4^+，NH_4^+ 可以作为绿色植物和微生物的营养，合成氨基酸、蛋白质、核酸等含氮有机物。异化性硝酸盐还原作用与同化性硝酸盐还原作用比较见表 4-2。

表 4-2　异化性硝酸盐还原作用与同化性硝酸盐还原作用的比较

硝酸盐还原酶	异化性硝酸盐还原	同化性硝酸盐还原
酶的性质	适应性的，很少是组成性的	适应性或组成性的
酶合成的诱导	NO_3^- 的存在，并在缺 O_2 条件下	NO_3^- 的存在，与 O_2 无关
酶合成的阻遏	O_2 阻遏	NH_4^+ 阻遏
酶活性的抑制	O_2 抑制，NH_4^+ 不抑制	NH_4^+ 抑制，O_2 不抑制

常见的反硝化菌主要有地衣芽孢杆菌（*Bacillus licheniformis*）、脱氮副球菌（*Paracoccus denitrificans*）、铜绿假单胞菌（*Pseudomonas aeruginosa*）、脱氮硫杆菌（*Thiobacillus denitrificans*）等。脱氮硫杆菌为自养型的，在缺氧环境中利用 NO_3^- 中的氧将硫或硫代硫酸盐氧化成硫酸盐，从中获得能量来同化 CO_2。

$$6KNO_3 + 5S + 2CaCO_3 \longrightarrow 3K_2SO_4 + 2CaSO_4 + 2CO_2 + 3N_2 + 2761.4kJ$$
$$CO_2 + 4H \longrightarrow [CH_2O] + H_2O$$

4.3.3　硫元素循环

硫是生物的重要营养元素，它是一些必需氨基酸和某些维生素、辅酶等的成分。自然界中硫以单质硫、无机硫化物和有机态硫的形式存在。硫和硫化氢被微生物氧化成为硫酸盐，后者被植物和微生物同化成为有机硫化物，构成其自身组分；动物食用植物和微生物，将其转化成为动物有机硫化物，当动植物的尸体被微生物分解时，含硫的有机质主要是蛋白质降解成为硫化氢，进入到环境中。环境中的硫酸盐在缺氧条件下，能被微生物还原成为硫化氢。微生物在自然界的硫循环中，参与了各个过程：有机硫化物的分解作用、无机硫的同化作用、硫化作用和反硫化作用（硫酸盐还原作用）。自然界中硫的循环见图 4-4。

4.3.3.1　有机硫化物的分解作用

动物、植物和微生物尸体中的有机硫化物，被微生物降解成无机硫的过程，称为分解作用。这主要是由于异养微生物在降解有机碳化合物时往往同时放出其中含硫的组分，这一过程并不具有专一性。由于含硫有机物中大多含氮，所以能分解含氮有机物的氨化微生物都能分解含硫有机物产生硫化氢。脱硫基作用与脱氨基作用往往是同时进行的。

$$\text{蛋白质} \longrightarrow \text{含硫氨基酸} \begin{cases} \xrightarrow{\text{脱氨基作用}} NH_3 \\ \xrightarrow{\text{脱硫基作用}} H_2S \end{cases}$$

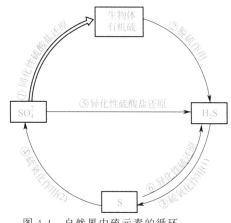

图 4-4 自然界中硫元素的循环

4.3.3.2 无机硫的同化作用

生物利用 SO_4^{2-} 和 H_2S 组成自身细胞物质的过程称为硫的同化作用。大多数的微生物都能像植物一样利用硫酸盐作为唯一硫源，把它转变为含巯基的蛋白质等有机物，即由正六价氧化态转变为负二价的还原态。只有少数微生物能同化 H_2S，大多数情况下单质硫和 H_2S 等都需先转变为硫酸盐，再固定为有机硫化合物。

4.3.3.3 硫化作用（sulfur oxidation）

在有氧的条件下，还原态无机硫化物如硫化氢、单质硫或硫化亚铁等在微生物作用下进行氧化，最后转化成硫酸及其盐类的过程，称为硫化作用。进行硫化作用的微生物主要是硫细菌，可分为无色硫细菌和有色硫细菌两大类。

（1）无色硫细菌　其中包括化能自养菌和化能异养菌。下面介绍几个不同类型的代表。

① 硫杆菌。土壤与水中最重要的化能自养硫化细菌是硫杆菌属的许多种，它们能够氧化硫化氢、黄铁矿、单质等形成硫酸，氧化过程中释放的能量被用来同化 CO_2。

$$2H_2S+O_2 \longrightarrow 2H_2O+2S+能量$$
$$2FeS_2+7O_2+2H_2O \longrightarrow 2FeSO_4+2H_2SO_4+能量$$
$$2S+3O_2+2H_2O \longrightarrow 2H_2SO_4+能量$$
$$CO_2+H_2O \xrightarrow{能量} [CH_2O]+O_2$$

除脱氮硫杆菌是一种兼性厌氧菌外，其余都是需氧微生物。硫杆菌广泛地分布于土壤、淡水、海洋、矿山排水沟中，生长最适温度为 $28\sim30℃$。有的硫杆菌能忍耐很酸的环境，甚至嗜酸。常见的有氧化硫硫杆菌（*Thiobacillus thiooxidans*）、氧化亚铁硫杆菌、排硫硫杆菌等。脱氮硫杆菌是兼性厌氧化能自养菌，在有氧的条件下进行硫氧化作用，与其他硫杆菌相似，在无氧的条件下则以硝酸盐中的氧代替分子氧作为最终电子受体，使硝酸还原为分子氮。

$$5S+6KNO_3+2H_2O \longrightarrow K_2SO_4+4KHSO_4+3N_2$$

② 丝状硫黄细菌。它们属化能自养菌，有的也能营腐生生活。生存于含硫的水中，能将硫化氢氧化为单质硫。主要有两个属，即贝氏硫菌属（*Beggiatoa*）和发硫菌属（*Thiothrix*），贝氏硫菌属为滑行丝状体，发硫菌营固着生活。

在深的湖泊表面和有硫化氢产生的污水池塘，都有丝状硫黄细菌大量存在，它们能把硫化氢氧化成单质硫存于体内，并形成菌膜。在矿泉水中尤为多见。

（2）有色硫细菌 有色硫细菌主要指含有光合色素进行光能营养的硫细菌，它们从光中获得能量，依靠体内含有的光合色素，通过光合作用同化二氧化碳。主要分为两大类。

① 光能自养型。这类光合细菌在进行光合作用时，能以 H_2S 作为同化 CO_2 的供氢体，而 H_2S 被氧化为硫或进一步氧化为硫酸，它们大都是厌氧菌。主要反应式为

$$CO_2 + 2H_2S \xrightarrow{\text{光}} [CH_2O] + 2S + H_2O$$

$$2CO_2 + H_2S + 2H_2O \xrightarrow{\text{光}} 2[CH_2O] + H_2SO_4$$

② 光能异养型。这类光合细菌主要以简单的有机酸或醇等作为碳源和电子供体，也可以硫化物或硫代硫酸盐（但不能以单质硫）作为电子供体。能进行光照厌氧或黑暗好氧呼吸。

光能营养硫细菌常见的种类有红螺菌（*Rhodospirillu*）、紫硫菌和绿硫菌（*Chlorobium*）等。后两类为光能自养型细菌，氧化硫化氢后均生成硫黄颗粒，所以也被称做硫黄细菌。紫硫菌多将硫黄贮存于体内，绿硫菌多将硫黄排出体外。

4.3.3.4 反硫化作用

在厌氧条件下微生物将硫酸盐还原为硫化氢的过程称为反硫化作用。参与这一过程的微生物称为硫酸盐还原菌。反硫化作用具有高度特异性，主要是由脱硫弧菌属（*Desulfovibrio*）来完成。如脱硫脱硫弧菌（*D. desulfuricans*）是一典型反硫化作用的代表菌，其反应式为

$$C_6H_{12}O_6 + 3H_2SO_4 \longrightarrow 6CO_2 + 6H_2O + 3H_2S + 能量$$

产生的硫化氢与铁氧化产生的亚铁离子形成硫化亚铁和氢氧化亚铁，这是造成铁锈蚀的主要原因。在通气不良的土壤中进行的反硫化作用，会使土壤中的硫化氢含量上升，从而引起植物烂根。

4.3.4 磷元素循环

磷是包括微生物在内的所有生命体中不可缺少的元素。在生物大分子核酸、高能量化合物 ATP 以及生物体内糖代谢的某些中间化合物中，都有磷的存在。可溶性的无机磷化物被微生物吸收后合成有机磷化物，成为生命物质结构组分（同化作用）。在土壤中，许多的细菌、放线菌和霉菌等含有植酸酶和磷酸酶，能够将含磷的有机物分解（异化作用），产生的无机磷化物可被植物吸收利用。土壤中的磷酸或可溶性的磷酸盐与土壤中的一些盐基结合，形成不溶性的磷酸盐。在天然水体中，大部分的磷存在于水下的沉积物中。不过，生活在土壤和水体中的一些微生物，通过代谢产生的硝酸、硫酸和有机酸又可将不溶性的磷酸盐溶解，从而使自然界中的磷素循环周而复始地不断进行。应当指出，如果人类活动将含磷物质大量排放到水环境中，可溶性磷酸盐浓度过高会造成蓝细菌及其他藻类大量增殖，即常说的水体富营养化作用，从而破坏环境的生态平衡。

在生物圈内，磷主要以三种状态存在，即以可溶解状态存在于水溶液中；在生物体内与大分子结合；不溶解的磷酸盐大部分存在于沉积物内。微生物对磷的转化起着重要作用。磷元素循环包括可溶性无机磷的同化、有机磷的矿化及不溶性磷的溶解等。自然界的磷元素循环见图 4-5。

4.3.4.1 有机磷的矿化作用

许多普通的土壤微生物都有植酸酶和磷酸酶，可利用有机磷。降解有机物的异养微生物包括细菌、放线菌和真菌等。有机磷的矿化作用是伴随着有机硫和有机氮的矿化作用同时进

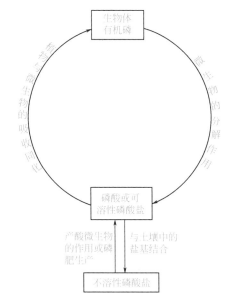

图 4-5 自然界磷元素的循环

行的。有机磷矿化而生成的磷酸，与土壤中盐基结合，成为不溶解的磷酸盐。能分解有机磷化物的微生物有蜡状芽孢杆菌（*Cereus*）、蕈状芽孢杆菌、多黏芽孢杆菌、解磷巨大芽孢杆菌（*Megaterium* var. *phosphaticum*）及假单胞菌属（*Pseudomonas*）的某些种。

4.3.4.2 难溶性无机磷的可溶化作用

可溶性的磷和沉积物中不溶性的磷之间是可以转化的。这种转化过程离不开微生物的作用。微生物的生命活动产生酸类物质将不溶性的磷矿物逐渐溶解，转化成水溶性的磷酸盐类。

硝化作用过程中产生的硝酸、硫化作用过程中产生的硫酸、土壤中微生物和植物根系分泌的二氧化碳和有机酸等都可使不溶性的磷矿物分解。

$$NH_4 \xrightarrow{\text{硝化细菌}} HNO_3$$
$$H_2S \xrightarrow{\text{硝化细菌}} H_2SO_4$$
$$Ca_3(PO_4)_2 + H_2SO_4 \longrightarrow 2CaHPO_4 + CaSO_4$$

不溶性磷酸盐 $\Longleftrightarrow$ 可溶性磷酸盐

具有产酸能力的微生物都能在沉积物与水的界面上利用产酸过程来促进磷的溶化，形成可溶性的磷酸盐。

4.3.4.3 无机磷的同化作用

可溶性的无机磷化物被生物同化为有机磷，成为活细胞的组分。在水体中，磷的同化作用主要是由藻类进行的，并沿食物链传递。在土壤中细菌固定大量的磷，植物不能利用有机磷，所以在农耕地中必须施加磷肥，供给农作物和土壤微生物生长的需要。

扫描二维码可拓展阅读《回顾 2021 年：关于微生物的十大发现》。

拓展阅读 4

本章小结

1. 微生物在环境中是无孔不入的，土壤和水体中有微生物生存所必需的营养物质，所以其中栖息着大量的微生物类群。空气中由于紫外线照射、干燥、缺乏营养等原因，多数空气微生物是异养的种类。

2. 微生物与其他物种间存在着共生、寄生、互生、拮抗等相互关系。了解微生物的种间关系可以更好地利用微生物进行生物防治。

3. 自然生态系统的基本功能之一是物质循环。绿色植物是生产者的主力军，通过光合作用将环境中的无机物转化为有机物并贮存能量，物质和能量沿食物链传递。存在于动植物残体及排泄物中的有机物，必须得到及时的分解才能使生态系统物质循环得以畅通。微生物在生态系统中充当分解者的角色，将有机物分解为无机元素返还自然环境。本章主要介绍了碳元素、氮元素、硫元素、磷元素的循环过程中微生物的作用机理和常见的微生物种类，揭示了微生物在维持生态平衡过程中的重要作用。

复习思考题

1. 为什么说土壤是微生物生存的良好基地？

2. 什么叫共生？举例说明微生物之间、微生物与植物之间、微生物与动物之间的共生关系。

3. 举例说明细菌间的寄生关系。

4. 微生物在自然界碳元素循环中的作用是什么？

5. 氮元素在自然界中是如何循环的？为什么说微生物在自然界氮元素循环中起着重要的作用？

6. 什么叫氨化作用、硝化作用、反硝化作用？在氮元素循环中有何重要意义？

7. 自然界硫元素、磷元素是如何循环的？主要有哪些微生物参与？

5 微生物对环境的污染与危害

 **学习指南**

　　对于环境，微生物既有其有益的方面，也有其有害的方面。对人和生物有害的微生物可污染大气、水体、土壤和食品，可影响生物产量和质量，危害人类健康，这种污染称为微生物污染。按照被污染的对象可分为大气微生物污染、水体微生物污染、土壤微生物污染、食品微生物污染等。根据危害方式，则可分为病原微生物污染、水体富营养化、微生物代谢污染等。本章着重介绍微生物所引起的环境污染及其危害。

本章学习要求

知识目标：掌握水体富营养化的概念；
　　　　　了解水体富营养化的成因及危害；
　　　　　掌握水体富营养化的监测和防治方法；
　　　　　了解微生物的代谢物对环境和人体的危害。
技能目标：能准确判断水体富营养化。
素质目标：树立"生态兴则文明兴""绿水青山就是金山银山"的生态文明建设发展观。

重点：水体富营养化的监测和防治方法。
难点：水体富营养化的预防。

5.1　水体富营养化

　　水体富营养化（eutrophication）是指氮、磷等营养物质大量进入水体，使藻类和浮游生物旺盛增殖，从而破坏水体生态平衡的现象。湖泊、内海、港湾、河口等缓流水体易发生富营养化，以湖泊、水库对人类生产和生活影响最大，所以研究水体富营养化主要是研究湖泊富营养化。

5.1　水体富营养化的监测与评价

　　我国是一个多湖泊的国家。据初步统计，我国有面积大于 $1000km^2$ 的湖泊 13 个，面积 $500\sim1000km^2$ 的湖泊 15 个，面积 $50\sim500km^2$ 的湖泊 203个，面积 $10\sim50km^2$ 的湖泊 234 个，面积 $1\sim10km^2$ 的湖泊 2383 个，面积 $1km^2$ 以上的共有 2848 个，总面积约 $80000km^2$。湖泊水体是我国工业、农牧业和生活用水的重要水源。

　　水体富营养化是指水体接收了过多的氮、磷化合物，使水体中藻类和其他水生生物大量繁殖，水体透明度、溶解氧降低，造成水质恶化的过程。这种富营养化现象发生在湖泊等内陆水体可形成水华（water bloom），发生在海洋可形成赤潮（red tide）。20世纪以后，赤潮发生的次数逐年增加。我国渤海1998年、1999年连续两年发生严重的赤潮，面积达$6500km^2$，持续时间超过一个月，严重影响海产养殖，造成重大经济损失。2000年我国海域共记录到赤潮28起，比1999年增加了13起，累积面积超过$10000km^2$。

5.1.1 富营养化的形成及影响因素

5.1.1.1 富营养化的形成

水体富营养化是水体生态演变的一个阶段，这种演变既可以是"天然的"，也可以是"人为的"。天然的水体富营养化是自然环境因素改变所致的生态演变，其过程极为缓慢，常需几千年甚至上万年。它与湖泊的发生、发展和消亡密切相关，并受地质地理环境演变的制约。这种水体富营养化的控制因子是内源性的。水体中的藻类以及其他浮游生物能够源源不断地得到营

5.2 水体富营养化的形成原因

养物质而繁殖；死亡后，通过腐烂分解，只可把氮、磷等营养物质释放至水中，供下一代藻类利用。死亡的藻类残体沉入水底，一代又一代地堆积，使湖泊逐渐变浅，直至成为沼泽。一些高山、极地湖泊的富营养化大多属于天然的富营养化。

人为的水体富营养化是在人类活动的影响下发生的水体生态演替。这种演替很快，可在短时期内出现。其控制因子主要是外源性的。例如，人为破坏湖泊流域的植被，促使大量地表物质流向湖泊；或过量施肥，造成地表径流富含营养物质；或向湖泊洼地直接排放含有营养物质的工业废水和生活污水，均可加速湖泊富营养化。因此产生富营养化的水体主要是人群集中、工业和农业发达地区的湖泊。

5.1.1.2 富营养化的影响因素

藻类的生长和繁殖与水体中的氮、磷的含量成正相关，并受温度、光照、有机物、pH值、毒物、捕食性生物等因素制约。这些因素相互作用，一起影响水体富营养化的进程。

（1）营养物质　水体生物生长所需要的营养元素约有20～30种。从藻的组成（$C_{106}H_{263}O_{119}N_{16}P_1$）看，除碳、氢、氧外，需要量最大的营养元素是氮和磷，氮和磷是制约藻类生长的限制因子。一般认为这两种营养元素诱发水体富营养化的浓度为：含氮量大于0.2～0.3mg/L，含磷量大于0.01～0.02mg/L。当这两种营养元素的浓度低于上述临界值时，藻类不会过度增殖而导致富营养化。在大多内陆湖泊中，因有固氮蓝细菌，磷常成为富营养化的限制因子。在海洋中，氮与磷的重要性相当。

生活污水、工业废水、农田径流均含氮和磷，经过二级处理的出水亦含有大量氮和磷，将这些污水排入水体，可为藻类提供充足的养料，一旦其他条件适宜，藻类便可旺盛繁殖。

（2）季节与水温　藻类是中温型微生物，因此在气温较高的夏季易发生藻类徒长现象。夏季的水体会产生分层（stratification），上层水暖，相对密度小；下层水冷，相对密度大。若无风，上下两层不会混层，这种情况尤以深水湖中为甚，由此导致水体上下层中藻类活动、营养状况及供氧状况不同，而导致上层藻类活动旺盛发生富营养化。

（3）光照　充足的光照是藻类旺盛繁殖的必要条件。在水体中，上层光照充足而成为富光区，藻类的光合作用也相应较强，释放的氧气可使溶解氧量达到过饱和的程度。当上层藻类的生长密度较大时，光线不易透过，下层即成为弱光至无光区，藻类和其他异养菌主要进行呼吸作用，消耗大量的溶解氧而使下层水处于缺氧状态。

不同学者对水体富营养化的成因有不同的见解。多数研究者认为，氮、磷等营养物质浓度升高，是藻类大量繁殖的主要诱因，其中又以磷为关键因素。影响藻类生长的物理、化学和生物因素极为复杂，很难预测藻类的发展趋势，也难以定出表征富营养化的指标。目前一

般采用的富营养化指标是：水体含氮量大于 $0.2\sim0.3mg/L$，含磷量大于 $0.01\sim0.02mg/L$，生化需氧量大于 $10mg/L$，细菌总数（淡水，pH 值 $7\sim9$）达 10^5 个/mL，叶绿素 a（藻类生长量的标志）大于 $10mg/m^3$。

5.1.2 引起富营养化的优势藻类

在富营养化水体中出现的生物主要是微型藻类。在海洋中形成赤潮的藻类很多，现已查明有 60 多种，主要为裸甲藻属、膝沟藻属、多甲藻属的种类。常见的有腰鞭毛虫（*Dinfla gellata*）、裸甲藻（*Gymnodinium aeruginosum*）、短裸甲藻（*Gynodinium brye*）、棱角甲藻（*Ceratium fusus*）、原甲藻（*Prorocentrum micans*）、中肋骨条硅藻（*Skeletonema costatum*）、角刺藻（*Chaetoceros*）、卵形隐藻（*Cryptomonas ovata*）、无纹多沟藻（*Polykrikos schwartzi*）、夜光藻（*Noctiluca milialis*）等。在湖泊中形成水华的藻类以蓝细菌为主，常见的有微囊藻属（*Microcystis*）、鱼腥藻属（*Anabaena*）、束丝藻属（*Aphanizomenon*）和颤藻属（*Oscillatorio*）。蓝细菌种类很多，在水体富营养化时大量繁殖的约有 20 种。每种蓝细菌旺盛繁殖的持续时间各不相同。过度繁殖后，可造成水体缺氧而降低繁殖速度。一种蓝细菌的衰退可促进其他蓝细菌的增殖，从而发生各种蓝细菌的演替现象。在富营养化阶段，水中藻的种类减少而个体数猛增，如水华铜绿微囊藻及水华束丝藻数曾高达 13.6×10^5 个/L。由于占优势的浮游藻类所含色素不同，使水体呈现蓝、绿、红、棕、乳白等不同颜色。

5.1.3 富营养化的危害

水体富营养化破坏了水体自然生态平衡，可导致一系列恶果。其危害主要如下。

① 消耗溶解氧，致使水生生物大量死亡。在藻类进行呼吸作用以及藻类尸体被微生物分解的过程中，溶解氧被大量消耗，造成水体严重缺氧，使鱼类、贝类窒息而死，水产渔业蒙受严重的经济损失。日本最大的内海——濑户内海，曾由于富营养化使三分之一的海域内没有生物存在，频繁发生赤潮，仅 1971 年就曾发生过 133 起赤潮死鱼事件。1972 年 8 月 17～21 日的一次赤潮就死了 1428 万尾鱼，损失约 71 亿日元。因而，当时濑户内海被称为"死亡的区域""阴冷的坟墓"。

5.3 富营养化的危害

② 藻类过度繁殖会阻塞鱼鳃和贝类的进出水孔，影响它们的呼吸作用。

③ 某些藻类体内及其代谢产物含有生物毒素，引起鱼、贝类中毒病变或死亡。如链状膝沟藻（*Cyaulax catenella*）产生的石房蛤毒素是一种剧烈的神经毒素。

④ 产生有气味的化合物，使水体散发不良气味。藻类以及厌氧菌的代谢活动可产生多种具气味的化合物，如土臭味素（geosmln）、硫酸、吲哚、胺类、酮类等，使水体散发土腥味、霉腐味、鱼腥味等臭味。

⑤ 破坏环境景观。不少水体和水区是重要的旅游资源。水体因富营养化会使藻类大量繁殖，覆盖水面，产生浓重的水色（蓝绿色或红色），有的会产生水华，甚至发黑变臭，破坏水环境景观，大大降低或完全失去水体或水区的旅游观光价值。

⑥ 水体沼泽化。藻类和水生植物大量生长繁殖，死亡后部分在水体中被微生物分解氧化，大部分沉积在水底。沉在水底的细胞物质不仅因厌氧微生物分解产生 H_2S、NH_3 等难溶于水的气体物质和小分子、带异味的挥发性有机物，使水体及其附近的空气散发出令人厌恶的气味；而且细胞残体在水中积累可使水体变浅、沼泽化，甚至完全失去水体功能。

⑦ 危害供水。如果水体作为饮用水的水源，藻类大量繁殖可造成自来水厂过滤系统堵塞，处理效率降低；藻类的某些分泌物及其尸体的分解产物有的带有异味且难以除尽，严重

影响饮用水的质量；有的对人类具有毒害作用，不但使自来水降低或失去饮用价值，还会危及工业、农业、牧业生产。

相关链接 5-1　　　　　　　　　　　　　　　　　　　　　　　　　　_ |□| x|

2018 年我国主要水域环境状况

　　2018 年，长江、黄河、珠江、松花江、淮河七大流域和浙闽片河流、西北诸河、西南诸河监测的 1613 个水质断面中，Ⅰ类占 5.0%，Ⅱ类占 43.0%，Ⅲ类占 26.3%，Ⅳ类占 14.4%，Ⅴ类占 4.5%，劣Ⅴ类占 6.9%。西北诸河和西南诸河水质为优，长江、珠江流域和浙闽片流域水利良好，黄河、松花江和淮河流域为轻度污染，海河和辽河流域为中度污染。

　　2018 年，监测水质的 111 个重要湖泊（水库）中，Ⅰ类 7 个，占 6.3%；Ⅱ类 34 个，占 30.6%；Ⅲ类 33 个，占 29.7%；Ⅳ类 19 个，占 17.1%；Ⅴ类 9 个，占 8.1%；劣Ⅴ类 9 个，占 8.1%。主要污染指标为总磷、化学需氧量和高锰酸盐指数。监测营养状态的 107 个湖泊（水库）中，贫营养状态的 10 个，占 9.3%；中营养状态的 66 个，占 61.7%；轻度富营养状态的 25 个，占 23.4%；中度富营养状态的 6 个，占 5.6%。三大湖泊中，太湖和滇池为轻度污染，巢湖为中度污染，三大湖泊均为中度富营养状态。

　　2018 年夏季。一类水质海域面积占管辖海域面积的 96.3%，劣四类水质海域面积占管辖海域面积的 1.1%。黄海和南海近岸海域水质良好，渤海海近岸海域水质一般，东海海近岸海域水质差。

5.1.4　富营养化的防治

　　要防止水体富营养化，首先必须控制营养物质（主要是磷和氮）进入水体。要加强水体生态学管理，合理施肥，防止肥料进入河道。严格执法，禁止生活污水和工业废水的直接排放。对二级处理出水进行深度处理，以去除氮、磷营养物。其次要控制藻类的生长。可使用化学杀藻剂，在藻类大量滋生前杀死藻体。也可使用生物杀藻剂，利用噬藻体（藻类的致病菌）杀死藻体。采用机械或强力通气使水层搅乱混合，也可收到显著的抑藻效果。

5.4　富营养化
的防治

　　治理富营养化水体，可采取疏浚底泥，去除水草和藻类，引入低营养水稀释和实行人工曝气等措施。但这些措施所需的费用很大，时间也长。富营养化水体中含有丰富的营养物质，可设法利用。例如，在保证水中溶解氧量的条件下，饲养草食性或杂食性鱼类；引水灌溉；捞取水草做饲料和肥料；挖取水体底泥作肥料、燃料或沼气原料。

5.2　微生物代谢物与环境污染

5.2.1　微生物毒素与食品污染

　　自 1888 年发现白喉杆菌毒素以后，陆续发现了许多微生物毒素。细菌、放线菌、真菌和藻类均可产生毒素。

5.2.1.1　细菌毒素

　　根据毒素的释放情况，可分为内毒素与外毒素。内毒素是微生物细胞的组分，通常为细胞壁的某一成分，只有当菌体裂解或融溶时才能释放。外毒素由微生物合成后，分泌到细胞外面。外毒素的毒力强于内毒素，但耐高温性不及内毒素。温度升至 60℃ 以上时，外毒素遭到破坏。

在环境中，一般内毒素的危险不大，因为细菌内毒素只有在动物循环系统中释放时才产生毒效。相反，外毒素则对人类的危险很大。常见的外毒素有白喉毒素、破伤风毒素、霍乱肠毒素、肉毒毒素、葡萄球菌肠毒素等。

（1）肉毒毒素 肉毒毒素（botulin）是由肉毒梭菌（*Clostridium botulinum*）产生的外毒素，是一种极强的神经毒素，主要作用于神经和肌肉的连接处及植物神经末梢，阻碍神经末梢乙酰胆碱的释放，导致肌肉收缩不全和肌肉麻痹。肉毒毒素属剧毒物，1mg 可以杀死100 万只豚鼠。此毒素对热极不稳定，经 80℃、30min 或 100℃、10～20min 可完全破坏。肠道中蛋白分解酶不能分解此毒素。

肉毒梭菌是革兰阳性菌，产芽孢，能运动，专性厌氧，广泛存在于土壤、淤泥、粪便中。根据菌体的生化反应及其毒素的血清学反应，可将肉毒梭菌分为 A 型、B 型、C 型、D型、E 型、F 型和 G 型。其中，A 型、B 型、E 型和 F 型能引起人体中毒，C 型和 D 型引起动物中毒，G 型对人和动物的致病性还不清楚。肉毒梭菌可侵染水果、蔬菜、鱼、肉、罐头、香肠等食品。在我国，多起肉毒毒素中毒事故均由植物性食品（如臭豆腐、豆酱、豆豉等）中的肉毒梭菌所致。

预防肉毒毒素中毒可把食品保存在 pH<4.5，或盐分大于 10％或温度小于 3℃的条件下，在此条件下可有效地预防肉毒梭菌的生长和产毒。罐头食品需经 121℃ 高压灭菌，以杀死芽孢。对可能污染的食品，在食用之前必须充分加热处理以破坏毒素。

（2）葡萄球菌肠毒素 该毒素是由金黄色葡萄球菌（*Staphylococcus aureus*）的产毒菌株产生的外毒素，可引起食物中毒。当肠道吸收了该毒素后，在 2～6h 即可引起恶心呕吐等急性肠胃病症状。毒性较弱，较少致命。

金黄色葡萄球菌为革兰阳性、不产芽孢的球状菌，多存在于皮肤、动物鼻咽道及口腔中。其产毒菌株出现在约 25％的人群中，因此，带菌的食品加工工人和厨师是主要的传播媒介。该毒素用一般的烹饪方法不能破坏，需经 100℃，2h 处理方可破坏。因此预防中毒的方法是，防止一切污染该菌的机会，从食品加工至贮运过程均需清洁，另外要加强食品卫生管理。

除上述细菌毒素外，沙门菌属（*Salmonella*）的一些种产生的毒素也会引起食物中毒。这类食物中毒一般是由于烹调不当或食用了被该菌污染的禽、蛋等熟食制品而引起的。

5.2.1.2 放线菌毒素

某些放线菌的代谢产物可使人中毒、甚至引起肿瘤。例如，链霉菌属放线菌产生的放线菌素，可使大鼠产生肿瘤；不产色的链霉菌中分离的链脲菌素，可诱发大鼠肝、肾、胰脏肿瘤；肝链霉菌（*Streptomyces hepaticus*）产生的洋橄榄霉素急性毒性很强，亦可诱发肝、肾、胃、胸腺、脑等发生肿瘤。

5.2.1.3 真菌毒素

真菌毒素（mycotoxin）是指以霉菌为主的真菌代谢活动所产生的毒素。早在 15 世纪就有麦角使人中毒的记载。直至今日，人畜食用霉变谷物而中毒的事件也时有发生。但是，只有在 20 世纪 60 年代末至 70 年代初先后发现岛青霉毒素及黄曲霉毒素的致癌性以后，真菌毒素才真正引起人们的重视。

真菌毒素致病有以下几个特点：①中毒常与食物有关，在可疑食物或饲料中经常检出产毒真菌及其毒素；②发病有季节性或地区性；③真菌毒素是小分子有机化合物，而不是高分子蛋白质，它在机体中不产生抗体，也不能免疫；④患者无传染性；⑤人和家畜家禽一次性大量摄入含有真菌毒素的食物和饲料，往往发生急性中毒，长期少量摄入则发生慢性中毒和致癌。

至今发现的真菌毒素达 300 种。其中，毒性较强的有黄曲霉毒素、棕曲霉毒素、黄绿青霉素、红色青霉毒素 B、青霉酸等。能使动物致癌的有黄曲霉毒素 B_1、黄曲霉毒素 G_1、黄天精、环氯素、柄曲霉素、棒曲霉素、岛青霉毒素等。担子菌纲中的某些蘑菇含有肼及肼的衍生物，具有毒性，且可使小鼠等动物患肝癌或肺癌。

黄曲霉毒素（aflatoxin）主要是由黄曲霉（*Aspergillus flavus*）和寄生曲霉（*A. parasiticus*）产生的毒素，是剧毒物，也是致癌物，可诱发肝癌。已确定结构的黄曲霉毒素共有 20 多种，以黄曲霉毒素 B_1 毒性最大，致癌性最强，稳定性最高，其半致死剂量（LD_{50}）为 0.294mg/kg（据毒理学规定标准，$LD_{50} < 1$mg/kg 为特剧毒物）。黄曲霉毒素耐高温，200℃下亦不会被破坏；紫外线照射亦不能破坏此毒素；还耐酸性和中性，只有在pH 值 9～10 的碱性条件下可迅速分解；此外，次氯酸钠、氯气、NH_3、H_2O_2、SO_2 等可使之破坏。黄曲霉毒素污染食物的范围很广，包括粮食、油、蔬菜、豆类、烟草、肉类、乳品、水果等，其中以花生、花生油、玉米、棉籽饼粉、棕榈仁、可可豆、大米、小米等较常见，污染最重的是花生、花生油和玉米。英国伦敦附近的一养鸡场，曾发生因食用了受黄曲霉毒素污染的花生粉而使 10 万只火鸡在数月内相继死亡的事件。

预防黄曲霉毒素污染的主要措施：①在作物的贮运加工过程中，通过降低农产品的含水量、降低仓储环境的相对湿度，充 CO_2 降低氧量，使用化学药剂等手段防止霉菌的污染和生长；②在农产品加工和食品制作过程中，可通过机械或手工分拣去除破碎染菌的籽粒，以降低食品中黄曲霉毒素的含量；③被黄曲霉毒素污染的液体食品可用活性炭过滤吸附法去除毒素；④对大米进行精制、淘洗，可有效地去除米糠中的黄曲霉毒素；⑤对花生油采用碱法精炼加工工艺可使黄曲霉毒素降低至检不出的程度。

5.2.1.4 藻类毒素

藻类毒素主要由下列三类藻产生。

(1) 甲藻　甲藻是藻类中对人类威胁最大的藻种，它产生的毒素对人类有剧毒。其毒性之急，能在短期（2～12h）内使人致死。如石房蛤毒素，对小鼠的 LD_{50} 为 $10\mu g/kg$（腹腔注射），人口服 1mg 即致死。产生毒素的甲藻主要是膝沟藻属的种类，海洋赤潮中的甲藻多为此属。

(2) 蓝细菌　淡水中蓝细菌产生的毒素主要导致鱼类、家畜、水鸟等死亡。

(3) 金藻　海水中金藻纲产生的毒素可使鱼类大量死亡。

5.2.2　气味代谢物

气味是影响环境质量的重要因子。在环境污染中，它有早期预警的作用。闻到气味说明污染物可能已达有害浓度。供水系统的不良臭味是生物学家、公共卫生学家及水处理工程师共同关心的一个老问题。世界上有许多城镇以河流、湖泊、水渠、港口水为饮用水源，水源周期性地产生不良气味给生活带来了诸多不便。气味物质不仅污染大气和水体，造成感官不悦，而且还可被水生生物吸收并蓄积于体内，影响水产品（如淡水鱼）的品质。

人们对生物来源的气味代谢物的化学本质进行了较为深入的研究，并取得了很大的进展。已从放线菌产生的土腥味物质中分离到土腥素（或土臭味素）。土腥素是一种透明的中性油，分子量182，嗅阈值极低，小于0.2mg/L。具有土腥味的鱼肉中也可检出土腥素，鱼肉的味阈值为0.6μg/100kg鱼肉。其他引起环境污染的微生物气味代谢物有氨、胺、硫化氢、硫醇、（甲基）吲哚、粪臭素、脂肪、酸、醛、醇、脂等。

5.2.3　酸性矿水

黄铁矿、斑铜矿等含有硫化铁。矿山开采后，矿床暴露□ 矿水酸化，pH值降至4.5～2.5。在这种酸性条件下，只有而 氧化亚铁硫杆菌）能够生存。氧化硫硫杆菌（*Thiobacillus* 酸，氧化亚铁硫杆菌（*Thiobacillus ferrooxidans*）则能把硫 些细菌的作用，矿水酸化加剧，有时pH值降至0.5。这种酢 下流，可破坏自然生物群落，毒害鱼类，影响人类生活。

电话：022-24372881
邮编：300162
地址：天津市河东区卫国道204号

5.2.4　汞的生物甲基化

在微生物的作用下，汞、砷、镉、碲、硒、锡和铅等重金属离子，均可被甲基化而生成毒性很强的甲基化合物。其中，给世人留下深刻印象的首推甲基汞化合物。震惊世界的日本水俣病以及瑞典马群的大量死亡，均为甲基汞中毒所致。1953～1960年，日本水俣湾的渔民先后有116人因食用含汞的鱼、贝类而发生不可逆转的中毒，其中有43人死亡。他们都是氯乙烯工厂排放含汞污水的受害者。

排入环境的汞大多为无机汞（元素汞和汞离子），经过微生物的甲基化作用后，形成的甲基汞毒性增强，使汞的危害大大加剧。

能使汞甲基化的微生物无论在好氧或厌氧条件下都可能存在。据报道，能形成甲基汞的厌氧细菌有产甲烷菌、匙形梭菌；好氧细菌有荧光假单胞菌、草分枝杆菌、大肠埃希菌、产气肠杆菌、巨大芽孢杆菌等；真菌中有粗糙脉孢霉、黑曲霉、短柄帚霉以及酿酒酵母等。

汞的生物甲基化往往与甲基钴胺素有关。甲基钴胺素是钴胺素的衍生物，钴胺素是一种维生素，即维生素B_{12}，它是一种辅酶，许多微生物都含有。甲基钴胺素中的甲基是活性基团，易被亲电子的汞离子夺取而形成甲基汞。甲基钴胺素（或其他产甲基的物质）把甲基转移给汞等金属离子后，本身变为还原态物质。

在自然条件下，汞可发生非酶促甲基化和酶促甲基化。

（1）汞的非酶促甲基化　在中性水溶液中，以甲基钴胺素作为甲基供体，汞可被转化为甲基汞。这种转化是纯化学反应，能快速而定量地进行。在有氧和厌氧条件下，汞的甲基化均能顺利完成。

（2）汞的酶促甲基化　在自然界，除个别情况外，甲基汞都是在微生物的作用下形成的。微生物的作用可分为直接作用与间接作用。直接作用是指直接在微生物酶的催化下发生甲基化过程。例如，一些微生物借助胞内的甲基转移酶，将甲基钴胺素上的甲基转移给汞离子而形成甲基汞。间接作用则是指在微生物体外发生的甲基化过程。例如，微生物将环境中的维生素B_{12}（钴胺素）转化成甲基钴胺素，然后通过化学反应与汞合成甲基汞。锡类似，甲基锡也可作为汞甲基化的甲基供体，或者微生物将环境中的锡转化成甲基锡，然后通过化学反应转移甲基，形成甲基汞。与甲基锡类似，甲基镉也可作为汞甲基化的甲基供体。

水体中酶促甲基化的速率受pH值的影响。在中性和碱性条件下，微生物的转化产物主要是二甲基汞。这种化合物不溶于水，易挥发而逸入大气。在弱酸性条件下，微生物的转化产物主要是甲基汞，二甲基汞也易分解为甲基汞。甲基汞溶于水，可在水中长期滞留并被鱼、贝类水生生物吸收。实验室研究与野外调查都证实，酸性水域中捕获的鱼体含汞量较高，反之则低。

水体中酶促甲基化的速率也受通气的影响。虽然在厌氧及有氧条件下微生物均可进行甲基化作用，但在缺氧时，水体会产生大量硫化氢，汞与硫离子结合生成难溶的硫化汞，使汞的甲基化反应难以进行。在自然水体中，微生物的甲基化作用限于底泥表层，这与通气有关。如果污泥中有动物搅动，污泥层的甲基化区域可向下深入。

水体中酶促甲基化的速率还受微生物种类的影响。在含有 $10\mu g/mL$ 氯化汞（相当于汞 $7\mu g/mL$）的培养液中培养 60h，匙形梭状芽孢杆菌可产生 $0.14\mu g/mL$ 甲基汞（相当于汞 $0.13\mu g/mL$），无机汞的转化率约为 2%。在另一种菌的培养液里，经过 44h 转化，$2\mu g$ 氯化汞只产生 6ng 甲基汞，转化率仅为 0.3%。

在汞污染水域，鱼体内的汞主要以甲基汞的形态存在。关于鱼体内甲基汞的形成机理，有如下几种解释：①鱼直接从水中吸收甲基汞；②鱼从水中吸收无机汞，在鱼体内，细菌将其转化为甲基汞；③鱼从水中吸收无机汞，自身将无机汞转化成甲基汞；④细菌产生甲基汞，经食物链传递，鱼从食物中获得甲基汞。

5.2.5   微生物引起的硝酸盐还原对人体的影响

5.2.5.1   引起高铁血红蛋白症

在有氧条件下，微生物可以把有机氮化物转化成氨，然后经硝化作用而转化成 NO_3^-。由于农田大量施用无机氮肥，致使微生物活动增加而产生大量 NO_3^-，导致地下水受污染，使地下水中 NO_3^- 浓度增加达到致毒浓度。当饮用水中 NO_3^- 过高时，会使婴儿得高铁血红蛋白症。1970 年美国曾报道，由于饮用水中 NO_3^- 污染而使 2000 人得病，其中还有致死的情况。

5.2.5.2   生成亚硝胺

亚硝胺是众所周知的致畸、致癌、致突变物质。1967 年就已报道有 70 多种亚硝胺化合物为致癌物。

在人肠道内处于酸性情况下，硝酸还原细菌可把 NO_3^- 转变为 NO_2^-，蛋白质等物质代谢过程中常有胺类物质产生，因此，人的肠道内存在着由 NO_2^- 与胺作用生成亚硝胺的条件。故硝酸盐被认为是致癌物亚硝胺的前体。正因为如此，硝酸盐在饮用水中应保持绝对微量。

天然水体和土壤中都可以形成亚硝胺化合物，特别是当有机污染物无管理排放而引起大量污泥积累的情况下最为严重。

扫描二维码可拓展阅读《千岛湖隐患》。

拓展阅读 5

本章小结

1. 水体富营养化是指水体接收了过多的氮、磷化合物，使水体中因藻类和其他水生生物大量繁殖，水体透明度、溶解氧降低，造成水质恶化的过程。水体富营养化破坏了水体的自然生态平衡，可导致一系列恶果。

2. 要防止水体富营养化，首先，必须控制营养物质（主要是磷和氮化合物）进入水体。要加强水体生态学管理，合理施肥，防止肥料进入河道。严格执法，禁止生活污水和工业废水的直接排放。其次，要控制藻类的生长。

3. 微生物的一些代谢产物会造成环境污染。有些代谢产物则是特殊的化合物，会对人类或其他生物产生不利的影响。有些代谢产物属于致癌、致畸、致突变物质。上述各类代谢产物长时间、低剂量地作用于人群，对人体健康构成了严重的威胁。如排入环境的汞大多为无机汞（元素汞和汞离子），经过微生物的甲基化作用后，形成的甲基汞毒性增强，使汞的危害大大加剧。

4. 细菌、放线菌、真菌和藻类都能产生毒素，这些毒素会污染食品，对人类健康造成威胁。如黄曲霉毒素是剧毒物质，可诱发肝癌。

5. 微生物引起的硝酸盐还原可引起婴儿得高铁血红蛋白症，还可生成亚硝胺，而亚硝胺是众所周知的致畸、致癌、致突变物质。

复习思考题

1. 何谓水体富营养化？
2. 简述水体富营养化的形成原因、种群特点以及评价方法。
3. 简述水体富营养化的危害与防治措施。
4. 微生物毒素有哪些类型？试举例说明其危害。
5. 黄曲霉毒素是由什么霉菌产生的？
6. 酸性矿水有哪些危害？
7. 汞的生物甲基化与什么有关？
8. 微生物引起的硝酸盐还原对人体健康有哪些影响？

6 微生物对污染物的降解与转化

学习指南

　　自然界中生命过程诞生的有机物，几乎都可以被相应的微生物沿一定的途径分解。而人工合成的有机物投放到自然界后很难降解，随着人类合成有机物种类和数量的增多，给自然界的物质循环带来了巨大的压力。如何及时降解和转化这些有机物，减少环境污染，是人类正在探讨的重要课题。依赖环境中微生物的自然进化降解这些有机物，显然不能满足生物圈物质循环的要求。微生物技术的开发和利用，在快速降解有毒有害物质方面发挥着越来越突出的作用。

本章学习要求

知识目标：掌握微生物降解与转化污染物的巨大潜力；

　　　　　掌握共代谢的定义及其方式；

　　　　　掌握有机污染物生物降解性的测定方法；

　　　　　了解微生物对生物组分的大分子有机物、石油和人工合成有机物的降解途径。

技能目标：能进行淀粉、纤维素、脂肪、蛋白质降解的基本操作技术。

素质目标：树立"坚持绿色发展是发展观的深刻革命"的生态文明建设发展观。

重点：微生物降解与转化污染物的巨大潜力。

难点：微生物降解污染物的开发。

6.1　有机污染物的生物降解

　　生物降解是指由生物催化复杂有机化合物分解的过程。环境中污染物质多种多样，其中存在着大量的有机物。利用微生物降解作用可以去除污水、固体废物、废气等介质内的有机污染物，达到无害化的目的。根据微生物对有机物的降解能力大小，可将有机物分为易生物降解的、难生物降解的、不可生物降解的三类。

　　易生物降解的有机物，主要指生物代谢过程中产生的物质及生物残体，如蛋白质、脂类、糖类、核酸等。这些有机物在微生物酶的作用下，易被最终分解成 CO_2、H_2O、NH_3 等。

　　难生物降解的有机物，主要指工农业活动中排出的有机污染物，如纤维素、烃类、农药等。微生物对它们能够降解，但降解的速度很慢。

　　不可生物降解的有机物，如塑料等一些高分子合成有机物。对于这类化合物应严格控制其生产和排放。

6.1.1　微生物降解与转化污染物的巨大潜力

微生物对有机物的降解和转化具有巨大的能力。环境中的污染物有些是作为微生物生长的能源和基质，在微生物酶的作用下被矿化；有些则是在多种微生物的共同作用下进行转化，这个过程可能会产生中间产物。微生物可以通过以下几个方面降解与转化污染物。

6.1.1.1　产生诱导酶

微生物能合成各种降解酶，酶具有专一性，又有诱导性。在正常代谢的情况下，许多酶以痕量存在于细胞内，但是在有特殊底物（诱导物）存在时，会诱导酶的大量合成，酶的数量至少会增加 10 倍。脂酶是微生物体内脂类物质转化过程中不可缺少的催化剂，其催化活性和存在量受到底物的诱导。石油开采过程中产生的油泄漏、食品加工过程中产生的含脂废物及饮食业产生的废物，都可以用亲脂微生物进行处理。

另一种情况是底物的存在会诱导适应性的酶产生。这一过程最好的例证是乳糖酶的产生过程。将乳糖加入大肠杆菌的培养基中可以诱导大肠杆菌产生出 β-半乳糖苷透性酶、β-半乳糖苷酶和半乳糖苷转乙酰酶的合成。

6.1.1.2　形成突变菌株

本书第 3 章介绍了微生物遗传与变异的知识。微生物在生长过程中偶尔会发生遗传物质变化，从而引起个体性状的改变，形成了突变菌株。可以通过定向驯化或诱变技术获得具有高效降解能力的变种，使得难降解的、不可降解的有机物得到转化。例如，印染废水的处理中所利用的微生物多数来自生活污水处理厂的活性污泥（详见第 3 章）。

6.1.1.3　利用降解性质粒

质粒是细菌等原核生物体内一种环状的 DNA 分子，是染色体以外的遗传物质。质粒上携带着某些染色体上所没有的基因，使细菌等原核生物拥有了不少特殊功能，如接合、产毒、耐药、固氮、产特殊酶或降解性等。有些质粒能与染色体整合，这类质粒被称为附加体，如大肠杆菌的 F 因子（决定性别的因子）。常见的细菌质粒有 F 因子、R 质粒（耐药性质粒）、Col 因子（产大肠杆菌素因子）、Ti 质粒（诱癌质粒）、巨大质粒、降解性质粒等。

在一般情况下，质粒的有无对原核生物的生存和生长繁殖并无影响。但在有毒物存在情况下，质粒携带着具有选择优势的基因，对原核生物生存环境的选择具有极其重要的意义。质粒携带基因并能复制、转移，获得质粒的细胞同时获得供体细胞所具有的性状。

降解性质粒能编码生物降解过程中的一些关键酶类，从而能利用一般细菌难以分解的物质作为碳源。如假单胞菌属中存在降解某些特殊有机物的因子：恶臭假单胞菌有分解樟脑的质粒、食油假单胞菌有分解正辛烷的质粒、铜绿假单胞菌有分解萘的质粒等。金属的微生物转化也是由质粒控制的，主要与质粒所携带的抗性因子有关。

降解性质粒被应用于基因工程中，其重组菌株在环境治理方面有着广阔的发展前景。质粒可以转移，因而可以作为基因工程的载体。美国的基因工程技术已将降解 2,4-二氯苯氧乙酸的基因片段组建到质粒上，将质粒转移到快速生长的受体菌体内，构建具有快速高效降解能力的功能菌，减少土壤中 2,4-二氯苯氧乙酸的累积量。有人将自然界中可以分解尼龙的三种细菌的质粒提取出来，与大肠杆菌的质粒进行两次重组后，得到了生长繁殖快、含有高效降解尼龙寡聚物 6-氨基己酸环状二聚体质粒的大肠杆菌。中国科学院武汉病毒所分离到一株在好氧条件下能以农药六六六为唯一碳源和能源的菌株，经检测发现，该菌携带一个质粒。凡丧失了质粒的菌株，对六六六的降解能力随即消失；将该质粒转移到大肠杆菌细胞内，便获得了能降解六六六的大肠杆菌。

6.1.1.4 组建超级菌

现代微生物学研究发现，许多有毒化合物，尤其是复杂芳烃类化合物的生物降解，往往需要多种质粒参与。将各供体细胞的不同降解性质粒转移到同一个受体细胞中，可构建多质粒超级菌株。有人将降解芳烃、降解萘烃和降解多环芳烃的质粒，分别移植到一降解脂烃的假单胞菌体内，构成的新菌株只需几个小时就能降解原油中 2/3 的烃，而天然菌株需 1 年以上。

通过细胞融合技术构建环境工程超级菌已取得了可喜的成果。将两株脱氢双香草醛（与纤维素有关的有机化合物）降解菌进行原生质体融合后，其降解纤维素的能力由混合培养时的 30% 提高到 80%。将融合细胞原生质体与具有纤维素分解能力的革兰阳性白色瘤胃球菌进行融合，获得的革兰阳性超级菌株，具有分解纤维素和脱氢双香草醛的能力。

产碱假单胞菌 Co 可以降解苯甲酸酯和 3-氯苯甲酸酯，但不能利用甲苯。恶臭假单胞菌 R5-3 可降解苯甲酸酯和甲苯，但不能利用 3-氯苯甲酸酯。将两种细胞原生质融合，获得了可以降解以上四种化合物的融合体。

将乙二醇降解菌和甲醇降解菌的 DNA 转移至苯甲酸和苯的降解菌的原生质体中，获得的菌株可以降解苯甲酸、苯、甲醇和乙二醇，降解率分别为 100%、100%、84.2% 和 63.5%。这种超级菌株用于化纤废水的处理，对 COD 的去除率可以达到 67%，高于三组混合培养时的降解能力。以上结果表明经原生质融合基因工程技术产生的超级菌，可以高效地降解一些难以降解的、不可降解的有机物，为人类解决污染问题开辟了新的途径。

6.1.1.5 利用共代谢（co-metabolism）方式

微生物在可用作碳源和能源的基质上生长时，能将另一种非生长基质有机物作为底物进行降解或转化。共代谢通常是由非专一性酶促反应完成的，与完全降解不同，共代谢的有机物本身不能促进微生物的生长，即微生物需要可作为能源和碳源的基质存在，以保证其生长和能量的需要。共代谢使得有机物得到转化，但不能使其分子完全降解。有人通过观察靠石蜡烃生长的诺卡菌在加有芳香烃的培养液中对芳香烃的有限氧化作用发现，这种菌靠十六烷作为唯一碳源和能源时能长得很好，但却不一定能利用甲基萘（1,3,5-三甲基苯的俗名）。把甲基萘加进含十六烷培养液中，氧化作用就使这两种芳香族化合物分别生成羧酸、萘酸和对异苯丙酸。目前对微生物共代谢的原理尚不是十分清楚。

在纯培养情况下，共代谢只是一种截止式转化，局部转化的产物会聚集起来。在混合培养和自然环境条件下，这种转化可以为其他微生物所进行的共代谢或其他生物降解铺平道路，共代谢产物可以继续降解。许多微生物都有共代谢能力，因此，如若微生物不能依靠某种有机污染物生长，并不一定意味着这种污染物抗微生物攻击。因为在有合适的底物和环境条件时，该污染物就可通过共代谢作用而降解。一种酶或微生物的共代谢产物，也可以成为另一种酶或微生物的共代谢底物。

研究表明，微生物的共代谢作用对于难降解污染物的彻底分解起着重要的作用。例如，甲烷氧化菌产生的单加氧酶是一种非特异性酶，可以通过共代谢降解多种污染物，包括对人体健康有严重威胁的三氯乙烯（TCE）和多氯联苯（PCB）等。

给微生物生态系添加可支持微生物生长的、化学结构与污染物类似的物质，可富集共代谢微生物，这种过程称为"同类物富集"。共代谢作用以及利用不同底物的微生物的合作转作，最终导致顽固性化合物再循环。环境中顽固化合物的主要来源是石油烃以及人工合成的多氯联苯、洗涤剂、塑料和农药等。

6.1.2 有机污染物生物降解性的测定方法

6.1.2.1 测定生物氧化率

应用瓦氏呼吸仪可测微生物代谢过程中气体变化情况。用活性污染作为测定用微生物，单一的被测有机物作为底物，在瓦氏呼吸仪上测得其生物耗氧量，与该底物完全氧化理论需氧量之比，即为被测化合物的生物氧化率。

实验过程中只更换底物保持其他条件都不变，所测得的生物氧化率，在一定程度上反映了有机物生物降解性的大小。据测定，甲苯的生物氧化率为53%，醋酸乙烯酯的生物氧化率为34%，苯的生物氧化率为24%，乙二胺的生物氧化率为24%，二甘醇的生物氧化率为5%，二癸基苯二甲酸的生物氧化率为1%，乙基-乙基丙烯盐的生物氧化率为0。

6.1.2.2 测定呼吸线

活性污泥微生物处于内源呼吸阶段时，利用的是自身结构物质，其呼吸速度恒定。加入基质后，微生物进行生化呼吸，利用的是基质中的有机物。以耗氧量为纵坐标、时间为横坐标绘制呼吸线，内源呼吸线呈直线，而生化呼吸线呈特征曲线。把各种有机物的生化呼吸线与内源呼吸线相比可能出现如下三种情况。

① 生化呼吸线位于内源呼吸线之上，说明该有机物可能被微生物氧化分解。两条呼吸线之间的距离越大，说明该有机物的生物降解性越好，如图 6-1(a) 所示。

② 两条线基本重合，说明该有机物不能被微生物氧化分解，但对微生物的生命活动无抑制作用，如图 6-1(b) 所示。

③ 生化呼吸线位于内源呼吸线之下，说明该有机物对微生物产生了明显的抑制作用。生化呼吸线越接近横坐标，表明毒害越大，此时细菌已几乎停止呼吸，濒于死亡，如图 6-1(c) 所示。

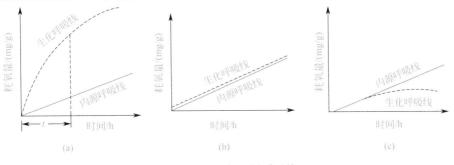

图 6-1 活性污泥呼吸线

6.1.2.3 测定相对耗氧速率

微生物的耗氧速率是单位生物量（活性污泥的质量、浓度或含氮量来表示）在单位时间内的耗氧量。相对耗氧速率是指活性污泥对某浓度有机物的耗氧速率与该浓度的内源耗氧速率之比。

$$相对耗氧速率 = \frac{R_S}{R_O} \times 100\%$$

式中　R_S——污泥被测废水的耗氧速率；

　　　R_O——污泥的内源呼吸耗氧速率。

相对耗氧速率是评价活性污泥微生物代谢活性的重要指标。如果保持生物量不变，改变底物浓度，就可以测出不同浓度下的相对耗氧速率。以有机物（底物）浓度为横坐标，相对耗氧速率为纵坐标，得到相对耗氧速率曲线，如图 6-2 所示。

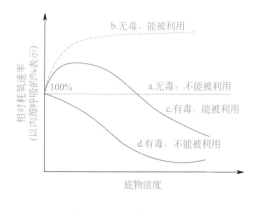

图 6-2　相对耗氧速率曲线

从图 6-2 可以看出，不同底物微生物的利用程度不同，归纳起来有四种情况。

a. 底物无毒，但不能被微生物所利用。

b. 底物无毒，能被微生物所利用。

c. 底物有毒，可被微生物利用，但在浓度较高的情况下对微生物发生抑制作用。

d. 底物有毒，不能被微生物所利用。

6. 1. 2. 4　测 BOD_5 与 COD_{Cr} 之比

BOD_5 是五日生化需氧量，即在人工控制条件下，微生物在 5 天内分解有机物所消耗的溶解氧的量。可以间接地反映出可生物降解的有机物的含量。

COD 指用化学氧化剂氧化水中有机污染物时所需的氧量。COD_{Cr} 表示以重铬酸钾作为氧化剂，重铬酸钾作氧化剂除一部分长链脂肪族化合物、芳香族化合物和吡啶等含 N 杂环化合物不能氧化外，大部分的有机物都能被氧化，所以 COD_{Cr} 近似地反映了废水中的全部有机物。BOD_5/COD_{Cr} 值越大，说明废水中可生物降解的有机物质所占的比例越大。根据 BOD_5/COD_{Cr} 值的大小，可以推测有机物的可生物降解性。由于 COD_{Cr} 中包含了废水中某些还原性无机物的量，BOD_5 的测定值又受到接种、驯化、温度、pH 值、毒物等的影响，所以 BOD_5/COD_{Cr} 值总是小于 0.58。在用 BOD_5/COD_{Cr} 评价废水的可生物降解性时，可参照下列数据。

$BOD_5/COD_{Cr} > 0.45$ 时，表示生化降解性较好；$BOD_5/COD_{Cr} > 0.3$ 时，表示可以被生化降解；$BOD_5/COD_{Cr} < 0.3$ 时，表示生化降解性较差；$BOD_5/COD_{Cr} < 0.25$ 时，表示较难生化降解。

上述划分针对的主要对象是低浓度的有机废水。对高浓度的有机废水，即使 $BOD_5/COD_{Cr} < 0.25$，其 BOD_5 的绝对值也不低，仍可生化降解，只不过废水中难生物降解的 COD 可能占较大比例。

6. 1. 2. 5　测 COD_{30}

取一定量待测废水，接种少量活性污泥，连续曝气，测起始 COD_{Cr}（即 COD_0）和第 30 天的 COD_{Cr}（即 COD_{30}）。经生化处理后废水 COD 的最高去除率大致为

$$COD 去除率 = \frac{COD_0 - COD_{30}}{COD_0} \times 100\%$$

根据此公式既可推测出废水的可生化降解性，又可估计用生化法处理废水可能得到的最高 COD_{Cr} 去除率。

6. 1. 2. 6　培养法

通常采用小模型生物处理，接种适量活性污泥，对待测废水进行批式处理。测定进出水的 COD_{Cr}、BOD_5 等水质指标，观察活性污泥的增长，镜检活性污泥的生物相、生物活动状态、种类变化等。

除此之外，活性污泥脱氢酶的活性测定结果可以作为有机物的生化降解指标，在某待测废水中微生物脱氢酶活性增加，这说明该待测废水具有可生物降解性。ATP 量的测定也可以作为微生物降解污染物的指标，微生物体中的 ATP 量增长则说明废水的生化降解性好。

6.2　微生物降解污染物的途径

6.2.1　生物组分的大分子有机物的降解

在自然生态系统中，来自于生物体的每一种天然的有机物几乎都有相对应的降解微生物。只要具备合适的条件，微生物就可以沿着一定的途径降解这些有机物。

6.2.1.1　多糖类的生物降解途径

多糖类有机物是异养微生物的主要能源，也是生物细胞重要的结构物质和贮藏物质。这类有机物广泛地存在于动植物尸体及废料中，如纤维素、半纤维素、淀粉、果胶质等。

（1）纤维素的降解途径　纤维素为葡萄糖的高分子聚合物，是植物细胞壁的结构物质。印染、造纸废水中均含有纤维素。在有氧的条件下，经微生物的纤维素酶作用，先将纤维素降解为纤维二糖，然后在纤维二糖酶的作用下，降解为葡萄糖，进入三羧酸循环彻底降解为 CO_2 和 H_2O。在无氧的条件下，经微生物厌氧发酵，其降解产物为小分子有机物（丙酮、丁醇、丁酸、乙酸等）和无机物（CO_2、H_2）。

分解纤维素的微生物种类很多，有细菌、放线菌和真菌。需氧细菌中有噬纤维菌属、生孢噬纤维菌属、纤维弧菌属、纤维单胞菌属等，厌氧菌以梭状芽孢菌为主。真菌中分解纤维素的有青霉、曲霉、镰刀霉、木霉及毛霉。放线菌中分解纤维素的是链霉属。

（2）淀粉的降解途径　淀粉广泛地存在于植物的种子和果实之中。食品、粮食加工、纺织、印染废渣和废水中含有大量的淀粉。淀粉有直链淀粉和支链淀粉之分，直链淀粉中葡萄糖基以 α-1,4-糖苷键结合成长链，支链淀粉中除 α-1,4-糖苷键结合外，还含有 α-1,6-糖苷键。微生物能产生水解淀粉的各种酶类，在有氧的条件下，这些酶可以将淀粉水解为葡萄糖，然后进入三羧酸循环被彻底地分解为 CO_2 和 H_2O。在无氧的条件下，微生物进行厌氧发酵，将淀粉分解为小分子有机物（丙酮、丁醇、丁酸、乙酸等）和无机物（CO_2、H_2）。

分解淀粉的微生物在细菌、真菌、放线菌中都存在。细菌中主要有芽孢杆菌属的某些种；真菌中有根霉、曲霉、镰孢霉、层孔菌等属的某些种类；放线菌分解淀粉的能力比前两者要差一些，但放线菌中的小单孢菌、诺卡菌及链霉菌等属的某些种类具有分解淀粉的能力。

（3）半纤维素的降解途径　半纤维素存在于植物的细胞壁中，其含量仅次于纤维素。半纤维素的组成中含有聚戊糖、聚己糖及聚糖醛酸，在微生物酶的作用下，半纤维素的降解途径如图 6-3 所示。

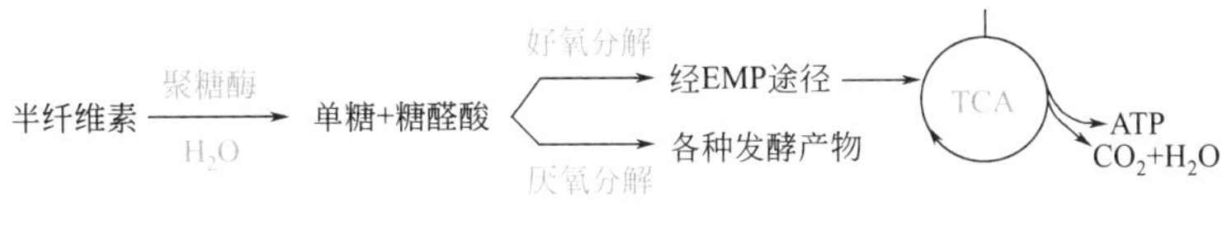

图 6-3　半纤维素的降解途径

分解半纤维素的微生物在细菌、放线菌、真菌中都存在。分解纤维素的微生物大多都能分解半纤维素。细菌中许多芽孢杆菌、假单胞菌、节细菌及放线菌中的一些种类，真菌中根霉、曲霉、小克银汉霉、青霉及镰刀霉等都能分解半纤维素。

（4）果胶质的降解途径　天然的果胶质不溶于水，称为原果胶，是高等植物细胞间质和细胞壁的主要成分。由 D-半乳糖醛酸以 α-1,4-糖苷键构成的直链高分子化合物，其羧基与甲基酯化形成甲基酯。可在微生物酶的作用下进行水解。

$$原果胶 + H_2O \xrightarrow{原果胶酶} 可溶性果胶 + 聚戊糖$$

$$可溶性果胶 + H_2O \xrightarrow{果胶甲酯酶} 果胶酸 + 甲醇$$

$$果胶酸 + H_2O \xrightarrow{聚半乳糖酶} 半乳糖醛酸$$

分解果胶质的微生物有好氧的芽孢杆菌，厌氧的蚀果胶梭菌、费新尼亚浸麻菌，真菌中的霉菌和放线菌中的某些种类等。

6.2.1.2　木质素的降解

木质素在植物细胞中的含量仅次于纤维素和半纤维素，但其化学结构比纤维素和半纤维素复杂得多，是由苯丙烷亚基组成的不规则的近似球状的多聚体，不溶于酸性、中性溶剂中，只溶于碱性溶剂中，是植物组分中最难分解的部分。木质素的微生物降解过程十分缓慢，玉米秸秆进入土壤后 6 个月，木质素仅减少 1/3，在厌氧的条件下降解得更慢。真菌降解木质素的速度比细菌要快。真菌中担子菌降解木质素的能力最强，另外有木霉、曲霉、镰孢霉的某些种。细菌中有假单胞菌等个别的种类能分解木质素。

6.2.1.3　脂类的生物降解

生物体内的脂类物质主要有脂肪、类脂和蜡质。它们都不溶于水，但能溶于非极性有机溶剂。它们存在于生物体内，以生物残体为原料的生产过程如毛纺厂、油脂厂、制革厂废水中含有大量的脂类。

脂肪是由高级脂肪酸和甘油合成的酯，在环境中微生物脂肪酶的作用下分解较快。类脂包括磷脂、糖脂和固醇，蜡质由高级脂肪酸和高级单元醇化合而成，这两者必须有特殊的脂酶才能降解，所以在环境中分解较慢。脂类的降解途径可以简化如下。

$$脂肪 + H_2O \xrightarrow{脂肪酶} 甘油 + 高级脂肪酸$$

$$类脂质 + H_2O \xrightarrow{磷脂酶类} 甘油（或其他醇类） + 高级脂肪酸 + 磷酸 + 有机碱类$$

$$蜡质 + H_2O \xrightarrow{脂酶类} 高级醇 + 高级脂肪酸$$

水解产物甘油可以被环境中的大多数微生物通过三羧酸循环降解为 CO_2，脂肪酸较难氧化。在有氧的条件下经过 β-氧化途径氧化分解为 H_2O 和 CO_2，在缺氧的条件下容易累积。

降解脂类的微生物主要是需氧的种类，细菌中的荧光假单胞菌、铜绿假单胞菌等是较活跃的菌种，真菌中的青霉、曲霉、枝孢霉和粉孢霉等，放线菌中有些种类也有分解脂类的能力。亲脂微生物在环境污染治理中得到了广泛的应用，如表 6-1 所示。

表 6-1　亲脂微生物在环境污染治理中的应用

亲脂微生物	处理对象	亲脂微生物	处理对象
米曲霉	废毛发	米根霉	棕榈油厂废物
假单胞菌	石油污染土壤，有毒气体	酵母	食品加工废水

6.2.2 石油的微生物降解

石油是古代未能进行降解的有机物质积累，经地质变迁而成的。在石油开采、运输、加工过程中都可能对环境产生污染。微生物学领域内多年的研究表明，在自然界净化石油污染的过程中，微生物降解起着重要作用。已经发现细菌、真菌中有 70 个属的 200 多个种可以生活在石油中，并经过生物氧化降解石油。我国沈（阳）抚（顺）灌区 20 余万亩（15 亩＝$1hm^2$）水稻田，主要以炼油厂含油废水灌溉，历时 50 余年，未发现石油显著积累和经常性的损害，主要是由于在石油污灌区形成的微生物生态系的降解作用。

石油是链烷烃、环烷烃、芳香烃以及少量非烃化合物的复杂混合物。石油的生物降解性因其所含烃分子的类型和大小而异。烯烃最易分解，烷烃次之，芳烃难降解，多环芳烃更难，脂环烃类对微生物的作用最不敏感。烷烃中 $C_1 \sim C_3$ 化合物如甲烷、乙烷、丙烷只能被少数专一性微生物所降解，直链烃容易降解，支链烃抗性较强。芳香烃常与沉积物结合，降解较为复杂。所以石油含有的烃类物质组成不同，其降解的速度和过程有较大的差异。

降解石油的微生物很多，细菌有假单胞菌属（*Pseudomonas*）、棒状杆菌属（*Corynebacterium*）、微球菌属（*Micrococcus*）、产碱杆菌属（*Alcaligenes*）、黄杆菌属（*Flavobacterium*）、无色杆菌属、节杆菌属（*Arthrobacter*）、不动杆菌属等；放线菌主要是诺卡菌属（*Nocardia*）和分枝杆菌属；酵母菌主要是解脂假丝酵母（*C. lipolytica*）和热带假丝酵母（*C. tropicalis*）以及红酵母菌属（*Rhodotorula*）、球拟酵母菌（*Torulopsis*）和酵母菌属（*Saccharomyces*）的某些种；霉菌有青霉属（*Penicillium*）、曲霉属（*Aspergillus*）、穗霉属（*Spicaria*）等。此外，蓝细菌和绿藻也都能降解多种芳烃。

6.2.2.1 烷烃类的微生物降解

微生物对一般的烷烃的降解是通过单一末端氧化、双末端氧化（又称 ω-氧化）、亚末端氧化的途径。烷烃（n 个碳原子）的分解通常从一个末端的氧化形成醇开始，然后继续氧化形成醛，再氧化成羧酸，羧酸经 β-氧化后产物进入三羧酸循环，被彻底降解为 CO_2 和 H_2O，这样羧酸链不断缩短。带支链的烷烃对微生物来讲其降解难度比直链烷烃大，但可以通过 α-氧化、β-氧化、ω-氧化的途径进行降解。

6.2.2.2 烯烃类的微生物降解

大多数烯烃都比烷烃、芳烃容易被微生物降解，微生物对烯烃的代谢，其实途径有多种可能。若双键在中间部位，可能按烷烃类的方式降解；若双键在 1 或 2 碳位时，则有三种可能。

① 在双键部位与 H_2O 发生加成反应，生成醇。

② 受单氧酶的作用生成一种环氧化物，再氧化成一个二醇。

③ 在分子饱和端发生反应。

以上三种途径的代谢产物为饱和或不饱和脂肪酸，然后经过 β-氧化进入三羧酸循环被完全分解。如图 6-4 所示。

6.2.2.3 芳烃类的微生物降解

芳香烃在双加氧酶的作用下氧化为二羟基化的芳香醇，之后失去两个氧原子形成邻苯二酚。邻苯二酚在邻位或间位开环。邻位开环生成己二烯二酸，再氧化后的产物进入三羧酸循环。间位开环生成 2-羟己二烯半醛酸，进一步代谢生成甲酸、乙醛和丙酮酸。芳烃的代谢途径如图 6-5 所示。

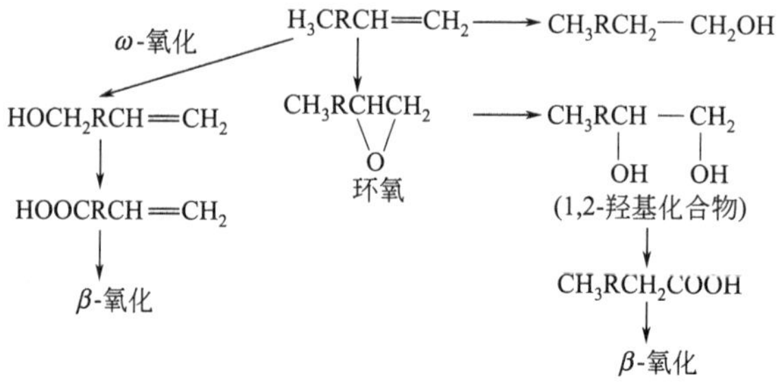

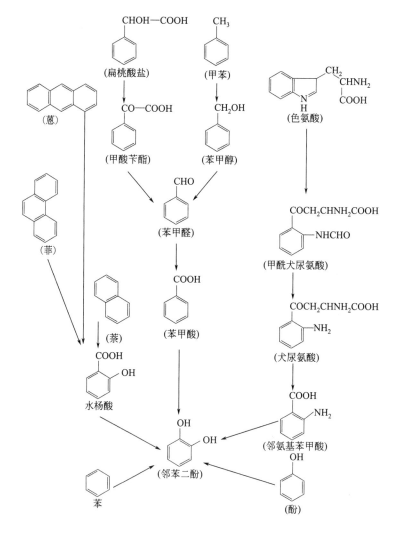

图 6-4　烯烃的微生物降解途径

图 6-5　芳香烃的代谢途径

6.2.2.4　脂环烃类的微生物降解

脂环烃较难进行生物降解，自然界几乎没有利用脂环烃生长的微生物，但可以通过共代谢途径进行降解。脂环烃被一种微生物代谢形成的中间产物，可以作为其他微生物的生长基质。以环己烷为例，虽然已发现能够在环己烷上生长的微生物，但是能转化环己烷为环己酮的微生物不能内酯化和开环，而能将环己酮内酯化和开环的微生物却不能转化环己烷为环己酮。可见微生物之间的互生关系和共代谢在环烷烃的生物降解中起着重要作用。环己烷的降解过程是，环己烷先转化成环己醇，后者脱氢生成酮，再进一步氧化，一个氧插入环而生成内酯，内酯开环，一端的羟基被氧化成醛基，再氧化成羧基，生成的二羧酸通过 β-氧化进一步代谢，如图 6-6 所示。

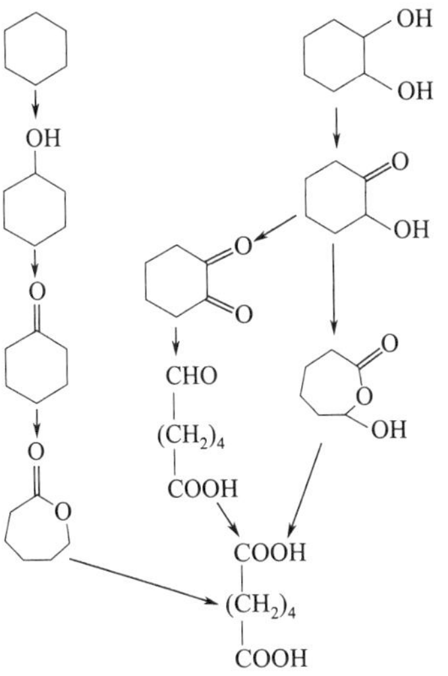

图 6-6 环己烷降解途径

石油的分解过程主要是好氧过程。进入土壤、水体下层的石油在厌氧的条件下很难降解。但近年来的研究发现了在厌氧条件下烃类分解的现象，这方面的研究仍然在起步阶段。

石油的生物降解除受其本身的毒性和组分限制外，其他限制因子主要是温度、营养、供氧、油污的物理状态及降解菌的有无等。海水温度低，对海洋油污染的降解是一个重要的限制因子。无机营养尤其是氮和磷的不足，会影响微生物生长和代谢活动，这可以通过补加营养得以解决。当然，营养物要以可溶于油的形式补加。油浮于液面，使液面下环境缺氧，而石油的生物降解主要是好氧过程，故需通气充氧。初次发生油污染的水域或陆地，往往缺乏降解菌，需接种降解微生物。

6.2.3 人工合成有机物的微生物降解

人工合成的有机化合物形形色色，多种多样，其中大多与天然存在的化合物结构极其类似。但它们是外源性化学物质，如稳定剂、表面活性剂、合成聚合物、农药以及各工艺过程中的废物等。它们有些可以通过生物的或非生物的途径进行降解，有些则抗微生物攻击或被不完全降解，因为微生物已有的降解酶不能识别这些物质的分子结构。这里介绍几种常见的人工合成有机物的降解过程。

6.2.3.1 农药的微生物降解

人工合成的农药杀虫剂、除草剂、杀菌剂等物质的出现，确实给人类的生活带来了许多的方便。但是这些物质有的能迅速降解，有的则在环境中长期存留。各种化学农药进入环境后，有它们共同的危害特性：

① 有毒性，对侵染农作物的病、虫、菌、草有杀灭或抑制作用；

② 多数在自然界中比较稳定，不易分解，如有机氯农药，具有足够长的有效期；

③ 具有脂溶性，易于被病、虫、菌、草吸收并在体内累积，沿食物链传递到人和其他生物体内，在脂肪、肝、肾等部位沉积。

降解农药的微生物，细菌主要有假单胞菌属（*Pseudomonas*）、芽孢杆菌属（*Bacillus*）、产碱杆菌属（*Alcaligenes*）、黄杆菌属（*Flavobacterium*）、节杆菌属（*Arthrobacter*）等；放线菌有诺卡菌属（*Nocardia*）；霉菌以曲霉属（*Aspergillus*）为代表（见表 6-2）。能够直接降解农药的微生物种类和数目在自然界还为数不多，主要途径是对农药进行转化，通过产生适应性酶、利用降解性质粒、组建超级菌株、共代谢等方式将农药转化，再经联合代谢的方式进行降解。例如 2,4-D（2,4-二氯苯氧乙酸）是高效低残留的除草剂，在土壤中降解相当迅速，半衰期仅几天或几周。有 10 多种细菌可通过图 6-7 的途径降解 2,4-D。

表 6-2　能降解农药的优势微生物属

序　号	微 生 物	农　药
1	黄杆菌属（*Flavobacterium*）	氯苯氨灵、2,4-D、茅草枯、二甲四氯、毒莠灵、三氯乙酸
2	镰刀菌属（*Fusarium*）	艾氏剂、莠去津、滴滴涕、七氯、五氯硝基苯、西马津
3	节杆菌属（*Arthrobacter*）	2,4-D、茅草枯、草藻灭、二甲四氯、毒莠定、西马津、三氯乙酸
4	曲霉属（*Aspergillus*）	莠去津、MMDD、2,4-D、草乃敌、狄氏剂、利谷隆、二甲四氯、毒莠定、西马津、季草隆、朴草津、敌百虫、碳氯灵
5	芽孢杆菌属（*Bacillus*）	MMDD、茅草枯、滴滴涕、狄氏剂、七氯、甲基对硫磷、利谷隆、灭草隆、毒草定、三氯乙酸、杀螟松
6	棒状杆菌属（*Corynebacterium*）	MMDD、茅草枯、滴滴涕、地乐酚、二硝甲酚、百草枯
7	木霉属（*Trichoderma*）	艾氏剂、丙烯醇、悠去津、滴滴涕、敌敌畏、二嗪农、狄氏剂、草乃敌、七氯、马拉松、毒莠定、五氯酚钡

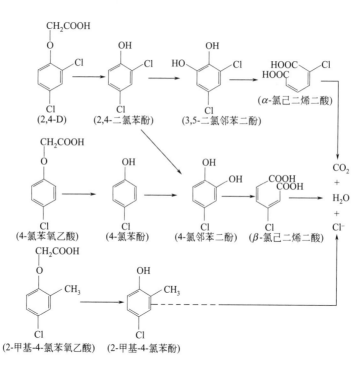

图 6-7　2,4-D 的降解途径

DDT(4,4'-二氯二苯三氯乙烷)是在环境中长期存留的一种农药，半衰期在半年以上。已有证据表明产气杆菌和一种氢单胞菌可通过共代谢作用，将 DDT 转变为对氯苯乙酸（见图 6-8），后者可被土壤和水中其他微生物通过联合代谢继续降解。

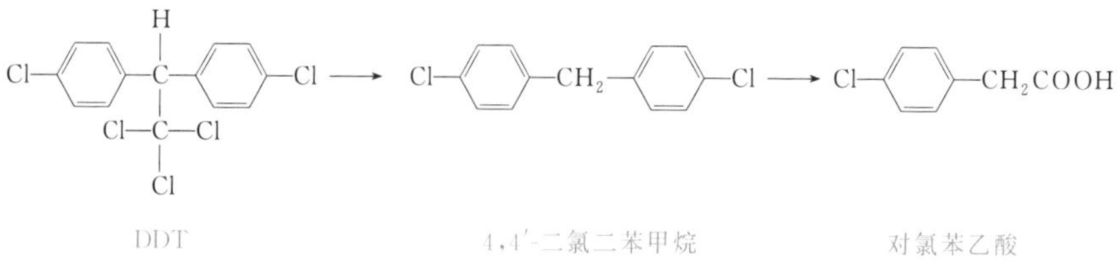

图 6-8　DDT 的共代谢

目前使用的农药主要是有机磷、有机氮和有机氯农药。有机氯农药不易降解，最具危险性。有机磷农药和有机氮农药一般都具有水溶性，因此在环境中容易被降解，在土壤中残留的时间只有几天或几周。但据有关资料显示，有机磷和有机氮农药被微生物转化的中间产物可以在环境中长期残留，其中有些种类具有致畸、致癌、致突变的作用。如有机氯农药杀虫脒，它的代谢产物 4-氯邻甲苯胺的致癌阈值，比亲体化合物强 10 倍左右；而另一类杀虫剂代森铵其有效成分在厌氧的条件下会转化为亚己基硫胺，具有致畸、致突变的作用，其亲体无这种作用。

6.2.3.2　多氯联苯

多氯联苯（PCB）是人工合成的有机氯化物，作为稳定剂，用途很广（润滑油、绝缘油、增塑剂、热载体、油漆、油墨等都含有）。PCB 有毒，对皮肤、肝脏、神经、骨骼等都有不良影响，且是一种致癌因子。1968 年日本的"米糠油事件"即是由于食用了 PCB 污染的米糠油而引起的。PCB 化学性质极其稳定，在环境中很难分解，由于它是脂溶性的，很容易在脂肪中大量累积。

已有充分证据表明，微生物能降解顽抗性污染物多氯联苯。日本科学家从湖泊污泥中分离到两种能降解多氯联苯的细菌，它们是产碱杆菌和不动杆菌。它们都能分泌一种特殊的酶，把 PCB 转化为联苯或对氯联苯，然后吸收这些分解产物，排出苯甲酸或取代苯甲酸，再由环境中其他微生物继续降解。现已发现厌氧细菌可以进行好氧条件下不能进行的特殊脱毒反应，而且厌氧微生物降解方法已经被发展用于混合培养体系中去除有毒有机物。通过共代谢作用、降解性质粒以及微生物之间的互生关系等途径，也可使多氯联苯降解、转化。PCB 作为一种自然选择因子，能诱导微生物群落的结构和机能发生变化。有的微生物学家对假单胞菌、沙雷菌、芽孢杆菌等的野生型菌株进行诱变处理，获得了能把 PCB 矿化为 CO_2 和 H_2O 的突变菌株。有研究者已从降解 PCB 的细菌中分离到了编码降解酶的质粒。

以往对 PCB 降解菌的研究，集中于革兰阴性细菌。目前研究发现了一株降解 PCB 的革兰阳性的红球菌，该菌具有更强、更独特的 PCB 转化活性。

6.2.3.3　合成洗涤剂的微生物降解

合成洗涤剂的基本成分是人工合成的表面活性剂。合成洗涤剂使用后大部分以乳化胶体状废水排入自然界。根据表面活性剂在水中的电离性状，可分为阴离子型、阳离子型、非离子型和两性电解质四大类，以阴离子型洗涤剂的应用最为普遍，其中又以软型直链烷基苯磺酸盐（LAS）的使用最为广泛。

洗涤剂污染的废水会存在大量不易消失的泡沫，废水一般偏碱性。洗涤剂在水中的分解速度，主要取决于微生物的作用条件和洗涤剂中表面活性剂的化学结构。阴性表面活性剂中，高级脂肪链最易被微生物分解。其途径是，最初高级脂肪链经微生物作用形成高级醇类，然后进一步氧化为羧酸，再在微生物的作用下分解为 CO_2 和 H_2O。整个过程在有氧的条件下进行。

现已分离到能以表面活性剂为唯一碳源和能源的微生物，主要是假单胞菌属（*Pseudomonas*）、邻单胞菌属的革兰阴性杆菌、黄单胞菌属的革兰阴性杆菌、产碱杆菌、微球菌、诺卡菌等，固氮菌属除拜氏固氮菌外，其他都是表面活性剂的积极分解者。在含洗涤剂的污水中培养固氮菌是很有意义的，因为它们固定了大气中的氮，水中含有机氮化物，就可促进其他微生物生长，从而提高洗涤剂的降解速度。

微生物对洗涤剂的降解能力还依赖于共代谢途径和降解性质粒的存在，与 LAS 降解有关的酶如脱磺基酶和芳香环裂解酶的编码基因均位于质粒上。

相关链接 6-1

塑料的生物降解

塑料制品具有密度小、强度高、耐腐蚀、价格低等特性，所以应用十分广泛。但塑料制品具有生物学惰性，在环境中可长期存留并造成危害。目前塑料垃圾以每年 $2.5 \times 10^7 t$ 的速度在自然界中累积，严重威胁和破坏着人类的生存环境。

自然界中能够直接利用塑料作为碳源而生长的微生物极少，而填埋、焚烧会造成二次污染。所以世界各国十分重视可降解塑料的开发。用脂肪族聚酯化合物（PHB）为原料制造的新型塑料，废弃后在垃圾堆里可被微生物一个键一个键地"吞吃"掉，同时生成两种无害产物 CO_2 和 H_2O。

利用微生物可生产 PHB。细菌中产碱杆菌属（*Alaligenes*）、固氮菌属（*Azotobacter*）和红螺菌属（*Rhodospirilum*）等 300 多个种类可以合成 PHB。经一定工艺可制造出一系列具有不同强度、柔性、韧性的可生物降解塑料。日本东京工业大学资源化学研究所给产碱杆菌改变食料，使之合成聚酯。美国麦迪生大学获取产碱杆菌控制多羟酯生成的三种基因，转移给普通大肠杆菌，使后者能制造多羟酯。

PHB 能被土壤和海水中的许多种微生物降解，一般在厌氧污水中降解最快，在海水中降解最慢。粪产碱杆菌（*A. faecalis*）、假单胞菌属（*Pseudomonas lemoignei*）、*Comamonas acidovorans*、*C. testosteroni*、*Paecilomyces lilacinus* 等微生物都能产生 PHB 解聚酶。

拓展阅读 6

扫描二维码可拓展阅读《微生物降解优势》。

1. 生物催化复杂有机化合物降解的过程称为生物降解。自然界中许多有机物的降解离不开微生物的作用。正是由于微生物的存在，才使得生物圈中的物质循环能够正常进行。利用微生物的降解性质粒、组建超级菌和共代谢等途径，促进难生物降解的有机物的分解，为人类治理环境污染开辟了广阔的前景。

2. 构成生物有机体的大分子化合物如糖类、脂类、蛋白质、核酸，以及地下贮藏的成分复杂的石油，几乎都能被相应的微生物分解利用。当然，有机物种类不同，其降解微生物的种类和降解途径也千差万别。

3. 人工合成的化合物如农药、多氯联苯、合成洗涤剂等，其降解微生物种类较少，这类物质的降解主要依赖于微生物的降解性质粒、组建超级菌株和共代谢等途径将其转化，再经联合代谢方式彻底分解。随着人类合成有机物种类的不断增加，探索微生物降解技术的领域也在不断拓展和深化。

4. 有机物生物降解性的大小，可通过测定生物氧化率、呼吸线、相对耗氧速率、BOD_5/COD_{Cr} 的值、COD_{30} 及培养法等方法分析获得。

复习思考题

1. 微生物降解和转化污染物的潜力体现在哪些方面？
2. 举例说明共代谢作用。
3. 如何根据活性污泥的呼吸线测定被测有机物的生物降解性？
4. 简述纤维素的微生物降解途径，举例说明哪些微生物可以降解纤维素。
5. 微生物对石油的分解有何特点？简述烷烃类的生物降解途径。
6. 举例说明微生物如何降解环境中的人工合成化合物。
7. 根据所学知识谈谈如何发挥微生物技术在环境保护方面的潜力。

7 微生物在环境污染治理中的作用

学习指南

　　环境污染控制是利用物理、化学和生物技术净化废水、固体废物和废气中的污染物，是污染物无害化资源化，防止环境污染的应用技术。环境污染控制的微生物学方法是当今应用最广泛、最经济、二次污染少的污染控制技术。利用微生物净化污染环境，主要是利用微生物对污染物的吸收同化、分解氧化和生物絮凝作用，使污染物无害化。因此，废水、固体废物处理过程运行的有效性，处理费用的高低都直接与系统中有效微生物的组成和生理状态有关。

本章学习要求

知识目标：掌握活性污泥法的主要特征、微生物组成、作用原理；
　　　　　掌握原生动物在活性污泥中的监测作用及净化机理；
　　　　　熟悉活性污泥的培养与驯化方法；
　　　　　掌握活性污泥法运行中的常规监测指标及出现问题的解决措施；
　　　　　掌握生物膜的作用原理、生物组成及挂膜方法；
　　　　　了解稳定塘法处理污水的净化原理、生物相、类型及特点；
　　　　　掌握厌氧处理法的作用机理；
　　　　　了解微生物在微污染水源水预处理中的应用；
　　　　　掌握好氧堆肥的原理及其生物学过程；
　　　　　了解堆肥的影响因素。

技能目标：能运用污泥沉降比 SV、污泥指数 SVI、污泥浓度 MLSS、污泥负荷 F/M、混合
　　　　　液挥发性悬浮固体浓度 MLVSS 等数据分析好氧活性污泥性能。

素质目标：树立"坚持绿色发展是发展观的深刻革命"的生态文明建设发展观。

重点：活性污泥的性能监测。
难点：活性污泥常见问题及有效控制措施。

7.1　污水的生物处理类型

　　自然界中微生物承担着物质循环与净化环境的主要责任。地球表面的动植物残体等有机物大部分是由微生物分解为无机化合物而回归大地，所以说自然界的净化力应主要归功于微生物，并非是夸大之言。

7.1　废水生物
处理的原理
及类型

有机污染是指由有机物而引起的污染，其污染的程度可用 COD、BOD、TOC 等表示。微生物处理有机污染物的方法可分为好氧处理、厌氧处理和兼氧处理三大类。

（1）好氧处理　在有氧的条件下，有机污染物作为好氧微生物的营养基质而被氧化分解，使污染物的浓度下降。由于有机污染物结构和性质的不同，好氧微生物的优势种群组成和数量也相应地发生变化。例如，纤维素进入反应系统，则纤维素分解菌就会大量繁殖；当蛋白质大量进入该系统时，就会使氨化细菌占优势。

有机污染物好氧微生物处理的一般途径如图 7-1 所示。大分子的有机污染物首先在微生物产生的各类胞外酶的作用下分解为小分子有机物。如多糖类转化为单糖类，脂肪类分解为甘油和脂肪酸等。这些小分子有机被好氧微生物继续氧化分解，通过不同途径进入三羧酸循环，最终被彻底分解为二氧化碳、水、硝酸盐和硫酸盐等简单的无机物。这样有机污染就消除了，简单的无机物再进入物质循环之中。

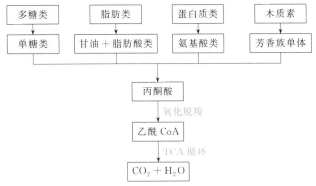

图 7-1　有机污染物好氧微生物处理的一般途径

好氧微生物处理系统中各种因素，如氧的水平、温度、pH 值等，都会影响微生物对有机污染物的分解速度。处理系统中碳、氮和磷等营养元素的比例也对污染物的分解有很大影响，一般认为碳、氮和磷的合适比例为 100：5：1。如果碳量过高，氮、磷含量不足，则氮、磷就成为污染物分解的限制因子，因此在处理系统中要添加氮、磷元素来提高处理效果。但是，氮、磷的含量也不能过高，避免过量的氮、磷污染附近水域，引起水体富营养化。

（2）厌氧处理　如果在有机污染物处理系统中不补充氧气，由于好氧微生物活动造成厌氧环境，使厌氧微生物生长繁殖，最终成为优势菌群，对有机污染物进行厌氧分解。在好氧条件下，氧是微生物能量代谢中最终电子受体，而在厌氧条件下，简单有机物成为电子受体。两者相比，厌氧分解过程不仅产生的能量少，而且细胞产量和污染物分解速度低，有机物只能进行不完全的降解，最终由产甲烷细菌作用而生成甲烷。

有机污染物厌氧分解生成甲烷的过程如图 7-2 所示，复杂的有机物首先在发酵性细菌产生的胞外酶的作用下分解成简单的溶解性的有机物，并进入细胞内由胞内酶分解为乙酸、丙酸、丁酸、乳酸等脂肪酸和乙醇等醇类，同时产生氢气和二氧化碳。起重要作用的第二类细菌是产氢产乙酸菌，它们把丙酸、丁酸等脂肪酸和乙醇等转化为乙酸。第三类微生物是产甲烷细菌，它们分别通过以下两种途径之一生成甲烷。其一是在二氧化碳存在时，利用氢气生成甲烷。

$$4H_2 + CO_2 \longrightarrow CH_4 + 2H_2O$$

其二是利用乙酸生成甲烷。

$$CH_3COOH \longrightarrow CH_4 + CO_2$$

（3）兼氧（水解）处理　兼氧处理是将厌氧过程控制在水解或酸化阶段，利用兼性的水解产酸菌，把废水中难降解的复杂有机物转化为简单有机物。因此，这种水解或酸化不仅能降低污染程度，而且能降低有机物的复杂程度，有利于好氧处理。例如，根据产甲烷细菌只有在中性和绝对厌氧条件下缓慢生长的特点，通过改变环境的 pH 值、通氧量、温度等因素抑制产甲烷菌的生长，从而使有机污染物的分解处于水解阶段。该处理工艺适用于 PVA 废水、表面活性剂废水、焦化废水、印染废水的处理。

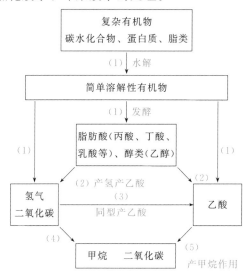

图 7-2　有机污染物厌氧分解生成甲烷的过程

（1）发酵性细菌；（2）产氢产乙酸细菌；（3）同型产乙酸菌；
（4）利用 H_2 和 CO_2 的产甲烷菌；（5）分解乙酸的产甲烷菌

相关链接 7-1　　　　　　　　　　　　　　　　　　　　□ | □ | ✕

我国污水处理现状

全国设市城市的污水处理率 2010 年末为 77.5%，污水处理能力约 16236 万立方米/日，截至 2018 年年底，全国设市城市污水处理能力 1.67 亿立方米/日，累计处理污水量 519 亿立方米，分别消减化学需氧量和氨氮 1241 万吨和 119 万吨。

虽然近几年国家对污水处理投资有所增加，但与国外相比还差距甚远，远远不能满足需要。据有关资料统计：发达国家包括美国、德国、日本、法国、英国等国家用于排水设施与污水处理方面的投资约占国民经济总产值的 0.53%～0.88%。而我国在 20 世纪 90 年代用于排水设施与污水处理方面的投资仅占国民经济总产值的 0.02%～0.03%。所以我国应通过宏观调控调整投资结构，加大对城市排水和城市污水处理设施的投入。

7.1.1　活性污泥法

活性污泥法是一种应用最广的废水好氧生物处理技术，是利用含有大量需氧性微生物的活性污泥，在强力通气的条件下使污水净化的生物学方法。它不仅用于处理生活污水，而且在纺织印染、炼油、石油化工、造纸焦化等许多工业废水处理中，都取得了较好的净化效果。

7.1.1.1　活性污泥中的微生物

活性污泥是由细菌、霉菌、原生动物、藻类等大量微生物凝聚而成的绒絮状泥粒，具有很强的吸附和氧化分解有机物的能力。活性污泥中的细菌多数以菌胶团的形式存在，只有少数以游离态存在，菌胶团是活性污泥的主体，具有黏性，能使水中的有机物黏附在颗粒上，然后加以分解利用。

细菌是活性污泥中最重要的成员。曾经报道的有动胶菌属、无色杆菌属、假单胞菌属、产碱杆菌属、黄杆菌属、芽孢杆菌属、棒状杆菌属、不动杆菌属、球衣菌属、短杆菌属、微球菌属、八叠球菌属、螺菌属、诺卡菌属等。其中以革兰阴性菌为主。

活性污泥中还有一些丝状细菌，如球衣细菌、贝氏硫菌、发硫菌等，往往和丝状真菌附着在菌胶团上或与之交织在一起，成为活性污泥的骨架。球衣细菌对有机物的氧化分解能力很强；硫黄细菌能将水中硫化氢氧化为硫，并以硫粒形式存在于体内，当水中溶解氧高时（大于 1mg/L），体内硫粒可进一步氧化而消失。因此，通过对硫黄细菌体内硫粒存在与否的观察，可间接推测水中溶解氧的状况。但丝状菌繁殖过多时，往往引起污泥膨胀。

在活性污泥中真菌种类并不多，数量也较少。它们能在酸性条件下生长繁殖，且需氧量比细菌少。所以在处理某些特种工业废水及有机固体废渣时起重要作用。活性污泥中的真菌，主要为霉菌，已报道的有毛霉属、曲霉属、青霉属、链孢霉属、枝孢霉属、木霉属、地霉属等。霉菌的出现与水质有关，常出现于 pH 值偏低的污水中。霉菌与絮状体的形成和污泥膨胀均有关系。

在活性污泥处理系统中，有大量的原生动物和微型后生动物，它们以游离的细菌和有机微粒作为食物，因此可以起到提高出水水质的作用。活性污泥中的原生动物，曾发现 228 种以上，其中以纤毛虫为主，有 160 种。原生动物是需氧性的生物，主要附聚在活性污泥的表面，数量约在 50000 个/mL，以摄取细菌等固体有机物作为营养。原生动物和微型后生动物还可作为指示生物来推测废水处理的效果和系统运行是否正常。一般认为当曝气池中出现大量钟虫、累枝虫、盖纤虫、聚缩虫、独缩虫等固着型的纤毛虫和楯纤虫、轮虫时，说明污水处理运转正常，出水水质好；当出现大量豆形虫、草履虫、四膜虫等游泳型纤毛虫和鞭毛虫、根足虫等时，说明活性污泥结构松散，运转不正常，出水水质差，必须采取调节措施；当出现线虫则说明缺氧。

7.1.1.2 活性污泥法的净化机理

活性污泥是指向有机性污水中吹入空气，经过一定时间后，由于需氧微生物的繁殖，形成一种褐色污泥状的絮凝物，活性污泥中的每一颗絮状体，就是一个活跃的微生物群体。该群体是以需氧细菌和原生动物等微生物以及金属氢氧化物为主的集合体，其含水率一般为 98%～99%，它具有很大的表面积，具有很强的吸附和氧化分解有机物的能力。由于在污水和活性污泥的混合液中混入了空气，微生物的作用更加活跃，废水与活性污泥接触后，其中的有机质可以在 1～30min 被吸附到活性污泥上。大分子的有机物先被细菌分泌的胞外酶作用分解为小分子的化合物，然后被细菌摄入体内；继而在胞内酶作用下，一部分有机质被同化成细胞物质，另一部分转化成 CO_2、H_2O、SO_4^{2-}、NH_3、PO_4^{3-} 等简单无机物及能量释出。污水中需氧微生物对有机质的分解作用，见图 7-3 所示。

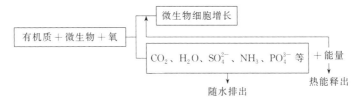

图 7-3 微生物对有机质的好氧分解作用

活性污泥去除废水中有机物的过程可分为三个阶段：即微生物细胞内营养物质的吸收、活性污泥的增殖和微生物的氧化分解作用。几十年来，在活性污泥法基础上延伸和拓展的废水处理生化法已发展为多变和更加高效的技术，如上流式厌氧污泥床（UASB）、接触氧化法、生物流化床、膜分离生物反应器、氧化沟（见图 7-4）及酶和细胞固定化技术等，可分别适用于不同成分或不同浓度有机废水的处理，实现获得生物能（甲烷）、去除 BOD 成分、脱氮、脱磷等不同的目标。

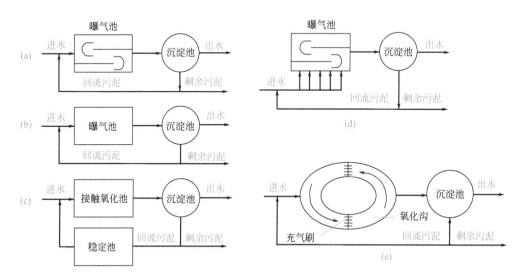

图 7-4　好氧活性污泥法的几种工艺流程

（a）推流式活性污泥法；（b）完全混合式活性污泥法；（c）接触氧化稳定法；
（d）分段布水推流式活性污泥法；（e）氧化沟式活性污泥法

7.1.1.3　活性污泥的形成

活性污泥的形成是微生物在废水中新陈代谢和生长繁殖的结果，其形成过程可分为以下阶段。

① 某些具有荚膜或黏液或明胶质的细菌互相絮凝聚集成团块，称为菌胶团。菌胶团在显微镜下呈现为半透明、具有整齐边缘、其中含有大量折光性较强的小点（菌体）。菌胶团的形状是多样的，有球形、指状、分枝状、蘑菇状等。其中的微生物全部为细菌，包括能形成菌胶团的细菌和菌胶团吸附的不能形成菌胶团的细菌。

7.2　好氧活性污泥的生物组成及原理

菌胶团的作用为：a. 吸附富集生物和污染物，增加微生物与污染物的接触机会，有利于污染物的微生物处理和净化；b. 促进活性污泥微粒的形成；c. 防止微型动物对细菌的吞食，保持水中细菌生物量；d. 为原生动物、微型后生动物提供附着场所和生存环境。

② 菌胶团具有较强的吸附作用，它们可大量吸附废水中的污染物，形成微生物、有机物和无机物组成的微小颗粒，它是污泥正常形成的基础。

③ 污泥微粒形成絮状或羽毛状活性污泥的机制可能有两种：一是通过具有纤毛的细菌的纤毛将污泥微粒联结起来形成体积较大的活性污泥絮体，因此称桥联作用；二是污泥微粒中的有机物和无机物具有较大的可解离的基团，所以带有电荷，因此微粒间通过静电吸引形成较大的活性污泥颗粒。

7.1.1.4　活性污泥的培养与驯化

（1）活性污泥的培养　污水处理厂建成投产前，首先要进行的工作就是培养活性污泥，污水处理厂正式运行前需要大量的活性污泥。因为活性污泥是由微生物体组成的，不是纯种菌。因此，培养活性污泥不需要严格的无菌操作培养条件，只要满足微生物所需营养及其适宜的生活条件，就可把活性污泥培养出来。种泥的来源可以用同类废水处理厂的剩余污泥，也可用生活污水或城市污水处理厂的剩余污泥。对于含有较大毒性和较难降解有机废水，采用处理废水下水道的沉积物或受该废水污染的土壤中的微生物会有较好的效果。活性污泥培养的成熟程度可利用其中出现的原生动物和微型后生动物类群作为指标，在活性污泥培养初期一般鞭毛虫和变形虫占优势，在培养中期游泳型纤毛虫和鞭毛虫占优势，在培养成熟期钟虫等固着型纤毛虫占优势。

（2）活性污泥的驯化　对某些特殊的工业废水除培养活性污泥外，还要使活性污泥适应所要处理的废水水质，因此，对活性污泥还要进行驯化，以达到较好的处理效果。如果工业废水的性质与生活污水相差很大时，用生活污水培养的活性污泥需用工业废水进行驯化。驯化的方法是混合液中逐渐增加工业废水的比例，直到达到满负荷。

为了缩短培养和驯化时间，可将两个阶段合并起来进行，即在培养过程中，不断地加入少量的工业废水，使微生物在培养过程中逐渐适应新的环境。

7.1.1.5　活性污泥性能监测

（1）生物相观察　在显微镜下检查，好的活性污泥看不到或很少看到分散在水中的细菌，看到的是一团团结构紧密的污泥块；不太好的活性污泥则可看到丝状菌和一团团污泥块；很差的活性污泥则丝状菌很多；鞭毛虫和游泳型纤毛虫只能在有大量细菌时才出现；固着型纤毛虫（如钟虫）存在于有机物很少、BOD_5 为 $5\sim10mg/L$ 的废水中；轮虫在水质十分稳定、溶解氧充分时才出现。

此外，随时可了解到原生动物种类变化和相对数量的消长情况，根据消长规律初步判断净化程度，或根据原生动物个体形态、生长状况的变化预报进水水质和运行条件正常与否。一旦发现原生动物形态、生长状况异常，就可以及时分析是哪方面的问题，及时予以解决。

（2）SV（污泥沉降比）　是指曝气池混合液在量筒中静置 30min，其沉淀污泥与原混合液的体积比，以％表示。该指标能够相对地反映污泥浓度和污泥的凝聚、沉降性能，用以控制污泥的排放量和早期膨胀。运行中最好 $2\sim4h$ 测定一次。

（3）MLSS（污泥浓度）　表示活性污泥微生物量的相对指标，其单位用 mg/L。通常MLSS 为 $1500\sim2000mg/L$。

（4）SVI（污泥指数）　是指曝气池混合液经 30min 静沉，1g 干污泥所占的体积，单位为 mL/g。该指标能够更好地评价污泥的凝聚性能和沉降性能，其值过低，说明泥粒细小、密实，无机成分多；过高又说明污泥沉降性能不好，将要或已经发生膨胀现象。城市污水处理活性污泥的 SVI 值为 $50\sim150mL/g$。

需要注意的是：工业废水处理活性污泥的 SVI 值有时偏低和偏高也属于正常；高浓度活性污泥法系统中的 MLSS 值较高，即使污泥沉降性能较差，SVI 值也不会很高。

7.1.1.6　运行中活性污泥的常见问题

（1）污泥膨胀　丝状菌对絮状体起骨架作用，如果没有足够的丝状菌，形成的绒絮不牢固，正常活性污泥中，絮状体大而密实、沉降性能好、SVI 低、上清液清。

在二沉池或加速曝气池的沉淀区内的污泥出现结构松散，沉降性差，随水漂浮，溢出池外，造成出水水质恶化，污泥大量流失的现象称为污泥膨胀。

污泥膨胀可分为丝状菌膨胀和非丝状菌膨胀两种。大多数污泥膨胀是丝状菌膨胀，这是由于丝状微生物大量繁殖，而菌胶团的繁殖却受到抑制的结果。从丝状菌膨胀时的生物相看，出现大量的球衣细菌、贝氏硫细菌、丝硫细菌、放线菌、链孢霉、地霉、根霉、毛霉等，其中又以球衣细菌为多见。在镜检时可见许多菌丝伸展至絮状体外，因而使之密度减小，体积增大，难以沉降。此时污泥沉降慢、密实性差、SVI 高，但上清液可能很清。

非丝状菌膨胀是由于菌胶团细菌在特定的环境条件下分泌高黏性物质积累造成的。高黏性物质保持的结合水高达 380%，造成污泥密度减小，形成膨胀，虽然 SVI 也很高，但上清液较浑浊。

污泥膨胀的产生与污泥、营养、供氧三要素相关。

① 导致丝状菌大量繁殖的主要原因

a. 溶解氧浓度：曝气池内溶解氧低于 0.7～2.0mg/L，丝状微生物能生长良好，甚至能在厌氧条件下残存而不受影响，而菌胶团细菌的生长受到抑制。所以城市污水处理厂的曝气池溶解氧最低应保持在 2mg/L 以上。

b. 营养条件：一般细菌的营养条件为 BOD_5：N：P＝100：5：1。当 BOD：N 及 BOD：P 很高时，特别是 N 不足时，适宜丝状菌生长。

c. pH 值：丝状菌宜于在酸性环境（pH 值 4.5～6.5）生长，而菌胶团宜于在中性环境（pH 值 6～8）中生长。

d. BOD 污泥负荷：当高于 0.5kg/(kg MLSS·d) 时，絮状体内部溶解氧消耗提高，在菌胶团内部产生了适宜于丝状菌生长的低溶解氧条件，从而促使丝状微生物的分枝超出絮状体，为细菌的聚合和较大絮状体的形成提供了骨架，加剧了氧向内参透的难度，从而又导致了内部丝状菌的发展。

② 污泥膨胀的控制措施

a. 当进水浓度大和出水水质差时，应加强曝气提高供氧量，最好保持曝气池溶解氧在 2mg/L 以上；BOD 污泥负荷以 0.2～0.3kg/(kg MLSS·d) 为宜。

b. 凝聚和杀菌：添加铁盐（$FeCl_2$ 5～50mg/L）、铝盐（19～100mg/L）、氯（10～20mg/L）、H_2O_2（40～200mg/L），前两者连续添加，后两者间歇添加。

c. 调整 pH 值。

d. 调整营养配比：投加含氮化合物。

(2) 污泥上浮

① 污泥脱氮上浮　　在曝气池负荷小而供氧过大时，出水中溶解氧可能很高，使废水中氨氮被硝化细菌转化为硝酸盐，这种混合液若在二沉池中经历较长时间的缺氧状态（DO 在 0.5mg/L 以下），则反硝化细菌会使硝酸盐转化为氨和氮气，氨溶于水，而氮气如过多吸附于活性污泥上，则使污泥密度降低，随着体浮上水面。

防止污泥脱氮的方法有：减少曝气，防止硝化出现；及时排泥，增加回流量，减少污泥在沉淀池中的停留时间。

② 污泥腐化上浮　　在沉淀池内由于污泥停留时间过长或局部区域污泥堵塞，造成缺氧而腐化（污泥产生厌氧分解），产生大量甲烷及二氧化碳气体附着于污泥上，使污泥密度变

小而上浮，上浮的污泥发黑发臭。

解决腐化的措施是：加大曝气量，以提高出水溶解氧含量；疏通堵塞，及时排泥。

（3）污泥致密与减少　引起污泥致密、活性降低的原因是进水中无机悬浮物突然增多；环境条件恶化，有机物转化率降低；有机物浓度减小。

造成污泥减少的原因有：有机物营养减少；曝气时间过长；回流比小而剩余污泥排放量大；污泥上浮造成污泥流失。

解决上述问题的方法有：投加营养料；缩短曝气时间或减少曝气量；调整回流比和污泥排放量；防止污泥上浮，提高沉淀效果。

（4）泡沫问题　当废水中含有合成洗涤剂及其他起泡物质时，就会在曝气池表面形成大量泡沫，严重时泡沫层可高达1m多。在表面机械曝气时，泡泡会隔绝空气与水接触，减小叶轮的充氧能力；泡沫表面吸附大量活性污泥固体，影响二沉池沉淀效率，恶化出水水质；有风时随风飘散，影响环境卫生。

抑制泡沫的措施有：在曝气池上安装喷洒管网，用压力水（处理后的废水或自来水）喷洒，打破泡沫；定期投加除沫剂（如机油、煤油等）以破除泡沫，油类物质投加量控制在0.5～1.5mg/L。油类也是一种污染物质，投量过多会造成二次污染，且对微生物的活性也有影响；提高曝气池中活性污泥的浓度，这是一种比较有效地控制泡沫的方法。

7.1.2　生物膜法

7.1.2.1　生物膜的净化原理

生物膜法是利用微生物群体附着在固体填料表面而形成的生物膜来处理废水的一种方法。生物膜是由在固体介质表面上生长的微生物和所吸附的有机物、无机物组成的一层具有较高生物活性的黏膜，一般呈蓬松的絮状结构，微孔较多，表面积很大，因此具有很强的吸附作用，有利于微生物进一步对这些被吸附的有机物的分解。当生物膜增厚到一定程度时，由于受到水力冲

7.5　生物膜法

刷而发生剥落，适当的剥落可使生物膜得到更新。生物膜由菌胶细菌、其他细菌、丝状菌和微型动物组成，丝状菌可蔓伸于致密的生物膜之下，所以生物膜呈立体结构。生物膜外表层的微生物一般为好氧菌，因而称为好氧层。内层因氧的扩散受到影响而供氧不足，厌氧菌大量繁殖而称为厌氧层。

生物膜法对废水的净化过程是生物膜对废水中污染物的吸附、传质和生物分解氧化过程。其中生物分解氧化过程与活性污泥法相同，是通过微生物新陈代谢作用完成的。其传质过程与活性泥法有较大差别。此外，生物膜的脱落和更新对其净化作用有较大影响。

废水流经生物膜时，只有表面生物可与废水接触，完成对污染物的摄取、废水的微生物分解氧化和利用。而微生物代谢产物也必须经过传递才能进入废水中带走。生物膜法的物质传递过程包括如下几点。

① 污染物从废水向生物膜内的传递，这一过程的动力是不同部位污染物的浓度差。由于在生物膜中微生物对污染物的不断利用，使膜中污染物浓度永远低于膜外废水，所以废水中的污染物可不断地向膜内转移。

② 氧的传递，因为空气中氧浓度大于废水，使空气中的氧不断跨过气液界面向废水中转移；而膜中微生物具有很高的耗氧速度，使膜内氧浓度总是低于废水，所以氧总是顺着由

空气到废水再到生物膜的方向转移。

③ 微生物代谢产物的浓度则总是膜中大于废水，所以它们与 O_2 和污染物的转移方向相反。

7.1.2.2 生物膜中的生物相

生物膜中微生物群体包括细菌、真菌、藻类、原生动物以及蚊蝇的幼虫等生物，细菌又包括好氧菌、厌氧菌和兼氧菌，在生物滤池中兼氧菌常占优势。无色杆菌属、假单胞菌属、黄杆菌属以及产碱杆菌属等是生物膜中常见的细菌。在生物膜内，常有丝状的浮游球衣菌（*Sphaerotilus natans*）和贝日阿托菌属（*Beggiata*）。在滤池较低部位还存在着硝化菌如亚硝化单胞菌属（*Nitrosomanas*）和硝化杆菌属（*Nitrobacter*）的种类。

生物滤池中若 pH 值较低则真菌起重要作用。在滤池顶部有阳光照射处常有藻类生长，如席藻属、小球藻属。藻类一般不直接参与废物降解，而是通过它的光合作用向生物膜供氧，藻类生长过多会堵塞滤池，影响操作。

在生物膜中出现的原生动物有纤毛虫类和肉足虫类，以纤毛虫类占优势；微型后生动物有轮虫、线虫、水生昆虫、寡毛类等，它们均以生物膜为食，它们起着控制细菌群体量的作用，它们能促使细菌群体以较高速率产生新细胞，有利于废水处理。

7.1.2.3 生物膜法的类型

生物膜法根据其所用设备不同可分为生物滤池、塔式生物滤池、生物转盘、生物接触氧化池和好氧生物流化床等（见图 7-5、图 7-6）。

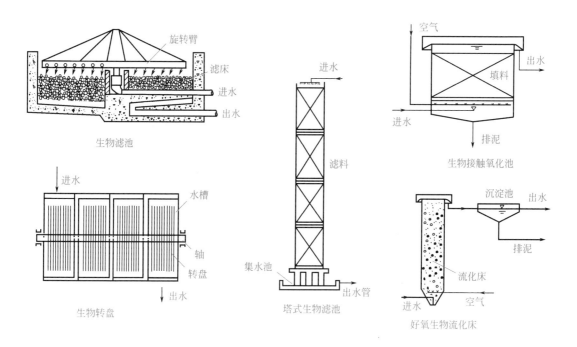

图 7-5　生物膜法类型

（1）生物滤池　生物滤池一般由滤池、布水装置、滤料和排水系统组成。滤池一般用砖或混凝土构筑而成。滤池深度一般为 1.8～3m。池底有一定坡度，处理好的水能自动流入集水沟，再汇入总排水管，其水流速应小于 0.6m/s。

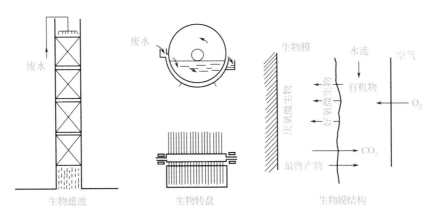

图 7-6　生物滤池和生物转盘工艺流程及生物膜结构示意

布水装置一般由进水竖管和可旋转的布水横管组成。在布水管的下面一侧开有直径为 $10\sim15mm$ 的小孔。滤料一般要求有一定强度、表面积大、空隙率大，而成本低，常用的有碎石块、煤渣、矿渣或蜂窝型、波纹型的塑料管等，排水系统包括渗水装置、集水沟和排水泵。它除了有排水作用外，还有支撑填料和保证滤池通风的作用。

生物滤池根据承受负荷的能力分为普通生物滤池 [其处理能力为 $175g(BOD_5)/(m^3 \cdot d)$] 和高负荷滤池 [其处理能力为 $875g(BOD_5)/(m^3 \cdot d)$]。生物滤池的优点是结构简单，基建费用低；缺点是占地面积大，处理量小，而且卫生条件差。

（2）塔式生物滤池　塔式生物滤池比普通生物滤池高得多，一般可达 20 多米，故延长了污水、生物膜和空气接触的时间，处理能力相对较高，有机负荷可达 $2\sim3kg(BOD_5)/(m^3 \cdot d)$。塔式生物滤池的通风大部分采用自然通风，高温季节时采用人工通风。滤料一般采用轻质的塑料或玻璃钢。为了使塔式滤池更好地发挥作用，有的采用分层进水、分层进风的措施来提高处理能力。防止堵塞是塔式滤池设计和运行中需要注意的问题。

塔式生物滤池的主要优点为占地面积小，耐冲击负荷的能力强，适用于大城市处理负荷高的废水；其缺点为塔身高，运行管理不方便，且能耗大。

（3）生物转盘（RBC）　生物转盘以圆盘作为生物膜的附着基质，各圆盘之间有一定间隙，圆盘在电机的带动下，缓慢转动，一半浸没于废水中，一半暴露在空气中，在废水中时生物膜吸附废水中的有机物，在空气中时生物膜吸收氧气，进行分解反应，如此反复，达到净化废水的目的。转盘上的生物膜到一定厚度会自行脱落，随出水一同进入二次沉淀池。

生物转盘的圆盘直径可为 $1\sim4m$，厚度 $2\sim10mm$，数目根据废水量和水质决定。相邻圆盘间距一般在 $15\sim25mm$，转盘转速在 $0.013\sim0.005r/s$。生物转盘适用于处理较高浓度的工业废水，但废水处理量不宜过大。

（4）生物接触氧化　生物接触氧化法是在曝气池中安装固定填料，废水在压缩空气的带动下，同填料上的生物膜不断接触，同时压缩空气提供氧气，在液、固、气三相接触中，废水中的有机物被吸附和分解。与其他生物膜法一样，其生物膜也包括挂膜、生长、增厚和脱落的过程。脱落的老生物膜在固-液分离系统中得到去除。

目前，我国广泛采用的填料有玻璃钢或塑料蜂窝填料、软性纤维填料、半软性填料、立体波纹塑料填料等。其中又以软性纤维填料和半软性填料相结合而成的组合填料最为普遍。

生物接触氧化法对 BOD 的去除率高，负荷变化适应性强，不会发生污泥膨胀现象，便于操作管理，且占地面积小，因此被广泛采用。

7.1.2.4 挂膜和生物膜的更新

（1）挂膜 新投入运行的生物膜法填料上引入微生物，俗称挂膜。挂膜分湿法挂膜和干法挂膜两种。

① 湿法挂膜 将填料浸没有含菌种和丰富可生物降解性物质的培养液中，由供气装置向培养液中提供足够的氧气，静置 3 天后，可由静态逐渐转入流态，10 天后按设计参数运行，20 天后挂膜阶段结束。

② 干法挂膜 当菌种数量不足或在冬季，可改用干法挂膜。氧化池内不盛水，填料暴露在空气中，将配好的培养液淋洒在填料上，每天 3～5 次，每次淋透。淋洒期间向池内供气，让填料表面出现湿与干的周期变化。2～3 天后，填料表面已经牢牢地粘上一层带菌培养液。这时氧化池可以进水，按设计参数运行，14 天后挂膜阶段结束。

当选用的菌种是污水性质相似的处理污泥时，挂膜结束后可直接转入运行，否则，对新培养的生物膜需进行驯化。驯化周期视污染物的品种和浓度而定，一般为 1～2 个月。

（2）生物膜的更新 生物膜更新是滤料表面生物脱落和再生的过程。生物膜脱落的原因如下。

① 生物膜生长过厚时出现厌氧层，由于厌氧层中黏性有机物的厌氧生物分解和厌氧过程产生的难溶气体使膜与固体表面结合力变差，甚至在膜与固体表面之间有气泡存在，然后在废水冲击下脱落。

② 当废水中污染物浓度过低时，产生生物内源呼吸，使其中黏性有机物消耗，膜与固体表面结合力变差而产生生物膜脱落。生物膜脱落处又可形成新的、具有较大生物活性的生物膜。正常的生物膜脱落是有规律的，其规律性与运行条件有关，它对废水处理过程有益无损。

7.1.3 稳定塘法

废水稳定塘系统是由多个天然的或人工开挖的池塘组成的、独立的废水处理系统。多数情况下稳定塘是利用天然生态系统的自然净化作用。因此，在具备条件的地区稳定塘是一种投资少、运行费用低的污水处理方法，所以对经济还不发达的发展中国家来说是一种值得推广的方法。

7.6 稳定塘法

7.1.3.1 稳定塘法的净化原理

如图 7-7 所示，稳定塘是一种大面积、敞开式的污水处理系统。它是利用细菌与藻类的互生关系，来分解有机污染物的废水处理系统。利用水中细菌来分解废水中的有机物，分解产物中的二氧化碳、氮、磷等无机物，以及一部分低分子有机物又成为藻类的营养源。藻类利用阳光进行光合作用所放出的氧气，又供给好氧性细菌生长之需，稳定塘就是通过这个所谓藻菌共生系统，达到废水净化的目的。增殖的菌体与藻类又可以被微型动物所捕食。

废水中的可沉淀固体和塘中生物的残体沉积于塘底，形成污泥，它们在产酸细菌的作用下分解成低分子有机酸、醇、氨等，其中一部分可进入上层好氧层被继续氧化分解，一部分由污泥中产甲烷菌作用生成甲烷。

由于藻类的作用使稳定塘在去除 BOD 的同时，也能有效地去除营养盐类。效果良好的稳定塘不仅能使污水中 80%～95% 的 BOD 被去除，而且能去除 90% 以上的氮，80% 以上的磷。伴随着营养盐的去除，藻类进行着二氧化碳的固定，有机物的合成。大量增殖的藻类会

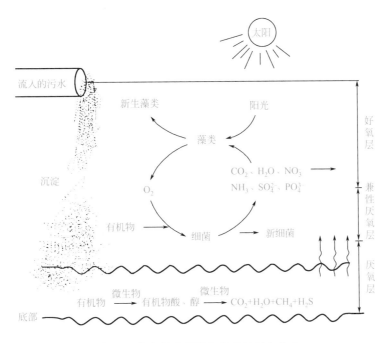

图 7-7 稳定塘中藻类和细菌的互生关系

随处理出水而流出，如果能采用一定的方法回收藻类或在出水端设置养鱼池，可以使处理出水水质大大提高。

7.1.3.2 稳定塘内的生物相

稳定塘与自然界中富营养湖有些类同，其中出现的生物可从细菌到大型生物，包括的种类很多。与其他生物处理法不同的是，稳定塘藻类非常多，而且浮游动物（甲壳类）也大量出现。

（1）藻类 稳定塘的表层主要为藻类，常见的有小球藻属（*Chlorella*）、栅列藻属（*Scenedesmus*）、衣藻属（*Chlamydomonas*）和裸藻属（*Euglena*），以及蓝细菌的颤藻（*Oscillatoria*）、席藻（*Phormidium*）等约 56 个属 138 个种。在有机物含量较丰富的塘内，裸藻、小球藻、衣藻等大量生长，它们都是自养生物，但也能直接摄取废水中的低分子有机物，表现出异养的性质。夏季每毫升水体藻类数量最高可达 100 万～500 万个，冬季大约是夏季的 1/5～1/2。以干燥质量计，每年每平方米水面的藻类产量可达 10kg 左右。

（2）细菌 稳定塘中细菌大量存在于下层。在 BOD 负荷较低、维持好氧状态的稳定塘内，常见的优势菌群为假单胞菌（*Pseudomonas*）、黄杆菌（*Flavobacterium*）、产碱杆菌（*Alcaligenes*）、芽孢杆菌（*Bacillus*）和光合细菌等。在塘的底部厌氧层，有硫酸盐还原菌和产甲烷菌存在。

（3）微型动物 稳定塘中纤毛虫类的种类、个体数都比其他好氧处理装置中少，一般见到的有钟虫（*Vorticella*）、膜袋虫（*Cyclidium*）等种类，最高可达每毫升 1000 个。轮虫类中臂尾轮虫（*Brachionus*）、狭甲轮虫（*Colurella*）、腔轮虫（*Lecane*）、椎轮虫（*Notommata*）等出现频率较高。水体中还有甲壳类，底泥中存在摇蚊幼虫。

稳定塘的特点是构筑物简单、能耗低、管理方便。起初，稳定塘仅用于生活污水的处理，现在已逐渐推广到食品、制革、造纸、石化、农药等行业的废水处理。目前，我国已有几十座稳定塘在运行。

在武汉建成了我国较早的稳定塘，它主要处理以有机磷为主的多种农药废水。该稳定塘采用串联形式，将厌氧-兼氧-好氧塘串联起来，末级塘起着最终好氧的稳定塘作用，总面积 $186.5 \times 10^4 \, m^2$，水深 3m，总容积为 $559.4 \times 10^4 \, m^3$。每天处理水量 $7 \times 10^4 \, t$，停留时间 80 天，最后再联结一个面积为 $213.3 \times 10^4 \, m^2$、水深 2m 的鱼种塘。经多年运转证明，鱼种塘出水的主要指标均接近或达到地面水标准。COD 去除率为 77.3%，对硫磷去除率 98.7%，马拉硫磷去除率 98.496%，乐果去除率 92.9%，对硝基酚、六六六和有机磷的去除率分别为 99.3%、86.2% 和 82.996%。

在活性污泥或曝气塘系统中往往残留较多的难分解有机物，可以采用串联的活性污泥与稳定塘系统来去除。

7.1.3.3 稳定塘的类型及特点

根据稳定塘微生物群落中优势微生物群体以及塘中的供氧状况可把稳定塘分为厌氧塘、兼性塘、好氧塘和曝气塘四种主要类型。好氧塘比较浅，整个水层都处于有氧状况，主要靠藻类供氧。兼性塘较深，上层有氧，主要靠藻类供给，底部呈厌氧状况，靠厌氧菌分解有机物。厌氧塘很深，除表面与空气接触有氧外，全部处于无氧状况，靠厌氧菌分解有机物质。曝气塘是在氧化塘中加曝气机补充氧气并增进废水的混合，这种塘处理效率比较高。

在不同稳定塘中，其运行特点不同，它们能接收的废水水质、运行条件和出水水质列于表 7-1。而且，不同稳定塘的净化能力受环境温度变化影响的大小也不同，一般深度越大受环境温度变化影响越小。

表 7-1   不同稳定塘的特点

塘类型	接受水质	运 行 条 件	出水水质
厌氧塘	BOD 值高	无氧、负荷大、停留时间长，其中优势微生物为兼性厌氧细菌和厌氧细菌	差，不能达到排放标准
兼性塘	BOD 值较高或厌氧塘出水	上层好氧，下层厌氧，负荷较大，停留时间长，其中的微生物为各类细菌、藻类和微型动物	较差，不能达到排放标准
好氧塘	BOD 值较低	好氧，日光照到全池，负荷小，停留时间短，其中的微生物为好氧细菌、兼性厌氧细菌、藻类和微型动物	好，可达到排放标准，相当二级处理出水
曝气塘	BOD 值较低	好氧，悬浮物浓度高，负荷较大，其中的微生物为好氧细菌、兼性厌氧细菌和微型动物	好，可达到排放标准，相当二级处理出水
深度处理塘	二级处理出水	同好氧塘。其作用是：进一步降低 BOD、COD、SS 值；减少水中的细菌和病原体；去除 N、P	很好

稳定塘法因主要靠藻类供氧，它具有构筑物简单，不需或仅需少量设备，消耗电力少或不需电力，也不需更多的技术人员，常年运转费用低，是一种经济的处理方法。稳定塘法的缺点是受季节影响较大，占地面积也较大。解决的办法，有的利用工厂的余热加温，有的增加曝气设备。适当增加曝气设备，可使稳定塘面积缩小 5～10 倍。

7.1.4   废水的厌氧处理

废水厌氧处理的主要对象是来自食品工业、发酵工业、家禽家畜养殖场、屠宰厂等的高浓度有机废水，同时也可以对生活污水、工业废水物理化学法处理产生的污泥、自来水厂产生的污泥、废水活性污泥法处理产生的剩余污

7.7 废水的厌氧处理

泥、废水生物膜法处理产生的脱落生物膜等含有机物丰富的污泥进行厌氧处理，以降低污泥中有机物含量和持水率。在使废水和污泥得到净化的同时还取得有用的生物能源——沼气。厌氧处理工艺见图7-8。

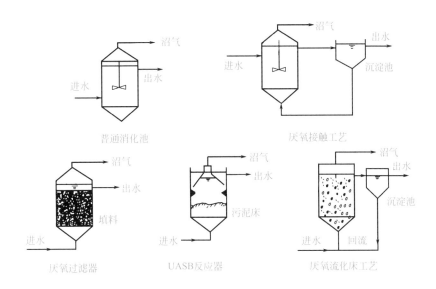

图 7-8　厌氧处理工艺示意（上流式厌氧污泥床反应器 UASB）

7.1.4.1　甲烷发酵的机理

废水厌氧处理是在无氧条件下，通过能进行厌氧呼吸的微生物分解、利用和转化有机污染物，使废水得到净化的过程。在此过程中部分有机物转化为可利用的能源物质——沼气，部分有机物被微生物利用形成细菌的细胞物质，少量被氧化。小分子有机物可直接进入产酸阶段，进而通过甲烷发酵得到净化。大分子有机物净化的生物化学过程大致可分为三个阶段（见图7-9）。

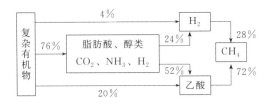

图 7-9　甲烷发酵三个阶段及用化学耗氧量（COD）表示
通过各阶段转换成甲烷的有机物质量分数流程
第一阶段：水解与发酵；第二阶段：生成乙酸和氢；第三阶段：生成甲烷

（1）液化阶段　液化阶段是由系统中的微生物分泌到胞外的水解酶（胞外酶），将难溶于水的大分子有机物水解为可溶性的小分子有机物，使之能进入微生物细胞内，并在微生物细胞内酶的作用下继续分解转化。由于不同废水中大分子有机物的成分不同，所以在不同废水处理系统中起作用的微生物种类也不同。

（2）酸化阶段　酸化阶段是小分子化合物在微生物细胞内酶的作用下的转化过程，其产物常为甲烷细菌可利用的甲酸、乙酸、小分子醇、CO_2、H_2、NH_3、H_2S 和细胞物质等。在产酸阶段除氨基酸、小分子肽、单糖和其他可溶性小分子糖、脂肪酸、甘油等可被转化外，某些芳香烃和杂环化合物也可被酸化菌转化利用。

（3）甲烷发酵阶段　在甲烷发酵过程中，甲烷产生菌不仅可将乙酸分解为 CO_2 和 CH_3OH，再将 CH_3OH 还原为甲烷；而且可利用其产生的 H_2 将 $HCOOH$ 和 CO_2 还原为甲烷。目前已知的甲烷产生过程由两组生理特性不同的产甲烷菌完成。

① 由 CO_2 和 H_2 产生甲烷

其反应为
$$4H_2+CO_2 \longrightarrow CH_4+2H_2O$$

② 由乙酸或乙酸化合物产生甲烷

其反应为
$$CH_3COOH \longrightarrow CH_4+CO_2$$
$$CH_3COONH_4+H_2O \longrightarrow CH_4+NH_4^++HCO_3^-$$

试验证明，氢载体辅酶中含有元素钴，具有维生素 B_{12} 活性。因此，可以说废水厌氧处理过程是在一定生态条件下多种微生物共同作用的复杂的生物化学过程。

7.1.4.2　厌氧生物处理的影响因素

废水厌氧处理是在无氧条件下通过能进行无氧呼吸的微生物分解净化有机物的过程。因为在此过程中起作用的甲烷产生菌的生长和代谢对环境条件变化很敏感，所以废水厌氧处理对环境因素要求较严。其中主要影响因素有氧化还原电位、温度、酸碱度（pH 值）、混合状态、抑制物浓度等。

① 废水厌氧处理系统中的氧化还原状态常用其混合溶液氧浓度衡量。因为甲烷产生菌是一类严格厌氧微生物，所以厌氧处理需要一个无氧环境，也就是说氧化还原电位较低的环境。因此，要求反应器为密闭系统，严格防止空气中的氧渗入。

② 合适的温度。不同微生物的生命活动所需要最适的温度不同，根据废水厌氧处理过程中起净化作用的微生物对温度的要求可以将厌氧处理过程分为低温型、中温型和高温型，它们分别为 5～15℃、30～35℃ 和 50～55℃。在以上三种废水厌氧处理类型中，废水净化速度总是低温型 < 中温型 < 高温型。此外，温度对产气量也有一定的影响。实践证明高温型比低温型产气量稍大些，但是高温发酵处理在管理上比较复杂，在寒冷地区保温费用更高，所以各种类型都有应用。

③ pH 值是甲烷细菌生长的重要环境因素。甲烷细菌最适生长 pH 值为 6.8～7.2，如果 pH 值低于 6 或高于 8 其生长将受到较大影响，而且 pH 值恢复后其生长不能在短时间内恢复，所以厌氧处理对环境 pH 值要求很严。值得注意的是，在实际运行中厌氧处理系统中的 pH 值并不主要取决于进水 pH 值，而与系统中挥发酸的积累关系更大，如在系统中挥发酸的产量大于消耗量，以乙酸计其积累浓度超过 2000mg/L 时，将使处理进程明显减慢，产气量明显降低。因此，控制出水 pH 值比控制进水 pH 值更合理。为了防止 pH 值大幅度变化，在处理系统中加入适量酸碱缓冲剂，如 $CaCO_3$ 对于保证处理效果是必要的。

④ 在传统沼气池中一般不加搅拌，所以需要较长处理时间，如利用重力法和渗滤法使其固体浓度达 3%～6%；在泥水分离中一般不用沉淀池，而用加压过滤、真空过滤和离心分离法进行泥水分离。

7.1.4.3　参与甲烷发酵的微生物

有机物的厌氧分解净化是自然水体底泥内和高浓度有机废水积存处常发生的一种现象。由各类生物的生理特点可知，在无氧环境中生存的主要生物是能进行无氧呼吸的细菌。根据废水厌氧生物处理原理可知，在废水厌氧处理反应器中存在的细菌有厌氧性水解菌、挥发性酸生成菌和甲烷产生菌。

（1）厌氧性水解菌　厌氧性水解菌主要是蛋白质、多糖和脂肪水解菌。它们可将难溶于水的大分子物质水解为易溶于水的小分子化合物，从而促进污染物进入细胞内，完成微生物对大分子物质的进一步分解、利用和转化。

在蛋白质水解研究中，Siebert 等（1969）对某厌氧污泥的分析发现，其中蛋白质水解菌密度为 6.5×10^7 个/mL 污泥，其中 65% 是分布于 7 个种中的梭状芽孢杆菌，21% 是球菌，其余为不能形成芽孢的杆菌。对脂肪水解菌研究证明，脂肪水解菌多数是属于弧菌的细菌。而纤维分解菌多数是栖瘤胃拟杆菌，它们多数也能水解淀粉。

（2）挥发性酸生成菌　在厌氧反应器中的微生物多数具有挥发性酸生成作用。Toerien 等（1970）从消化池中分离出 92 个菌株，其中多数是杆菌，但也有球菌、螺旋菌和放线菌。它们分别为厌氧、兼性厌氧或微好氧微生物。

（3）甲烷产生菌　甲烷产生菌可利用其他微生物代谢生成物，如 CO_2、甲酸、乙酸、甲醇等产生甲烷。这类菌的种类数不多。此外，还有一些未能进行纯培养的甲烷产生菌，如低氧甲烷杆菌、索氏甲烷八叠球菌和马氏产甲烷球菌。

厌氧消化池中的兼性厌氧菌除在废水处理中的液化阶段和产酸阶段起作用外，还对消耗由进水带入的少量溶解氧、保持反应器内处于厌氧条件方面具有重要作用。

此外，在厌氧污泥中，有时还会发现少量真菌（如酵母菌）和鞭毛虫类原生动物存在。

7.1.5　利用光合细菌处理高浓度有机废水

光合细菌（photosynthetic bacteria，PSB）可分类为红螺菌科、着色菌科、绿菌科和绿丝菌科。用于处理有机废水的主要是红螺菌科。光合细菌生活在水田、浅的池塘、污浊的水域等地方。可用光合细菌和小球藻联合处理生活污水。在培养光合细菌和小球藻时，白天利用太阳光，夜间进行人工照明；小球藻可利用离心分离法回收。这种处理工艺在大约 1 周的停留时间内可把 BOD 值为 10000mg/L 以上的生活污水净化为 10～50mg/L。1L 生活污水能产生光合细菌约 7～10g，小球藻约 5～8g（均以湿量）。

光合细菌对于一些无毒的有机物，如单糖、醇、挥发性有机酸、氨基酸等化合物的利用率更高，而且能耐受高浓度的有机物负荷。对于 BOD 值高达数千至 10000mg/L 的有机废水，一般活性污泥法及生物膜法等需氧处理法难以承受，而光合细菌则可耐受，故光合细菌广泛用于处理某些高浓度有机废水。例如，用以处理制糖、酿酒、罐头加工、淀粉、豆制品等食品工业废水，抗生素、氨基酸、核酸等发酵工业废水，合成纤维、合成树脂、化学肥料等化工废水以及石油加工、羊毛加工等工业的有机废水，浓粪便水等。因光合细菌只能利用脂肪酸等低分子化合物，所以，在有机光合细菌处理废水之前，要用水解性细菌将碳水化合物、脂肪和蛋白质水解为脂肪酸、氨基酸、氨等物质。这样可得到较好的处理效果，BOD_5 去除率可达 95%，甚至达 98%。

光合细菌处理后存在的问题是，由于厌氧性分解不能彻底，高浓度废水处理后的出水 BOD 值尚高（100～200mg/L 或更高），故而不能直接排放，需做进一步净化处理，例如采取培养藻类的办法或其他需氧处理法。

光合细菌已在豆腐厂废水、蚕丝副产品处理废水、罐头厂废水等高浓度有机废水处理中得到实际应用。在豆腐厂，1 袋大豆（100kg）大约产生 $10m^3$ 废水，其中 10% 是挤豆浆等时出来的高浓度有机废水，BOD 值为 7000mg/L 左右。对这种高浓度有机废水进行固液分离后，再经溶化、中和后 BOD 值为 4600mg/L 左右；用光合细菌处理后上清液 BOD 值为 540mg/L 左右。光合细菌可投入凝聚剂而加以收集回收，光合细菌的处理水和来自漂白工序的废水混合后经生物滤池处理，最终出水的 BOD 值下降到 20mg/L 以下。

利用光合细菌处理废水的优点：①高浓度有机废水可不经过稀释即可处理，且 BOD 负

荷可高达 $2\sim7kg/(m^3\cdot d)$；②BOD 负荷即使有大幅度变化也不会造成故障；③在 10℃ 左右的地温下，其处理效果也不下降；④有可能去除氮（有脱氮活性高的光合细菌存在）；⑤能处理含有高盐分、油脂和环状化合物的废水；⑥管理方便；⑦可用作其他低负荷处理（一般的好氧处理）的前处理；⑧回收的菌体可作为各种资源有效地加以利用。

7.2 微污染水源水预处理的微生物应用

7.2.1 微污染水源水污染源、污染物及预处理的目的

微污染水源水污染源：主要是未经处理的生活污水、工业废水、养殖业排放水和农业灌溉水。还有未达到排放标准的处理水等。其中的污染物包括有机物、氨氮、藻类分泌物、挥发酚、氰化物、重金属、农药等。

微污染水源水是受到有机物、氨氮、磷及有毒污染物较低程度污染的水源水。尽管污染物浓度低，但经自来水厂原有的混凝、沉淀、过滤、消毒的传统工艺处理后，未能有效去除污染物，只能去除 20%～30%COD。尤其是致癌物的前体物如烷烃类残留在水中，经加氯处理后产生卤代烃三氯甲烷和二氯乙酸等"三致"物。氨氮较高，导致供水管道中亚硝化细菌增生，促使 NO_2^- 浓度增高。残留有机物还可能引起管道中异养菌孳生，导致饮用水中细菌不达标，这种水被人饮用会危害人体健康。为此，人们不仅致力于水厂的水处理工艺改革，探索更有效的处理工艺和技术；同时重视水源水的预处理，双管齐下，确保饮用水的卫生与安全。

7.2.2 微污染水源水微生物预处理

7.2.2.1 微生物预处理工艺

目前对水源水预处理在德国、英国、法国等国都有较大规模的生物流化床处理装置。我国也有多处建了水源水预处理装置，同济大学设计的深圳水库水源水生物接触氧化处理渠工程规模为 $400\times10^4m^3/d$，目前，其规模为世界最大。

欧美等国家早期水源水预处理的目的是去除水源水中的有机物和氨氮，随着废水处理水平的提高，水源水中的氨氮含量减少，现在处理水源水的目的是去除有机物。我国目前水源水预处理的主要目标仍是有机物和氨氮。通过硝化作用只将氨氮转化为硝酸盐，没有从根本上将氮从水中去掉，只是转化氮的形态，总氮量没有减少。因此需要用反硝化细菌将硝酸氮还原为氮气从水中逸出。国外已较多应用脱氮技术脱氮。微污染水源水中有机物含量远低于废水，普遍存在碳源不足，反硝化有困难。因此，在预处理过程中要外加碳源，一般用乙醇。水源水用硝化-反硝化工艺处理后，硝酸盐和亚硝酸盐均可保持在低水平。预处理的方式如下。

水源水预处理→混凝→沉淀→快砂滤→慢砂滤→加氯消毒→清水贮罐→出水

此方式可处理有机物和氨氮，此预处理可设在净化工艺流程之前。

用以处理微污染水源水的工艺均采用膜法生物处理有生物滤池、生物转盘、生物接触氧化法、生物流化床等。水源水预处理选用何种工艺要根据水质和处理目的而定。选用何种材料作填料，要考虑填料对微生物的附着力和耐腐蚀性。颗粒活性炭-砂滤挂生物膜的速度快于无烟煤-砂滤。填料的种类和性能与膜法处理效率紧密相连。颗粒活性炭能截留、吸附颗粒状有机物和胶体物质、残余毒物"三致"前体物和余氯等。颗粒活性炭-砂滤能除去甲醛和丙酮。

7.2.2.2 水源水预处理的运行条件

（1）微生物 微污染水源水是一个贫营养的生态环境，在其中生长的微生物群落与在污水生

物处理中的微生物群落不同。需要一个由适应贫营养的异养除碳菌、硝化细菌和反硝化细菌、藻类、原生动物和微型后生动物组成的生态系统。生物膜法能截留微生物和有机物，保证处理系统中有足够的高效降解有机物和去除氨氮能力的微生物群落，所以预处理都用生物膜法。

（2）供氢体　能用做饮用水水源的水体应该是清洁的或微污染的，不能用污染严重水体的水。正因为如此，若既要去除有机物又要去除氨氮，就面临缺供氢体问题。一般用乙醇和糖作供氢体。近些年来，有研究用电极生物膜反应器微电解水放出氢（H_2）解决反硝化所需的 H_2 供体。

（3）溶解氧　在大型生产中，由于水流量大，水力停留时间在 1h 左右，气、水比为 1时，溶解氧一般为 4mg/L 以上，能满足氧化有机物和硝化作用的需要。大型生产的处理系统中除非生物膜长得很厚，可造成局部厌氧或缺氧，否则溶解氧降不到 0.2mg/L 以下，反硝化就难以维持。

（4）水温和 pH 值　深圳水库年平均水温为 23.6℃，pH＝7。COD 和氨氮的去除率随水温升高而提高，20℃以上处理效果好。

（5）该系统的处理效率　COD 去除 10%～30%，氨氮去除 75%以上。

7.2.3　微污染水源水净化对策

根据微污染水源水的水质特点及供水水质的要求，结合各种不同的情况，国内外在常规给水处理工艺的基础上提出了各种强化和完善方法，集中体现在如何处理水源水中的有机物和氨氮等污染物。在以有机物为主要去除对象时，采用的方法除了空气吹脱法和膜分离法外，还有以下方法。

① 化学氧化法，包括臭氧氧化法和高锰酸钾氧化法等；

② 光化学氧化法，包括光氧化法、光敏化氧化法、光激发氧化法和光催化氧化法等；

③ 吸附法，包括活性炭吸附法和树脂吸附法等；

④ 生物法，在去除有机物的同时还需去除氨氮时，由于上述方法单独使用的条件下不能有效地去除氨氮，故需采用生物处理法。

7.3　固体废物的微生物处理

固体废物按其性状可分为有机废物和无机废物；按其来源可分为矿业废物、工业废物、城市垃圾、污水处理厂污泥、农业废物和放射性废物等。本节简述城市垃圾、污水处理厂污泥和农业废物的微生物处理问题。

近年来，城市垃圾数量猛增，但几乎 95% 的垃圾未经处理，一般堆积于城郊。我国城市污水处理厂每年产生的干污泥约 20×10^4 t，湿污泥约为 $380 \times 10^4 \sim 500 \times 10^4$ t，并以每年20%的速度递增，污泥中含有丰富的氮、磷、钾等营养物质。

农业废物主要包括作物秸秆、树木茎叶、人畜粪便等，主要指含有纤维素、半纤维素的废物。

以上三大类固体废物都含有大量的有机物，通过微生物的活动，可以使之稳定化、无害化、减量化和资源化，其主要的处理方法有卫生填埋、堆肥、沼气发酵和纤维素废物的糖化、蛋白质化、产乙醇等。

7.3.1　堆肥

堆肥就是依靠自然界广泛分布的细菌、放线菌、真菌等微生物，有控制地促进可被生物降解的有机物向稳定的腐殖质转化的生物化学过程。根据处理过程中起作用的微生物对氧气要求的不同，堆肥可分为好氧堆肥法（高温堆肥）和厌氧堆肥两种。

7.3.1.1 好氧堆肥法

好氧堆肥法是在有氧的条件下，通过好氧微生物的作用使有机废物达到稳定化、转变为有利于作物吸收生长的有机物的方法，堆肥的微生物学过程如图 7-10 所示。

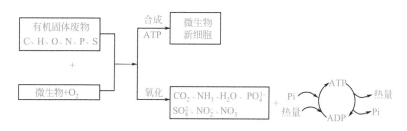

图 7-10　有机堆肥好氧分解过程

（1）固体废物的预处理　固体废物的预处理主要是：①分拣，即在堆肥处理前将固体废物中金属、玻璃、塑料、瓦块等非生物降解性杂质的较大颗粒物去除；②粉碎，将大块的有机物，如破布、植物秸秆等粉碎成易均匀混合的小颗粒状；③调配，其目的是使固体废物具有一定 C:N 值，一般为（26～35):1，最适为 30:1；具有一定的含水率，一般为 50%～60%；具有一定的酸碱度，一般 pH 值为 7 左右。为微生物提供一个适宜生长的环境。

（2）堆制　首先在地上开挖 10～15cm 宽、15～20cm 深的小沟，也可由水泥混凝土制成。沟上放置格栅，再将调配好的固体废物按一定形状（通常为梯形）堆积到一定高度，堆积时按一定面积插入一些粗竹竿或木桩；堆好后外面用泥封闭，其作用是保温；第二天将竹竿或木桩拔出，即为通风孔道。

（3）堆肥发酵过程　堆制完成后，用鼓风机向小沟中通风供氧，促进好氧微生物生长繁殖，堆肥发酵过程开始。在堆肥发酵过程中，肥堆中发生多种生物化学作用，按其温度变化可将整个过程分为以下几个阶段。

① 发热阶段。也叫升温阶段。堆肥堆制初期，由于营养丰富，环境条件也适于多种微生物生活，所以微生物代谢旺盛，主要是中温好氧的细菌和真菌，利用堆肥中容易分解的有机物，如淀粉、糖类等迅速增殖，释放出热量，使堆肥温度不断升高。

② 高温阶段。堆肥温度上升到 50℃以上，进入了高温阶段。由于温度上升和易分解的物质的减少，好热性的纤维素分解菌逐渐代替了中温微生物，这时堆肥中除残留的或新形成的可溶性有机物继续被分解转化，一些复杂的有机物如纤维素、半纤维素等也开始迅速分解。

由于各种好热性微生物的最适温度互不相同，因此随着堆温的变化，好热性微生物的种类、数量也逐渐发生着变化。在 50℃左右，主要是嗜热性真菌和放线菌，如嗜热真菌属（*Thermomyces*）、嗜热褐色放线菌（*Actinomyces thermofuscus*）、普通小单孢菌（*Micromonospora vulgaris*）等。温度升至 60℃时，真菌几乎完全停止活动，仅有嗜热性放线菌与细菌在继续活动，分解有机物。温度升至 70℃时，大多数嗜热性微生物已不适应，相继大量死亡，或进入休眠状态。

高温对于堆肥的快速腐熟起重要作用，在此阶段中堆肥内开始了腐殖质的形成过程。并开始出现能溶解于弱碱的黑色物质。同时，高温对于杀死病原性生物也是极其重要的，一般认为，堆肥温度在 50～60℃，持续 6～7 天，可达到较好的杀死虫卵和病原菌的效果。

③ 降温和腐熟保肥阶段。当高温持续一段时间以后，易于分解或较易分解的有机物（包括纤维素等）已大部分分解，剩下的是木质素等较难分解的有机物以及新形成的腐殖质。

这时，好热性微生物活动减弱，产热量减少，温度逐渐下降，中温性微生物又渐渐成为优势菌群，残余物质进一步分解，腐殖质继续不断地积累，堆肥进入了腐熟阶段。为了保存腐殖质和氮素等植物养料，可采取压实肥堆的措施，造成其厌氧状态，使有机质矿化作用减弱，以免损失肥效。堆肥中微生物的种类和数量，往往因堆肥的原料来源不同而有很大不同。

对于农业废物，以一年生植物残体为主要原料的堆肥中，常见到以下微生物相变化特征：细菌、真菌→纤维分解菌→放线菌→能分解木质素的菌类。

在以城市污水处理厂剩余污泥为原料的堆肥中，堆肥堆制前的脱水污泥中占优势的微生物为细菌，而真菌和放线菌较少。在细菌的组成中，一个显著特征是厌氧菌和脱氮菌相当多，这与污泥含水量多、含易分解有机物多、呈厌氧状态有关。经 30 天堆制后（期间经过 65℃高温，后又维持在 50℃左右），细菌数有了减少，但好氧性细菌比原料污泥只是略有减少，仍保持着每克干物质 10^7 个的数量级，厌氧性细菌比原料污泥减少了大约 100 倍，真菌数量并没有明显增长，氨化细菌和脱氮菌却有明显的增加，说明堆肥中发生着硝化和反硝化过程，这与堆肥污泥中既存在着适于硝化细菌活动的有氧微环境，也存在着适于脱氮菌活动的无氧微环境有关。

堆制到 60 天，可见各类微生物的数量都下降了，但此时，好氧性细菌仍然占优势，真菌和放线菌较少。

从以上分析中可知，剩余污泥堆肥中一般都是细菌占优势。

城市垃圾的堆肥中，与污泥堆肥一样是细菌占优势，但与污泥堆肥相比，放线菌更少。另外还出现在腐熟初期丝状菌增加，随后又减少的现象。由于对植物有害的微生物不少是丝状菌，因此堆肥中丝状菌的减少是很重要的。

好氧堆肥工艺主要包括堆肥预处理、一次发酵、二次发酵和后处理四个阶段。

7.3.1.2 厌氧堆肥法

在不通气的条件下，将有机废物（包括城市垃圾、人畜粪便、植物、秸秆、污水处理厂的剩余污泥等）进行厌氧发酵，制成有机肥料，使固体废物无害化的过程。堆肥方式与好氧堆肥法相同，但堆内不设通气系统，堆温低，腐熟及无害化所需时间较长。然而，厌氧堆肥法简便、省工，在不急需用肥或劳力紧张的情况下可以采用。一般厌氧堆肥要求封堆后一个月左右翻堆一次，以利于微生物活动使堆料腐熟。

7.3.1.3 堆肥过程的影响因素

影响堆肥速度和堆肥质量的因素很多，其中主要的有以下几种因素。

（1）固体颗粒的大小　固体颗粒的大小主要影响堆肥过程的供氧作用，颗粒过小使颗粒间间隙很小，使空气流动受阻，供氧不好，这时因氧气供应不足使好氧微生物代谢速率降低，还会引起局部厌氧。颗粒过大时，氧难以达到颗粒中心，会形成厌氧状态的核，降低堆肥速度，严重时发生异味。

（2）温度　温度条件主要指堆肥物料的初始温度，它主要影响发热阶段的进程，在低温条件下微生物代谢缓慢，必然延长发热阶段所需时间。露天堆肥还受环境气温的影响。

（3）通风强度　通风量小，供氧不足易引起局部缺氧发生厌氧作用，会延长堆肥时间。通风量过大则会带走大量热量使升温减慢。

（4）物料含水率　物料含水率过高，间隙被水分大量占有，影响通风供氧；过低则会使微生物发生生理干燥，不利于微生物对营养物的吸收利用。

（5）物料的酸碱度　酸碱度（pH 值）是微生物重要的影响因素，过高、过低都是微生物生长繁殖的制约因素。堆肥过程最好将物料调至 pH 值 6～8，在发酵过程中 pH 值的变化可通过在物料中加入石灰或草木灰做缓冲剂加以调节。

（6）物料的营养平衡   营养平衡主要指物料中碳、氮、磷元素的平衡，一般碳氮比应为（25～30）:1、碳、磷比应为（75～150）:1。缺少氮磷的固体废物堆肥时，可用植物秸秆或粪便或活性污泥法处理的剩余污泥调节。

7.3.1.4 堆肥的腐熟度

固体废物经过堆肥发酵处理后，其中易生物分解有机物被微生物分解氧化，使之稳定化，但是堆肥中的有机物不可能完全分解氧化，在贮存中分解氧化还会继续进行。因此，需要确定堆肥应达到的稳定化程度，即堆肥的腐熟度。目前常用的指标如下。

① 堆肥的外观应呈褐色或黑色，无恶臭，质地松软。

② 堆肥中应不含使动植物发病的致病微生物、虫卵和可萌发的杂草种子。

③ 易分解有机物含量很低，淀粉消失。

④ 存在的氮化合物以 NO_3^- 态氮为主。

扫描二维码可拓展阅读《生物有机肥的优势与作用机理》。   拓展阅读 7

7.3.2 卫生填埋

卫生填埋法始于 20 世纪 60 年代，它是在传统的堆放基础上，从环境免受二次污染的角度出发而发展起来的一种较好的固体废物处理法。其优点是投资少、容量大、见效快，因此广为各国采用。

卫生填埋主要有厌氧、好氧和半好氧三种。目前因厌氧填埋操作简单，施工费用低，同时还可回收甲烷气体，而被广泛采用。好氧和半好氧填埋分解速度快，垃圾稳定化时间短，也日益受到各国的重视，但由于其工艺要求较复杂，费用较高，故尚处于研究阶段。

卫生填埋是将垃圾在填埋场内分区分层进行填埋，每天运到填埋场的垃圾，在限定的范围内铺散为 40～75cm 的薄层，然后压实，一般垃圾层厚度应为 2.5～3m。一次性填埋处理垃圾层最大厚度为 9m，每层垃圾压实后必须覆土 20～30cm。废物层和土壤覆盖层共同构成一个填埋单元，一般一天的垃圾，当天压实覆土，成为一个填埋单元。具有同样高度的一系列相互衔接的填埋单元构成一个填埋层。完成的卫生填埋场由一个或几个填埋层组成。当填埋到最终的设计高度以后，再在该填埋层上层盖一层 90～120cm 的土壤，压实后就得到一个完整的卫生填埋场。

7.3.2.1 填埋坑中微生物的活动过程

（1）好氧分解阶段   随着垃圾填埋，垃圾孔隙中存在着大量空气也同样被埋入其中，因此开始阶段垃圾只是好氧分解，此阶段时间的长短取决于分解速度，可以由几天到几个月。好氧分解将填埋层中氧耗尽以后进入第二阶段。

（2）厌氧分解不产甲烷阶段   在此阶段，微生物利用硝酸根和硫酸根作为氧源，产生硫化物、氮气和二氧化碳，硫酸盐还原菌和反硝化细菌的繁殖速度大于产甲烷细菌。当还原状态达到一定程度以后，才能产甲烷。还原状态的建立与环境因素有关，潮湿而温暖的填埋坑能迅速完成这一阶段而进入下一阶段。

（3）厌氧分解产甲烷阶段   此阶段甲烷的产量逐渐增加，当坑内温度达到 55℃ 左右时，便进入稳定产气阶段。

（4）稳定产气阶段   此阶段稳定地产生二氧化碳和甲烷。

7.3.2.2 填埋场渗沥水

垃圾分解过程中产生的液体以及渗出的地下水和渗入的地表水，统称为填埋场渗沥水。

渗沥水的性质主要取决于所埋垃圾的种类。渗沥水的数量取决于填埋场渗沥水的来源、填埋场的面积、垃圾状况和下层土壤等。

为了防止渗沥水对地下水的污染，需在填埋场底部构筑不透水的防水层、集水管、集水井等设施将产生的渗沥水不断收集排出。对新产生的渗沥水，最好的处理方法为厌氧、好氧生物处理；而对已稳定的填埋场渗沥水，由于已经历厌氧发酵，使其可生化的有机物的含量减少到最低点，再用生物处理效果不明显，最好采用物理化学处理方法。

7.3.3 固体废物的来源和危害

固体废物是人类生产和消费活动中丢弃的固体物质和泥状物质。它们主要来源于矿山选矿、冶金、机械、食品加工、橡胶、塑料、皮革、造纸、木材加工、印刷、石油化工、纺织服装、建材、电力等工业部门的生产过程；居民生活、商业、机关、市政维修和管理中的废物；农林、畜牧、水产等部门的生产和消费活动；以及废水处理和废气处理过程中产生的固体废物。按照固体废物的来源可将其分为矿业废物、工业废物、城市垃圾和农业废物。

固体废物对人类环境危害很大，影响面也很宽。其主要危害有以下几个方面。

（1）占用大量土地 根据计算，如果垃圾堆高10m，则每百万吨占地1亩（15亩＝1公顷）。

（2）污染土壤和水源 固体废物中的有害物质由于降水淋溶，可随地表径流和渗透，不仅会污染土壤，改变土质和土壤结构，而且可进入地表水和地下水，造成水源污染和水产品产量和质量下降，使水体功能降低。如果将固体废物直接倾入江河湖海等自然水体，其危害则更大。

（3）污染空气 固体废物可通过多种途径污染大气，如煤矸石自燃造成大气SO_2和粉尘污染；粉状固体借助风力直接进入大气，增加可吸入颗粒物浓度，降低天空的可见度，影响工农业生产，影响人类的生活和健康；生活垃圾中的病原体进入大气造成疾病传播和流行；有机物腐烂使空气中弥漫着臭味等。

相关链接7-2   _ □ ✕

垃圾爆炸

垃圾爆炸并非奇闻。1994年7月，上海杨浦区一艘120t垃圾船上垃圾发生爆炸，气浪高达10余米。甲板上的3位职工被震得弹起又重重落下，腿被摔断。1994年8月1日，湖南岳阳市一座20000m³的垃圾堆突然爆炸，产生的冲击波竟将1.5×10^5t垃圾抛向高空，摧毁了垃圾场外20～40m处一座泵房和两道污水大堤。1994年12月4日，四川重庆市发生严重的垃圾场爆炸事件，造成人员伤亡。强大的气浪掀起垃圾，将正在现场作业的9名临时工埋没，造成7死2伤。1995年5月初，浙江嘉义市一处垃圾山突然起火，由于燃烧面积大，消防车无能为力，只能眼睁睁地看着火势蔓延，大火烧了一整天后才得以控制。而更为严重的是，嘉义市湖内垃圾山1995年已发生多次此类火灾。据统计，我国固体废物污染事故仅1990年就发生了100多起，损失严重。这说明固体废物已到了非治不可的时候了。

1. 污水微生物处理的方法很多，根据起主要作用的微生物的呼吸类型，可分为好氧处理、厌氧处理和兼氧处理。

2. 活性污泥法是指在污水中加入活性污泥，经均匀混合并曝气，使污水中的有机质被活性污泥吸附和氧化的水处理方法。

3. 生物膜法是利用微生物群体附着在固体填料表面而形成的生物膜来处理废水的一种方法。生物膜一般呈蓬松的絮状结构，微孔较多，表面积很大，因此具有很强的吸附作用，有利于微生物进一步对这些被吸附的有机物的分解。

4. 稳定塘也叫氧化塘或生物塘，是一种生物处理法，主要处理含有机物的废水。它的构筑物就是具有大面积和深度的池塘，利用水中细菌来分解废水中的有机物，分解产物二氧化碳、磷酸盐、铵盐等作为水中藻类生长所需的营养物质。藻类利用阳光进行光合作用所放出的氧气，又供给好氧性细菌生长之需。氧化塘就是通过这个所谓藻菌共生系统，达到废水净化的目的。

5. 污水厌氧处理是在无氧条件下，通过能进行无氧呼吸的微生物分解、利用和转化有机污染物，使废水得到净化的过程。在此过程中部分有机物转化为可利用的能源物质——沼气，部分有机物被微生物利用形成细菌的细胞物质，少量被氧化。

6. 固体废物都含有大量的有机物，通过微生物的活动，可以使之稳定化、无害化、减量化和资源化，其主要的处理方法有卫生填埋、堆肥、沼气发酵和纤维素废物的糖化、蛋白质化、产乙醇等。

复习思考题

1. 解释下列名词
菌胶团　活性污泥　生物膜　稳定塘　堆肥

2. 简要说明活性污泥法废水处理中发生的生化反应。

3. 什么叫活性污泥？它的组成和性质是什么？

4. 活性污泥中有哪些微生物？

5. 简述活性污泥净化废水的机理。

6. 简述稳定塘处理废水的机制。

7. 菌胶团、原生动物和微型后生动物有哪些作用？

8. 简述生物膜法净化废水的作用机理。

9. 为什么丝状细菌在废水生物处理中能优势生长？

10. 简述高浓度有机废水厌氧沼气（甲烷）发酵的原理及其微生物群落。

11. 废水生物处理有哪些类型？

12. 生物膜的微生物学特征有哪些？

13. 厌氧生物处理的特点有哪些？

14. 简述好氧堆肥的机理，参与堆肥发酵的微生物有哪些？

15. 好氧堆肥法有几种工艺？简述各个工艺过程。

16. 稳定塘内有哪些微生物类群？

17. 微污染水源水中有哪些污染物？来自何处？

18. 为什么要对微污染水源水进行预处理？

8 水的卫生细菌学检验

学习指南

在环境卫生工作中常常涉及微生物的检验和控制。空气、水和食物是生命不可缺少的物质，这些物质如果带有病原微生物，可能在进入人体或与人体接触时成为传染病的媒介物。与此有关水的微生物检验和控制是环境卫生工作的重要内容。本章主要介绍水的细菌学检验方法。

本章学习要求

知识目标：了解水中的主要病原菌；
　　　　　掌握水中细菌总数的测定方法；
　　　　　掌握利用多管发酵法测定大肠菌群的方法；
　　　　　熟悉生活饮用水的细菌标准。
技能目标：能进行水体细菌菌落总数测定、大肠菌群测定的无菌操作稀释、无菌操作倒培养基、微生物的培养、平板菌落计数、统计数据报告等技术操作。
素质目标：培养科学严谨、精益求精的工匠精神。

重点：水中细菌总数的测定方法；大肠菌群检测的方法。
难点：无菌操作技术。

8.1　水中的病原菌

天然水一般都含有可溶性的钙、镁、铁、磷等盐类及各种化合物，硅酸盐、腐殖质胶体、黏土、砂粒、微生物等悬浮物。水体被污染后呈不同的特征。生物性污染水是指病原微生物进入水体后，在其中大量繁殖并直接或间接地引起疾病的暴发流行。

水生微生物数量的多少是衡量其水体质量的重要指标之一，水中微生物数量的变化可以间接地说明水体被污染的情况。另外，水生细菌的数量和大肠菌群数是判断水源是否符合饮用水水源标准的一项重要指标。

水中细菌虽然很多，但大部分都不是病原微生物。经水传播的疾病主要是肠道传染病，如痢疾、伤寒、霍乱、肠炎等。此外，还有一些由病毒引起的疾病也可经水传播。除上述传染病菌外，水体中还有致病病毒及介于细菌与病毒之间的支原体、衣原体、立克次体。还有一些借水传播的寄生虫病，例如蛔虫、血吸虫等。

8.1　病原微生物对人体的影响

8.1.1　痢疾杆菌

痢疾杆菌不生芽孢和荚膜，一般无鞭毛，革兰染色阴性，加热到 60℃ 能耐 10min，对

1%的石炭酸可抵抗 30min。它们主要借食物和饮用水传播，以及由于蝇类携带而传播。

痢疾杆菌可引起细菌性痢疾（与阿米巴痢疾不同），它有两种。

（1）痢疾杆菌（痢疾志贺菌，*Shigella dysenteriae*）　痢疾杆菌宽度为 $0.4 \sim 0.6 \mu m$，长度为 $1.0 \sim 3.0 \mu m$。所引起的痢疾在夏季最为流行，特征是急性发作。有时在某些病例中有发烧，通常大便中有血及黏液。

（2）副痢疾杆菌（副痢疾志贺菌，*S. parodysenteriae*）　这种杆菌的宽度为 $0.5 \mu m$，长度为 $1.0 \sim 1.5 \mu m$。所引起疾病的症状与痢疾杆菌引起的急性发作类似，但症状一般较轻。

8.1.2　伤寒杆菌

伤寒和副伤寒是一种急性的传染病，特性是持续发烧，牵涉到淋巴样组织，脾脏肿大，躯干上出现红斑，使胃肠壁形成溃疡以及产生腹泻。感染来源为被感染者或带菌者的尿及粪便，一般是由于与病人直接接触或与病人排泄物所污染的物品、食物、水等接触而被传染。

伤寒杆菌有三种：伤寒沙门菌（*Salmonella typhosa*）、副伤寒沙门菌（*S. paratyphi*）和乙型副伤寒沙门菌（*S. schottmuelleri*）。它们的宽度为 $0.6 \sim 0.7 \mu m$，长度为 $2.0 \sim 4.0 \mu m$。不生芽孢和荚膜，借周生鞭毛运动，革兰阴性反应。加热到 60℃，30min 可以杀死伤寒杆菌，伤寒杆菌对 5% 的石炭酸可抵抗 5min。

8.1.3　霍乱弧菌

霍乱弧菌可借水及食物传播，与病人或带菌者接触也可能传染，也可由蝇类传播。

霍乱弧菌（*Vibrio comma*）的细胞呈微弯曲的杆状，宽度为 $0.3 \sim 0.6 \mu m$，长度为 $1.0 \sim 5.0 \mu m$。细胞可以变得细长而纤弱，或短而粗壮，具有一根较粗的鞭毛，能运动，革兰染色阴性，无荚膜和芽孢。在 60℃ 下能耐 10min，在 1% 的石炭酸中能抵抗 5min，能耐受较高的碱度。

在霍乱的轻型病例中，只造成腹泻。在较严重或较典型的病例中，除腹泻外，症状还有呕吐、米汤样大便、腹疼和昏迷等。此病病程发展短，严重的常常在症状出现后 12h 内死亡。

相关链接 8-1　　　　　　　　　　　　　　　　　　　　　　　_ □ ×

水污染对人体健康的危害

　　水污染会对人体健康造成直接和间接的危害。早期水污染对人体健康的危害，主要是病原微生物污染引起的霍乱、伤寒、脊髓灰质炎、甲肝等，通过水传播而发生的传染病暴发流行，严重危害人类的生命，迫使饮用水消毒和自来水厂的兴起。到 20 世纪中叶，随着工业的发展出现了工业废水、废渣的污染，特别是含重金属废水的污染，对人体健康造成了极大的危害。在日本出现了震惊世界的两大公害病：水俣病（甲基汞中毒病）和骨痛病（镉中毒病）。进入 20 世纪 70 年代，随着城市化和工业化的迅猛发展，饮用水中不断出现新的病原微生物因子，传统的给水处理工艺不但不能有效地去除水中各种各样的污染物特别是有机微污染物，还会产生多种消毒副产物，如三卤甲烷类（THMs）、卤代乙酸类（HAAs）等。加氯消毒不能有效地杀灭水中的病原菌、病毒和抗氯型的病原寄生虫如贾第虫胞囊和隐孢子虫卵囊等。抗氯型病原微生物如隐孢子虫（*Cryptosporidium*）的出现也使人们对传统的加氯消毒工艺产生了质疑。贾第虫（*Giardia*）和隐孢子虫是目前水处理领域研究最多的病原微生物。

以上三种病原菌进入水环境后，可经水源传播。但是它们对氯的抵抗力都很差，可用一

般加氯方法对水体消毒，除去之。而阿米巴（原生动物，变形虫之一）引起的痢疾对氯的抵抗力较强，需游离性余氯含量 $3\sim10mg/L$，接触 30min 后死亡，不过阿米巴虫体积大，可用过滤法除去，保证供水安全。

防止病原菌传播的重要措施是改善粪便管理工作，在用人粪施肥前，应经过暴晒或堆肥。在用城市生活污水灌溉前，应经过沉淀等处理，将多数虫卵除去。在水厂中经过砂滤和消毒，可将水中的寄生虫卵完全消灭。对于分散给水，应加强水源保护，以防止寄生虫卵的污染。

8.2 大肠菌群作为指标的意义及生活饮用水的标准

8.2.1 大肠菌群作为指标的意义

水中的病原微生物，如沙门菌、霍乱弧菌、溶血弧菌、结核杆菌、脊髓灰质炎病毒、肝炎病毒、痢疾阿米巴等都来自人和温血动物的粪便。但是水中的病原微生物分析难度大，对分析者也有危害，所以常用在人类粪便中含量很大的易于分析的大肠菌群代替病原微生物分析，指示水体粪便污染状况和可能造成的危害。

一般情况下肠道细菌有三类，即大肠菌群、肠球菌群和荚膜杆菌群。研究证明，粪便中大肠菌群数量最多，其次是肠球菌群，最少是荚膜杆菌群。健康成人每克粪便中含大肠杆菌 5000 万个以上，在 1mL 粪便污染的水中，大肠菌群细菌约有 830000 个，肠球菌 690000 个，荚膜杆菌 1700 个。这三类细菌容易生长在普通培养基上，并且形态上也易于区别，一般检出并不困难。

将三类细菌置于水中进行存活时间测定，发现肠球菌类抵抗能力最差，生存时间比肠道病原菌短。而荚膜杆菌因具有芽孢，所以能长期生存在自然水域中，不足以说明病原菌类似的生存时间。只有大肠菌群在水中生存时间与病原菌基本相同，而且在粪便中数量最多，检出上技术也较为方便，最适合充当水污染的卫生指标。

8.2.2 大肠菌群的生化特征比较

人粪便中的大肠菌群一般认为包括四种，即大肠埃希杆菌（*Escherichia coli*）、产气肠杆菌（*Enterobacter aerogenes*）、枸橼酸盐杆菌（*Colicitrovirum*）和副大肠杆菌（*Paracolon bacillus*）。

大肠埃希杆菌也称为普通大肠杆菌或大肠杆菌。它是人和温血动物肠道中正常的寄生细菌。一般情况下大肠杆菌不会使人致病。在个别情况下，发现此菌能战胜人体的防御机制而导致毒血病、腹膜炎、膀胱炎及其他感染。从土壤或冷血动物肠道中分离出来的大肠菌群大多数是枸橼酸盐杆菌和产气肠杆菌，也发现有副大肠杆菌。副大肠杆菌主要存在于外界环境或冷血动物体内，但也常在痢疾或伤寒病人的粪便中出现。因此，如水中含有副大肠杆菌，可认为受到病人粪便的污染。每个成年人每天随粪便可排出 $5\times10^{10}\sim100\times10^{10}$ 个大肠菌群菌。

大肠埃希杆菌是好氧及兼性厌氧的革兰阴性菌，生长温度为 $10\sim46℃$，适宜温度为 37℃，生长的 pH 值范围为 $4.5\sim9.0$，适宜的 pH 值为中性，能分解葡萄糖、甘露醇、乳糖等多种碳水化合物，并产气，所产生的 CO_2 和 H_2 之比为 1：1，而产气肠杆菌的 CO_2 和 H_2 之比为 2：1。大肠菌群的各类细菌的生理习性都相似，但副大肠杆菌分解乳糖缓慢，甚至不能分解乳糖，并且它们在品红亚硫酸钠固体培养基（远藤培养基）上所形成的菌落不同：大肠埃希杆菌菌落呈紫红色带金属光泽，直径 $2\sim3mm$；枸橼酸盐杆菌菌落呈紫红或深红色；产气肠杆菌的菌落呈淡红色，中心较大，一般为 4～6mm；副大肠杆菌的菌落则无色透明。

目前国际上检验水中大肠菌群的方法不完全相同。有的国家用葡萄糖或甘露醇做发酵试验，在 43～45℃的温度下培养。在此温度下，冷血动物和水、土中的枸橼酸盐杆菌和产气肠杆菌都不能生长，培养分离出来的是寄生在人和温血动物体内的大肠菌群。因为副大肠杆菌分解乳糖缓慢或不能分解乳糖，采用葡萄糖或甘露醇而不用乳糖则可检出副大肠杆菌，而且在 43～45℃下培养出来的副大肠杆菌，常可代表肠道传染病细菌的污染。还有的国家检验水中大肠菌群时，不考虑副大肠杆菌。因为人类粪便中存在着大量大肠埃希杆菌，在水中检出大肠埃希杆菌，认为就足以说明此水已受到粪便的污染，因此采用乳糖作培养基。由于大肠埃希杆菌的适宜温度是 37℃，所以培养温度也不采用 43℃而采用 37℃。这样可顺利地检验出寄生于人体内的大肠埃希杆菌和产气肠杆菌。生产实践表明，这种检验方法一般可保证饮用水水质的安全可靠。我国《生活饮用水标准检验法》采用含乳糖的培养基，也就是在大肠菌群中不包括副大肠杆菌。

8.2.3　生活饮用水细菌标准

长期实践表明，只要每升水中大肠菌群数不得检出，细菌总数（腐生性细菌总数）每毫升不超过 100 个，用水者感染肠道传染病的可能性就极小。所以有些国家就用这个数字作为生活饮用水的细菌标准。我国《生活饮用水卫生标准》（GB 5749—2006）对生活饮用水的细菌卫生标准的具体规定如下。

① 总大肠菌群 100mL 水中不得检出。
② 耐热大肠菌群 100mL 水中不得检出。
③ 大肠埃希菌 100mL 水中不得检出。
④ 菌落总数 1mL 水中不超过 100。
⑤ 贾第鞭毛虫 10L 水中＜1 个。
⑥ 隐孢子虫 10L 水中＜1 个。

8.3　水的细菌检验

细菌能在各种不同的自然环境中生长。地表水、地下水，甚至雨水和雪水都含有多种细菌。当水体受到人畜粪便、生活污水或某些工农业废水的污染时，细菌大量增加。因此水的细菌学检验，特别是肠道细菌的检验，在卫生学上具有重要的意义。但是，直接检验水中各种病原菌，方法较复杂，有的难度大，且结果也不能保证绝对安全。所以，在实际工作中，经常以检验细菌总数，特别是检验作为粪便污染的指示细菌，来间接判断水的卫生学质量。

8.3.1　水中菌落总数的测定

水中菌落总数测定是进行水质检验的必要项目之一，是测定水中好氧菌和兼性厌氧菌密度的方法。该法是根据在固体培养基上所形成的菌落，即一个菌落代表一个细胞的原理来计数。一般来讲，采用普通的活菌计数方法所得到的细菌，绝大部分是腐生性的中温好氧菌和兼性厌氧菌。因此，这种计数值的准确性（接近水中细菌含量的程度）除了与采样有关外，主要取决于所用的培养基成分及培养条件是否符合被检水体中绝大多数细菌的生长繁殖条件。但是，由于不同种类的细菌对营养和其他条件的要求差别很大，所以不可能找到一种培养基,在一定条件下使水体中的细菌全部培养出来。因此,这种方法是一种近似的方法,主要用于判定饮用水、水源水、地表水等的污染程度。

菌落总数是水质污染的生物指标之一,当水体被人畜粪便或其他有机污染物污染时,其菌落总数急剧增加。因此菌落总数可作为水体有机污染的指标。但是由于人工培养基与自然条件有很大差别,菌落总数在评价水体污染时只具有相对意义。

水中菌落数多,表示水中含有大量有机物的腐败产物,因而有病原菌污染的可能。

将定量水样接种于营养琼脂培养基中,在37℃温度下培养48h后,数出生长的细菌菌落数,然后根据接种的水样数量即可算出每毫升水中所含的菌落数。

在37℃营养琼脂培养基中能生长的细菌代表在人体温度下能繁殖的腐生细菌,菌落总数越大,说明水污染越严重。因此这项测定有一定的卫生意义,但其重要性不如大肠菌群的测定。对于检查水厂中各个处理设备的处理效率,菌落总数的测定则有一定的实用意义,但如果设备的运转稍有失误,立刻就会影响到水中菌落的数量。

8.3.2　大肠菌群的测定

大肠菌群是指能在37℃、24h之内发酵乳糖产酸产气,好氧及兼性厌氧的革兰阴性无芽孢杆菌的统称。主要包括大肠埃希菌属、柠檬酸菌属、肠杆菌属、克雷伯菌属等菌属的细菌。

大肠菌群的检验方法主要包括多管发酵法和滤膜法。前者适用于各种水样(包括底泥),但操作较繁,所需时间较长;后者主要适用于杂质较少的水样,操作简单快速。

粪便中存在大量的大肠菌群细菌,在水体中存活的时间和对氯的抵抗力等同于肠道致病菌,与沙门菌、志贺菌等相似,因此,将大肠菌群作为粪便污染的指示菌是合适的。但在某些水质条件下,大肠菌群细菌在水中能自行繁殖,不能完全满足作为指示菌的要求。

8.3.2.1　多管发酵法

多管发酵法是测定大肠菌群的基本方法。其检验程序如下。

(1) 配制培养基　检验大肠菌群需用多种培养基,有乳糖蛋白胨培养液、品红亚硫酸钠培养基、伊红美蓝培养基。

(2) 初步发酵试验　本试验是将水样置于乳糖蛋白胨液体培养基中,在一定温度下,经一定时间培养后,观察有无酸和气体产生,即有无发酵,而初步确定有无大肠菌群存在。由于水中除大肠菌群外,还可能存在其他发酵糖类物质的细菌,所以培养后如发现气体和酸,并不一定能肯定水中含有大肠菌群,还需进行进一步检验。

(3) 平板分离　这一阶段的检验主要是根据大肠菌群在固体培养基上可以在空气中生长,革兰染色呈阴性和不生芽孢的特性来进行的。在此阶段,可先将上一试验产酸产气的菌种移植于品红亚硫酸钠培养基或伊红美蓝培养基表面,这一步骤可以阻止厌氧芽孢杆菌的生长,而上述培养基所含染料物质也有抑制许多其他细菌生长繁殖的作用。经过培养,如果出现典型的大肠菌群菌落,则可认为有此类细菌存在。但为了做进一步的验证,应进行革兰染色检验。由于芽孢杆菌经革兰染色后一般呈阳性,所以根据染色结果,又可将大肠菌群与好氧芽孢杆菌区别开来。如果革兰染色检验发现有阴性无芽孢杆菌存在,则为了更进一步的验证,可做复发酵试验。

(4) 复发酵试验　本试验是将可疑的菌落再移植于糖类培养基中,观察其是否发酵,是否产酸产气而最后肯定有无大肠菌落存在。

(5) 大肠菌群计数　根据肯定有大肠菌群存在的初步发酵试验的发酵管或瓶的数目及试验所用的水样量,即可利用数理统计原理,算出每升水样中大肠菌群的最可能数目

（MPN），下面是计算的近似公式。

$$MPN = \frac{1000 \times 得阳性结果的发酵管（瓶）数目}{\sqrt{[得阴性结果的水样体积（mL）] \times [全部水样体积（mL）]}}$$

【例】 用 300mL 水样进行初步发酵试验，其中 100mL 水样两份，10mL 水样 10 份。试验结果肯定在这一阶段试验中，100mL 的两份水样都没有大肠菌群存在，在 10mL 的水样中有两份存在大肠菌群。计算大肠菌群的最可能数。

解： $$MPN = \frac{1000 \times 2}{\sqrt{280 \times 300}} = 7 （个/L）$$

上述计算结果有专用图表可以查阅。

8.3.2.2 滤膜法

将水样注入已灭菌、放有微孔滤膜的滤器中，经抽滤，细菌被截留在膜上，对符合发酵法所述特征的菌落进行涂片、革兰染色和镜检。

本法所用的滤膜，常用一种多孔性硝化纤维薄膜。圆形滤膜直径一般为 35mm，厚 0.1mm。滤膜的孔径为 0.45～0.7μm。本法的主要步骤如下。

① 将滤膜装在过滤器上，用抽滤法过滤定量水样，过滤完毕，水样中细菌则留在滤膜上。

② 取下滤膜，小心地将没有细菌的一面贴在预先制好并经灭菌的品红亚硫酸钠培养基平板上（或伊红美蓝培养基平板），在 37℃下培养 24h，获得单菌落。

③ 将单菌落进行革兰染色，并进行有无芽孢的观察。

④ 将镜检为革兰阴性无芽孢杆菌的菌落接种到乳糖蛋白胨液体培养基中，如果产气产酸，则证明原水样存在着大肠菌群。

⑤ 可根据滤膜上生长的具大肠杆菌特征的单菌落数和过滤水样体积（mL），求出每升水样中所含大肠菌群数量。

目前，国内各大城市水厂都先后采用此方法。不过本方法仍然不能及时指导生产。因为一旦发现水质有问题时，不符合卫生标准的水源已进入管网内有一段时间了。为了更快速检出大肠菌群是否存在，当前，国内外都在不断探讨和比较各种方法，如示踪原子法、电子显微镜直接观察法等。

8.4 水中微生物控制

为了防止病原微生物随废水（主要是生活污水）进入环境，随用水（如饮用水、娱乐用水、游泳用水）进入人体，因此，废水和用水处理的最后一道是消毒。

水中微生物的种类很多，其中有些对水的净化起积极作用，有些影响水的物理、化学性质，甚至还存在一些病原微生物。下面主要介绍病原微生物的去除。

通常把水中病原微生物的去除称为水的消毒。饮用水的消毒方法很多，把水煮沸就是家庭中常用的消毒方法，集中供水不能使用这种方法。自来水厂常用的方法有含氯氧化剂的消毒、微电解消毒、紫外线消毒和臭氧消毒。目前最常用的是加氯消毒。

8.4.1 含氯氧化剂的消毒

常把氯气直接通入水中消毒。加氯消毒可使用液氯，也可以使用漂白粉（漂白粉中约含有 25%～35%的有效氯）。水中加氯后，生成次氯酸（HClO）和次氯酸根（ClO⁻）。将氯气通入石灰乳液或烧碱溶液即可分别制成 $Ca(ClO)_2$ 和 $NaClO$ 漂白粉溶液。二氧化氯是近年来常用的漂白剂。

$$Cl_2 + H_2O \rightleftharpoons HClO + H^+ + Cl^-$$

$$HClO \rightleftharpoons H^+ + ClO^-$$

含氯氧化剂以其强氧化作用杀死微生物。$HClO$ 和 ClO^- 都有氧化能力，$HClO$ 是中性分子，可以扩散到带负电的细菌表面，并渗入细菌体内，借氯原子的氧化作用破坏菌体内的酶，而使细菌死亡；而 ClO^- 带负电，难于靠近带负电的细菌，所以虽有氧化能力，但很难起消毒作用。

消毒水质所投加氯的量一般都以有效氯计算。在各种氯化物中，氯的化合价有高到 $+7$ 的，如高氯酸钠，或低到 -1 的，如 $NaCl$，凡是化合价高于 -1 的氯化物都有氧化能力。有效氯即表示氯化物的氧化能力。

氯加入水中后，一部分被能与氯化合的杂质消耗掉，剩余的部分成为余氯。我国《生活饮用水卫生标准》规定，氯接触 30min 后，游离性余氯不应低于 0.3mg/L。集中式给水处理厂的出厂水除符合上述要求外，管网末梢水的游离性余氯不应低于 0.05mg/L。保留一定数量余氯的目的是为了保证自来水出厂后还具有持续的杀菌能力。0.05mg/L 余氯这个数字大致相当于 50000 个细菌质量的 1000 倍，所以即使每升水重新繁殖出 50000 个细菌，0.05mg/L 的余氯还足以杀死它们。上述规定只能保证杀死肠道传染病菌，即伤寒、霍乱和细菌性痢疾等几种疾病。一般说，当水的 pH 值为 7 左右，钝化病毒所需的游离性余氯约为杀死一般细菌的 2～20 倍，其用量随病毒的种类而异，并与水温成反比。杀死赤痢阿米巴需游离余氯 3～10mg/L，接触时间 30min。而杀死炭疽杆菌可能需投加更多的氯。

近年来发现氯与某些有机物质化合可能形成致癌性的有机氯化合物，因此，新的消毒剂正在研究之中。

8.4.2 微电解消毒

在物理场作用条件下，微电解 H_2O 产生活性氧（如 O_2^-、OH^-）和 H^+。O_2^- 和 OH^- 具有强氧化能力，可杀死细菌及藻类。活性氧还可与水中氯离子作用生成 $HClO$，更增强了杀菌能力。活性氧还可氧化水中的 NH_3 和 NO_2^- 为 NO_3^-。微电解消毒法已应用于优质饮用水的消毒，用于高层楼顶上水箱水的消毒和清除管道微生物垢。

H_2O_2 是活泼的氧化剂，但 H_2O_2 不是对所有的微生物都起作用，有很多好氧菌和兼性厌氧菌都具有过氧化氢酶，能将 H_2O_2 分解为 O_2 和 H_2O 而使之失效。H_2O_2 可用于净化程度高的饮用水消毒，尤其是桶装饮用水因为细菌数量极少，H_2O_2 可起到抑菌和保质作用。

8.4.3 紫外线消毒

紫外线照射是物理方法，经过消毒的水化学性质不变，不会产生臭味和有害健康的产物。但因悬浮物和有机物干扰杀菌效果和费用较高，所以只适用于少量清水的消毒，如优质水及纯水的消毒。

紫外线由紫外灯发出，有效波长在 200～300nm。紫外线穿透的水层深度决定于灯输出的功率（以 mW/cm^2 计）。紫外线消毒的机理有两种：①短波射线一般有改变细胞组成的作用，从而促使细胞因突变而死亡；②紫外线的照射改变核酸分子的结构，从而杀死细菌。

8.4.4　臭氧消毒

　　水的臭氧消毒也是一个传统方法，多用于欧洲。干燥空气放电时，部分氧气即转化为臭氧，浓度可达 25mg/L 左右。臭氧只能现场制备，不能像液氯那样工业化生产，因此在费用上常高于加氯消毒。

　　与加氯消毒相比，水的臭氧消毒还有几个优点：不会造成异臭异味，可提高溶解氧量，氧化有机物等。目前尚未发现有害人体健康的产物。但也有缺点：没有余量，也就没有后续的杀菌能力。鉴于加氯消毒可能产生致癌有机物，用臭氧氧化代替水厂中的滤前加氯和污水厂中的加氯消毒是可取的。有迹象表明，有些不可降解的有机物，在臭氧氧化之后能转化为可降解的有机物，可用生物方法除去。有些水厂已经采用这一方法去除澄清水中的微量有机物。然而，臭氧与有机物反应的产物中是否有危害人体健康的物质产生，尚需深入研究。

　　臭氧消毒法的推广取决于费用的降低，也就是说关键在于发生器的革新。　拓展阅读8
扫描二维码可拓展阅读《大国工匠匠心筑梦》。

　　1. 水中微生物数量的变化可以间接地说明水体被污染情况。常用指标是细菌总数和总大肠菌群数量。我国《生活饮用水卫生标准》（GB 5749—2006）规定：生活饮用水中细菌总数 1mL 水中不能超过 100 个；大肠菌群数 1L 水中不能超过 3 个。

　　2. 经水传播的疾病主要是肠道传染病，如伤寒、痢疾、霍乱以及马鼻、钩端螺旋体病、肠炎等。此外，还有一些由病毒引起的疾病也可经水传播。

　　3. 饮用水的消毒方法很多。把水煮沸就是家庭中常用的消毒方法，但集中供水不能使用这种方法。自来水厂常用的方法有：①加氯消毒；②臭氧消毒；③紫外线消毒。目前最常用的是含氯氧化剂消毒。

复习思考题

1. 名词解释

细菌总数　　总大肠菌群

2. 对于菌落总数和总大肠菌群，我国生活饮用水的卫生标准是什么？

3. 简述水体中菌落总数测定的步骤。

4. 大肠菌群数的测定主要有哪两种方法？各适合分析什么样的样品？

5. 利用多管发酵法测定总大肠菌群数需要哪些微生物基本技术？

6. 污染水体的常见病原菌有哪些？

7. 简述多管发酵法测定总大肠菌群数的步骤。

8. 饮用水的消毒方法有哪些？

9 环境微生物新技术

学习指南

　　环境微生物技术与微生物学的发展紧密相关。作为研究人类生存环境与微生物相互关系及作用规律的环境微生物学，它所研究的内容也涉及生物技术的各个方面，特别是在利用微生物消除污染、保护环境方面，都将有赖于应用生物技术来解决。根据环境微生物的特点和任务，本章重点介绍生物脱氮和生物除磷技术、固定化酶、固定化细胞技术以及它们在环境污染防治中的应用。

本章学习要求

知识目标：了解废水生物脱氮和生物除磷技术的原理；
　　　　　了解固定化酶和固定化微生物的固定化方法；
　　　　　了解废水处理中的研究现状和应用前景；
　　　　　了解微生物在污染环境生物修复中的应用。

技能目标：能够适应、选用合理的环境微生物新技术。

素质目标：培养爱护蓝天碧水，爱护生态环境的生态文明思想；
　　　　　树立新时代生态文明建设理念。

重点：脱氮和生物除磷技术的原理。

难点：开发环境微生物新技术。

9.1　生物脱氮和生物除磷

9.1.1　废水的生物脱氮技术

　　废水生物脱氮技术是 20 世纪 70 年代美国和南非等国的水处理专家们在对化学和生物处理方法研究的基础上，提出的一种经济有效的处理技术。目前，欧洲各国对废水的脱氮要求越来越严，如德国 1999 年要求污水厂出水每 2h 取样的混合水样中至少有 80％（5 个水样中至少有 4 个）满足总无机氮小于或等于 5mg/L 的要求，否则就需交纳排污费；奥地利于 1990 年颁布了 "污水排放法"，其中要求人口当量（指一位居民平均排放的水污染物数量）大于 50000 的污水处理厂出水 24h 混合水样的 80％达到氨氮小于或等于 5mg/L，总氮去除率大于或等于 60％。此外，欧共体于 1991 年 5 月颁布了有关污水处理的法令，其中不仅对污水处理厂出水中的 COD、BOD 作了严格的定量规定，还对排入 "敏感" 水体（如已经或将要发生富营养化的水体、用作水源的水体）的处理厂出水中的氮和磷作了严格的规定，

9.1　生物脱氮和生物除磷

如对于人口当量在 10000～100000 的污水处理厂，其出水中的总氮不得超过 15mg/L，对人口当量超过 100000 的污水处理厂，其出水中的总氮不得超过 10mg/L。

污水未经适当处理或未处理就排放可造成水体的富营养化，使水体不能发挥其正常功能，严重地影响工农业和渔业生产。为此，我国自 20 世纪 80 年代以来开始了污水脱氮除磷的研究工作，并取得了一定的进展。控制水体的富营养化问题已经提到我国水污染控制的议事日程，废水生物脱氮技术得到了较快的发展，许多研究者提出了一系列的脱氮工艺，并在实际工程中得到应用。有关废水脱氮的理论也日臻成熟。

9.2 废水的生物脱氮技术

废水生物脱氮的基本原理是在传统二级生物处理中，在将有机氮转化为氨氮的基础上，通过硝化菌的作用，将氨氮通过硝化转化为亚硝态氮、硝态氮，然后再利用反硝化菌将硝态氮转化为氮气，从而达到从废水中脱氮的目的。其工艺流程见图 9-1。

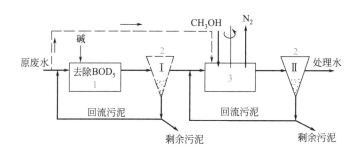

图 9-1　二级生物脱氮系统工艺流程
1—硝化氨化；2—沉淀池；3—反硝化反应器

9.1.2　废水的生物除磷技术

氮、磷对受纳水体的主要危害前面章节已叙述过，下面仅就磷对水体富营养化的影响进行概述。水体中的磷含量高于 0.5mg/L 时，将促进富营养化现象的发生；低于 0.5mg/L 时，能控制藻类的过度生长；低于 0.05mg/L 时，藻类则几乎停止生长。可见，水体中磷的含量是控制或导致水体富营养化的限制因素。目前世界各国对于控制水体和二级处理出水中磷的含量都特别重视。在我国，由于水资源短缺，尤其是众多内陆湖泊的富营养化问题已到了严重危害的程度，污水除磷工艺的研究及实际应用也就显得尤为重要了。

9.3 废水的生物除磷技术

废水生物除磷的设想是由 Greenburg 于 1955 年提出的。20 世纪 60 年代，美国的一些污水处理厂发现，由于曝气不足而呈厌氧状态的混合液中 PO_4^{3-} 的浓度增加，从而引起了人们对生物除磷原理的广泛研究。

研究表明，活性污泥在好氧、厌氧交替条件下时，可产生聚磷菌（积磷菌）。聚磷菌在好氧条件下可超出其生理需要而从废水中过量摄取磷，形成多聚磷酸盐作为贮藏物质。聚磷菌的这种过量摄取能力不仅与在厌氧条件下磷的释放量有关，而且与被处理废水中有机基质的类型及数量有关。

生物除磷工艺就是在原有活性污泥工艺的基础上，通过设置一个厌氧阶段，选择能过量吸收并贮藏磷的微生物（即聚磷菌）作用，从而降低出水的磷含量的工艺。

细菌是以聚 β-羟基丁酸作为其含碳有机物的贮藏物质。废水中的有机物进入厌氧区后，在发酵性产酸菌的作用下转化成乙酸，而聚磷菌在厌氧的不利环境条件下，可将贮积在菌体内的聚磷分解。在此过程中释放出的能量一部分可供聚磷菌在厌氧压抑环境下存活之用；另一部分能量可供聚磷菌主动吸收乙酸、H^+ 和 e^-，使之以聚 β-羟基丁酸形式贮藏在菌体内，并使发酵产酸过程得以继续进行。聚磷分解后的无机磷盐释放至聚磷菌体外，此即观察到的聚磷细菌厌氧放磷现象。用反应式表示为

$$基质 \longrightarrow 乙酸$$
$$乙酸 + 聚\,P \longrightarrow 聚\,\beta\text{-羟基丁酸} + 能量 + P$$

进入好氧区后，聚磷菌可将积贮的聚 β-羟基丁酸好氧分解，释放出的大量能量可供聚磷菌的生长繁殖。当环境中有溶磷菌存在时，一部分能量可供聚磷菌主动吸收磷酸盐，并以聚磷的形式贮积于体内，此即为聚磷菌的好氧吸磷现象。这时，污泥中非聚磷的好氧性异养菌虽也能利用废水中残存的有机物进行生长繁殖，但由于废水中大部分有机物已被聚磷菌吸收、贮藏和利用，所以在竞争中得不到优势。故厌氧、好氧交替的系统是聚磷菌得天独厚的生长条件，也是生物除磷的机理所在。在厌氧/好氧系统中，有机基质的利用情况和生物除磷机理如图 9-2 和图 9-3 所示。

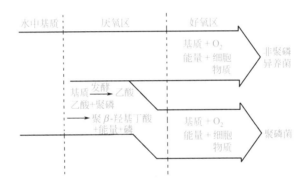

图 9-2　厌氧产酸后基质的利用和聚 β-羟基丁酸的贮藏

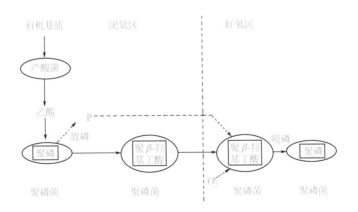

图 9-3　生物除磷机理图解

对于废水生物除磷工艺中的聚磷菌，早期的研究认为主要是莫拉菌群（*Acinetobacter*），而目前较多的研究则认为，废水生物除磷过程中起主要作用的聚磷菌是假单胞菌属（*Pseudomonas*）和气单胞菌属（*Aeroomonas*）。此外，国内研究者还通过对批式间歇活性污

泥法（SBR）除磷工艺中聚磷菌的研究，分离出了除上述几种菌之外的聚磷菌，如棒状菌群和肠杆菌等。Bredisch 等人通过研究认为，不动杆菌仅占聚磷菌数量的 $1\%\sim10\%$，而假单胞杆菌和气单胞菌可占 $15\%\sim20\%$。此外，还发现诺卡菌（Nocardia）体内具有聚磷颗粒。目前，有关聚磷菌中哪种或哪几种菌群占主要地位的问题仍在进一步研究之中。

9.2　固定化酶和固定化微生物技术

从 20 世纪 60 年代开始，国际上固定化酶的研究迅速发展起来，到 20 世纪 70 年代，作为酶源的微生物本身的固定化，即固定化微生物，也引起了人们极大的关注。近年来固定化细胞污水处理技术已成为各国学者研究的热点。所谓固定化技术，是指利用化学的或物理的手段将游离的细胞（微生物）或酶，定位于限定的空间区域并使其保持活性和可反复使用的一种技术。包括固定化酶技术和固定化微生物技术。微生物被固定后，细胞内酶系统保存完整，相当于一个多酶反应器，可进行复杂的多步降解反应。与传统的悬浮生物处理法相比，它具有处理效果高、稳定性强、反应易于控制、菌种高纯高效、生物浓度高、污泥量少、固液分离效果好、丧失活性可恢复等优点。

9.2.1　固定化酶和固定化微生物的固定化方法

9.2.1.1　固定化酶

从筛选、培育获得的优良菌种体中提取活性极高的酶，再用包埋法（或交联法、载体结合法、逆胶束酶反应系统）等方法将酶固定在载体上，制成不溶于水的固态酶，即固定化酶。固定化酶具有以下特点。

① 固定化酶比水溶酶稳定，因为载体能有效地保护酶的天然构型，不易受酸、碱、有机溶剂、蛋白质变性剂、酶抑制剂及蛋白酶等的影响，可以在较长时间内保持酶的活性。

② 固定化酶适合于连续化、自动化和管道化工艺，还可以回收、再生和重复使用。

③ 固定化酶可以设计成不同的形式。如在处理静态水时把酶制成酶片和酶布；处理动态废水时，可以制成酶柱。如德国将 9 种降解对硫磷农药的酶共价结合固定在多孔玻璃珠、硅胶珠上，制成酶柱处理对硫磷废水，获得 95% 以上的去除效果，且连续工作 70 天酶的活性没有变化。美国将固定化酚氧化酶处理含酚废水，固定化酶活性达到游离细胞的 90%。

9.2.1.2　固定化微生物（细胞）

用与固定化酶相同的固定方法将酶活力强的微生物细胞固定在载体上，即成固定化微生物。

微生物细胞本身就是一个天然的固定化酶反应器。将整个细胞固定化更有利于保持其原有活性，甚至可提高活性。

固定化细胞比游离细胞稳定性高；催化效率也比离体酶高；比固定化酶操作简单，成本低廉，能完成多步酶反应，通常能保留某些酶促反应所必需的 ATP、Mg、NAD 等，因此，在参与反应时，无需补加这些辅助因子。

9.2.1.3　固定方法

（1）载体结合法　以共价结合、离子结合和物理吸附等方法将酶固定在非水溶性载体上。载体有葡聚糖、活性炭、胶原、琼脂糖、多孔玻璃珠、高岭土、硅胶、氧化铝、羧甲基纤维素等。

（2）交联法　交联法是利用两个官能团以上的试剂与细胞表面的反应基团如氨基、羟基等交联，形成共价键来固定细胞。采用这种方法制备的固定化细胞不易脱落，稳定性好，但反应激烈，对细胞影响较大。交联剂有戊二醛、双重氮联苯胺和六亚甲基二异氰酸酯。

（3）包埋法　包埋法是将微生物细胞或酶扩散进入多孔性载体内部或包埋于凝胶载体内部，从而达到固定细胞或酶的目的。此法操作简单，对细胞活性影响小，制作的固定化细胞球的强度较高，目前被广泛地用于污水处理。包埋法又可以分为格子型和微胶囊型两种。格子型是将酶或细胞包埋在聚丙烯酰胺凝胶、硅胶等网格子中，使酶得以固定。微胶囊型是一种以尼龙、乙基纤维素、硝酸纤维素等薄膜包裹固定酶的技术，使酶存在于类似细胞内，不脱落于囊外，而小分子底物及其作用产物又能迅速透过透膜。

（4）逆胶束酶反应系统　表面活性剂的两性分子在有机溶剂中自发形成聚集体，其亲水性一端连接成逆胶束的极性核，水分子插入核中，其疏水性的一端进入主体有机溶剂中，酶分子溶于逆胶束中，组成逆胶束酶系统。

（5）复合法　此法是将以上几种方法交叉使用，彼此取长补短。如先行包埋再行交联处理等。

9.2.2　固定化酶和固定化微生物在环境工程中的应用

9.2.2.1　固定化酶和固定化微生物在废水生物处理中的研究现状

鉴于固定化酶技术目前只有水解酶类和少数胞内酶研制成功和应用，多酶体系的固定化技术尚未解决；由于废水的组分很复杂，而且经常变化。因此，要用多种单一的固定化的、包括胞外酶和胞内酶组合处理，才能完成某一物质的多步骤反应，才能使有机物完全无机化和稳定化。

一个微生物体本身就是多酶体系的载体。在废水生物处理中已知，单一种微生物并不能将某一种废水净化彻底。需要多种微生物混合生长组成微生态系，依靠食物链净化废水。同理，制备多种混生的固定化微生物对提高处理效果无疑是有益的。

就目前的水平，如果完全用固定化酶处理废水成本高昂，有的固定化酶的活性半衰期为20天，它的使用寿命1～2年，它的机械强度较一般的硬质载体差，在酶布或酶柱上容易长杂菌，有杂菌污染等，这些都是目前亟待解决的问题。因此，需要发展新技术，克服上述问题，才能发挥固定化酶和固定化细胞的优势。

由于以上原因，在环境工程领域中固定化酶的应用研究很少，而固定化微生物技术应用研究较多。20世纪80年代起，我国在废水生物处理方面进行固定化酶及微生物处理废水的研究，从好氧活性污泥和厌氧活性污泥中分离、筛选对某一种废水分解能力强的微生物，将其固定化用于废水处理试验，如含氰废水、印染废水的脱色及含酚废水、洗涤剂（含直链烷基苯磺酸钠）废水等的固定化进行生物处理的小型试验研究。下面为目前研究较多的废水处理固定化细胞技术。

（1）用于处理含酚污水的研究　用海藻酸钙包埋固定热带假丝酵母菌，在三相流化床反应器中连续处理含酚废水，进水酚浓度为300mg/L，出水酚浓度为0.5mg/L，酚的最大容积负荷比活性污泥高1倍，其污泥发生量仅为活性污泥的1/10。Anseimo等以聚氨酯泡沫为载体固定镰刀菌菌丝体，在完全混合反应器中降解酚。结果表明，与游离细胞相比，固定化细胞降解酚的速率要大得多，且固定化细胞生物产量低。孙艳等用海藻酸钙包埋固定SY菌种，经驯化后使该菌种的耐酚能力提高到915mg/L。这些研究表明，有选择地固定优势菌种能大大提高降解酚的能力。

（2）用于处理农药和制药工业废水的研究　制药工业废水是较难处理的高浓度有机废水之一，目前国内外一般都是用污泥法来处理。普通活性污泥法处理此类污水的缺点是污水需大量稀释，运行中泡沫多，易发生污泥膨胀，剩余污泥量大，去除效率不高。与活性污泥法相比，固定化细胞技术具有很强的耐毒抗毒能力，处理稳定，效果好，污泥量少。例如，

Portier 等人研究了固定化微生物处理含氯乙酸盐的杀虫剂生产废水。进水氯乙酸钠的浓度为 600mg/L，停留时间为 10.9～16.2h，出水中氯乙酸钠的浓度小于 10mg/L，去除率达99％，TOC 去除率也达 89％。

（3）用于处理印染废水的研究　印染废水的水质变化非常复杂，有机污染物含量高，色度深，碱性大，是较难处理的工业废水。目前国内多采用生化法、化学絮凝法等工艺处理，但脱色效果不理想。国外多采用化学絮凝法、光氧化法和活性炭吸附法等多种处理技术组成的多级处理工艺，脱色效果好，但投资大，处理费用高。采用固定化细胞技术固定吸附脱色菌处理印染废水可以获得很好的处理效果，与其他处理方法相比，投资小，处理费用不高。例如，刘志培等利用多孔硅酸盐吸附固定化和聚乙烯醇固定化混合细菌进行了印染废水的脱色研究，结果表明，脱色率可维持 70％～80％。

（4）用于硝化和反硝化的研究　利用固定化细胞技术处理氨、氮废水，可以提高硝化和反硝化速度，还可以使在反硝化过程中低温时易失活的反硝化菌，特别是亚硝酸还原菌保持较高的活性，提高冬季处理的稳定性。例如，日本的中村裕记采用聚丙烯酰胺包埋固定硝化菌和固氮菌，采用好氧硝化和厌氧反硝化两段工艺进行合成废水的脱氮实验。与悬浮生物法比较，低温下硝化速度增大 6～7 倍，脱氮速度提高了 3 倍。

（5）用于处理重金属离子废水的研究　L. J. Michel 等利用聚丙烯酰胺包埋固定化柠檬酸细菌用于富集废水中的金属镉，在最优条件下，使用单级固定化细胞反应柱，金属去除率达 100％。这种固定化细胞不仅可以去除 Cd，还可以去除 Pb、Cu 等。利用固定化细胞富集金属，比离子交换经济，且不受 Ca、Mg、Na、K 影响，因此在废水处理及回收有价金属方面有广阔的发展前景。

9.2.2.2　细胞固定化技术的应用前景

近年来固定化细胞技术以其独特的优点在有机废水处理领域中引起了人们普遍的关注，进行了广泛的研究，但大多是在实验室规模上进行的，要实用化，还有许多问题需要解决，如载体成本过高，固定化材料对传质过程有阻碍，使酶的活性大多低于游离细胞等。固定化微生物技术在水处理中的应用目前尚处于初级阶段，相信随着该技术的不断研究和发展，固定化细胞技术必将在废水生物处理领域中获得广泛的应用。

9.3　生物传感器

用固定化生物或生物体作为敏感元件的传感器称为生物传感器（biosensor）。它可用于生物技术领域，也可用于环境监测、医疗卫生和食品检验等。

生物传感器由识别部分（敏感元件）和信号转换部分（换能器）构成，识别部分用以识别被测目标，是可以引起某种物理变化或化学变化的主要功能元件。它是生物传感器选择性测定的基础。生物体内能够选择性地分辨特定物质的敏感材料有酶、微生物个体、细胞器、动植物组织、抗原和抗体，这些物质通过识别过程可与被测目标结合成复合物，如抗体和抗原的结合，酶与基质的结合。换能器是将分子识别部分所引起的物理或化学变化转换成电信号的功能部件，有电化学电极、半导体、光电转换器、热敏电阻、压电晶体等。选择哪种类型的换能器要根据敏感元件所引起的物理或化学变化来定。敏感元件中光、热、化学物质的生成或消耗等会产生相应的变化量，根据这些变化量，可以选择适当的换能器。生物传感器的基本结构和工作原理见图 9-4。

目前，生物传感器在环境监测中已有应用，如 BOD 生物传感器、测定氨的生物传感器、亚硝酸盐生物传感器、乙醇生物传感器、甲烷生物传感器等。这里仅以 BOD 生物传感器为例进行简要介绍。

BOD 生物传感器可用于快速地测定 BOD。它是用微生物细胞如*丝孢酵母*（*Trichosporon cutaneum*）作为敏感元件。菌体吸附在多孔膜上，室温下干燥后保存备用。将带有菌体的多孔膜置于氧电极的 Teflon 膜上，使菌体处于两层膜之间。测量系统包括：带有夹套的流通池（直径 1.7cm，高 0.6cm，体积 1.4mL），生物传感器探头安装在流通池内；蠕动泵；自动采样器和记录仪。

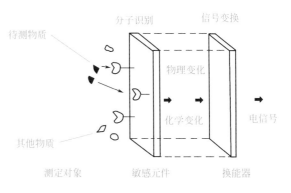

图 9-4　生物传感器的基本结构和工作原理

流通池夹套中水温恒定在 30℃±2℃，向流通池中注入氧饱和的磷酸盐缓冲液（pH 值 7.0，0.1mol/L），流量为 1mL/min。电流显示达稳态值后，以 0.2mL/min 的流量向流通池注入样品溶液，每隔 60min 注入一次。

将含有葡萄糖和谷氨酸的标准溶液注入测量系统时，这些有机化合物透过多孔性膜被固定化的微生物所利用。这些固定化微生物开始消耗氧，因而引起膜附近溶液的 DO 含量减少。结果，氧电极输出电流随时间明显减小，18min 内达到某一稳态值，此时氧分子向膜内的扩散和细胞呼吸之间建立了新的耗氧与供氧的动力学平衡。

稳态电流值的大小取决于样品溶液的 BOD 浓度。样品溶液流过之后，再将缓冲液注入流通池使传感器的输出电流值恢复到初始水平。样品溶液的种类不同，生物传感器的响应时间（达到稳态电流所需的时间）也不同。如含有乙酸的样品溶液，响应时间为 8min；含有葡萄糖的样品溶液，响应时间为 18min。因此，实验中注入样品的时间采用 20min。

这种生物传感器的电流差值（初始电流和稳态电流之差）与 5 天标准稀释法测得 BOD_5 浓度之间呈线性关系。BOD_5 检测浓度最低限值为 3mg/L。

9.4　生物修复技术

9.4.1　生物修复的基本原理和特点

生物修复（bioremediation）是通过人为强化污染环境中微生物及其他生物的作用，使污染环境的质量和功能得到恢复的技术系统。

大多数环境中都进行着天然的微生物净化污染物的过程。研究表明多数下层土含有能降解低浓度芳香化合物（如苯、甲苯、乙基苯和二甲苯）的微生物。但是在自然条件下由于溶解氧不足、营养盐缺乏和微生物生物量小等限制性因素，微生物自然净化速度很慢，需要采用各种方法来强化这一过程。例如提供氧气或其他电子受体，添加氮、磷营养盐，接种经驯化培养的高效微生物等，以便能够迅速去除污染物，这就是生物修复的基本思想。

污染环境生物修复的原理与废水、固体废物生物处理原理基本相同。都是通过人为干预强化微生物对污染物的转化和矿化作用，使污染物无害化的过程。

生物修复技术具有以下优点。

① 成本低。生物修复技术是所有处理技术中最便宜的，其费用约为焚烧处理费用的 1/4～1/3。20 世纪 80 年代末采用生物修复技术处理每立方米的土壤需 75～200 美元，而采用焚烧或填埋处理需 200～800 美元。

② 环境影响小。生物修复只是一个自然过程的强化，其最终产物是二氧化碳、水和脂肪酸等，不会形成二次污染或导致污染物转移，可以达到将污染物无害化的目的，使环境质量和功能得到恢复。

③ 最大限度地降低污染物浓度。生物修复技术可以将污染物的残留浓度降到很低，如某一受污染的土壤经生物修复技术处理后，苯、甲苯和二甲苯的总浓度降为 0.05～0.10mg/L，甚至低于检测限度。

④ 在其他技术难以应用的场地，如受污染土壤位于建筑物或公路下而不能挖掘和搬出时，可以采用原位生物修复技术，因而生物修复技术的应用范围有其独特的优势。

⑤ 生物修复技术可以同时处理受污染的土壤和地下水。

因此，在环境科学界领域，生物修复技术被认为比物理和化学处理技术更具发展前途，它在土壤修复中的应用价值是难以估量的。

相关链接 6-1　　　　　　　　　　　　　　　　　　　　　　　　　　_ □ ✕

污染环境生物修复的研究概况

当今环境修复原理和工程技术研究已为众多国家政府和科技人员所重视。我国也将此列为国家发展战略的重要科研内容之一。其研究领域广泛，如污染土壤的修复、受损森林、草原的修复，矿区和特殊污染环境的修复，沼泽、湿地、河流、湖泊、地下水、海洋污染的修复等的研究都比较活跃。在国际上，20 世纪 70 年代日本的官助照就在日本的一些城市开展建设防护林，构成有效的植物群落，改善城市生态环境的工作，成绩显著，并受到东南亚国家的称赞和效仿；20 世纪 80 年代一些发达的欧洲国家就开展了污染环境生物修复研究，并完成了一些实际修复工程，效果不错。目前德国、丹麦和荷兰在此领域处于领先地位，英国、法国、意大利和一些东欧国家也在积极研究和发展污染环境的生物修复技术。美国非常重视对湿地的修复工作，并且在 20 世纪 90 年代投资数百亿美元用于污染土壤修复研究和修复工程。此外，澳洲和亚洲一些国家也在积极进行相关研究。同时，此类研究及其工程技术的评估系统也是相关研究的重要问题。

我国实施的西部大开发战略，就非常注重生态环境的恢复工作。大规模的西部生态科考工作，旨在了解西部的环境现状，了解影响西部开发的关键因素，制定环境修复的研究策略，以便制定出切实可行的发展规划。水体污染、土壤污染、大气污染、城市环境功能低下、矿产资源的无序开发和污染问题也都对环境生物修复提出了更高要求。

9.4.2　污染环境生物修复技术的应用

污染环境生物修复技术，目前主要应用于土壤、地表水体和地下水环境的污染修复。

9.4.2.1　土壤污染物微生物修复

污染土壤环境的微生物修复方法主要有三种。

（1）原位生物处理　　原位生物处理是利用土壤中固有的微生物净化污染物，使土壤的理化特性、生物学特性和功能得到恢复的技术。首先对土壤环境的微生物营养状况进行分析，根据分析结果在土壤中加入土壤微生物生长的限制性营养物，并使土壤保持适宜的水分，定时翻耕土壤，增加土壤的供氧速率，提高土壤的氧化还原电位，强化土壤的微生物净化能力，就可促进土壤环境质量和功能的恢复。必要时，也可加入特效微生物培养物，强化土壤中某些污染物的净化过程。这种方法简单、有效，适合大面积污染土壤的修复过程。

例如，1989 年美国阿拉斯加海岸的大规模原油污染事故发生后，就采用了此类技术。根据原油成分主要为碳氢化合物，缺乏氮、磷、硫等营养元素，碳氢化合物氧化还原电位低和水溶性差的特点，修复工作采取了以下措施：①添加氮、磷、硫等营养物；②加入两种能产生表面活性剂的亲油菌；③定时翻耕土壤增加供氧，并使海岸土壤保持一定的含水率的方法。结果使石油污染物的降解速率提高了近 3 倍，取得了良好的修复效果。

（2）土壤堆置法　此法类似固体废物的堆肥处理，是将土壤挖起并加入限制性营养，在底部做防渗漏处理，设通风系统，然后将污染土壤调理至适宜的含水率进行控制通风堆积。必要时也可加入特效菌种。这种方法主要应用于小面积污染土壤的修复。

例如，有人用此种方法处理被氯酚污染了的土壤，在 3 个月内使土壤中氯酚的浓度由 212mg/kg 降到了约 30mg/kg，效果良好。

（3）曝气泥浆法　此法是将受污染区域周围叠土为埝，然后灌水使成泥浆状，并根据营养状况分析结果，投加营养物。然后进行机械搅拌曝气或通风曝气，促使其中微生物生长繁殖和微生物对污染物的净化作用，提高污染物的净化速率，使土壤环境质量和功能快速恢复。必要时也可加入特效微生物。

这种方法类似废水处理的活性污泥法。由于以水作为污染物、氧和营养物的传递介质，微生物悬浮于泥浆中，传质快，各种环境条件又便于调节控制，所以污染物净化快、效率高。但是，这种方法费用大，还应防止污染物对地下水的污染和因运行事故造成污染物扩散。

9.4.2.2　地下水微生物修复

地下水体受到污染后，由于处于封闭状态难以复氧，其中缺乏的营养物也难以补充。使地下水水质和功能的恢复比较困难。目前研究较多的技术有原位处理法和地上处理法。

（1）原位处理法　原位处理法是通过深井向地下水层中添加微生物净化过程必需的营养物和高氧化还原电位的化合物，如 H_2O_2、硝酸盐等，改变地下水体的营养状况和氧化还原状态，促进地下水中污染物的微生物分解和氧化。

（2）地上处理法　一个区域内的地下水受到污染后，可以打数眼深井，直至地下受污染水层，然后将地下水抽提出来在地上进行处理。地上处理的方法较多，但应用最广泛的是生物膜反应器法。生物膜反应器法常用一些稳定性好的物质作为微生物附着生长的载体物，经调理的地下水通过生物膜反应器得到净化。净化后的地下水通过两种方法回补地下水：①通过深井直接注入地下水层；②排入渗滤区经土壤淋溶后返回地下水层。目前此种方法试验研究较多，但是大规模应用还较少。

9.4.2.3　污染地表水体的生物修复

地表水体污染以后，其修复技术与土壤和地下水修复技术差异较大。地表水光照较好，一般不加入营养物，因为营养物的加入会刺激藻类的生长繁殖，加速水体的富营养化过程。因此，水体受有机物污染后的修复技术主要是：①截断污染源，防止水体水质继续恶化；②在有条件的情况下，实施清淤；③然后增加水体供氧速度，强化水体中能进行有氧呼吸的微生物对污染物的净化作用。

英国的泰晤士河是污染水体修复的一个典型实例。当泰晤士河由一条水产丰富而美丽的河流而变为一条臭水河后，英国采取了停止向河内排污、然后进行通风曝气的方法，最终使之恢复了其主要功能和昔日的风光。

9.5　微生物技术与废物综合利用

由于人口爆炸式增长，地球正经受着巨大的人口压力。人口的快速增长和社会对生活资料、生产资料日益增长的占有欲，导致自然资源无节制地开发，使人类正面临着食物、能源和其他生活资料、生产资料缺乏的挑战。同时人类又将大量的废弃物抛入环境中，使人类生存环境日益恶化，造成资源毁坏。

所谓废物是指在资源开采、加工和使用中失去利用价值的那一部分生产资料和生活资料，并非对人类绝对失去应用价值的物料，也并非其他生物所不能利用的物质。因此，采用可行的手段进行废物再利用是缓解人类食物、能源和生活资料、生产资料危机的重要方法之一。

自然界中贮存着巨大的微生物基因库，微生物对多种物质具有极大的转化和利用能力。所以通过对自然界中微生物基因库的开发和利用，用遗传工程等育种手段，微生物技术必将在废物综合利用、变废为宝和防止环境污染，解决人类食物缺乏、能源不足和生活资料、生产资料不足等诸方面做出巨大贡献。

目前微生物工程技术也在通过多种途径用于废物的综合利用，其研究发展也在火热地进行。从以下几个方面进行讨论。

9.5.1　利用废物生产单细胞蛋白

单细胞蛋白（single cell protein，SCP）即为微生物蛋白。利用废物生产单细胞蛋白，即是利用微生物巨大的物质转化能力和现代微生物工程技术将人类生产和生活中产生的废物转化为可作为人类食物、家禽家畜饲料、经济水生生物饵料的微生物细胞，以菌代粮，缓解粮食供应不足，减少对农业的压力。此举对满足人类对食物的需求增长具有重大的战略意义。

利用微生物生产单细胞蛋白原料易得，可利用多种废物（如高浓度食品工业、发酵工业废水，作物秸秆、木屑等）进行生产；细胞得率高；成品蛋白质含量丰富，其蛋白质占细胞总量可达 $40\%\sim80\%$，比大豆、猪肉、鱼肉高 $10\%\sim20\%$；营养齐全，除蛋白质外，还含有多种人类必需的维生素和氨基酸；生产周期短，容易工业化生产，而且生产不受季节影响，所以生产成本低，土地利用率高。利用废物进行单细胞蛋白生产不但具有巨大的经济效益，而且可减少环境污染，具有重大的环境效益和社会效益。因此，利用废物生产单细胞蛋白是一举多得。

9.5.2　利用废物生产生物能源物质

用于能源生产的废物主要是高浓度有机废水和固体有机废物。它们经微生物转化可产生具有高热值的沼气或分子氢或乙醇等。

9.5.2.1　沼气发酵

在厌氧条件下，某些微生物将有机物转化为以甲烷为主的沼气。沼气发酵法处理高浓度有机废水和沼气的利用在世界范围内得到广泛应用。印度在沼气能源开发和应用方面做了大量工作。我国也已建造了一些大型沼气生产厂站，20 世纪 80 年代在农村以家庭为单位也曾建了大量沼气池。沼气发酵产生的沼气可用于发电、煮饭、照明，废液和废渣是优良的农业肥料，其经济效益和环境效益都很好。因此，如今沼气发酵技术和应用都在迅速发展，前途光明。

9.5.2.2 利用废物生产醇类

醇类不仅可作为化工原料和溶剂，而且热值较高、燃烧完全，污染少，可用其稀释汽油作为汽车燃料，这对贫油国家很有吸引力。微生物发酵生产醇类不仅可用高浓度有机废水作为原料，而且可用野生植物和农业废物作为原料。用于醇类发酵的微生物主要是酵母菌类微生物和某些细菌。其生产工艺已经成熟，可参考工业微生物发酵有关部分。

9.5.2.3 微生物产氢

许多微生物在代谢过程中可以产生氢气，其中有异养微生物，也有自养微生物；有厌氧微生物，也有兼性厌氧微生物。

① 梭状芽孢杆菌为异养的厌氧细菌，在工业上用于丙酮、丁醇生产，同时大量产出氢气（副产物）。

② 蓝细菌和绿藻中的一些种也具有产氢能力，它们为好氧的光能自养微生物，是微生物制氢早期研究中利用的重要微生物。

③ 红螺菌科（Rhodospirillaceae）为兼性厌氧的光能异养微生物，其中一些在光照无氧条件下生活产氢。

④ 着色菌科（Chromatiaceae）为厌氧光能自养菌，其中一些种具有产氢作用。

在微生物产氢研究中，近年来人们发现利用红螺菌和着色菌有更大的优越性，因为它们在产氢时，不像蓝细菌和绿藻那样同时产氧，所以产品不需进行氢气与氧气的分离。利用异养菌在无氧条件下产氢，利用对有机废物，如植物茎叶等农业废物、生活垃圾、高浓度有机废水产氢，实现废物综合利用、废物资源化，具有广阔前景。

9.5.3 固体废物的处理利用

利用微生物处理和使固体废物资源化的主要对象是生活垃圾、贵重金属尾矿、剩余污泥和农业及木材加工固体废物。所利用的微生物类群有细菌、放线菌和真菌。

9.5.3.1 垃圾和污泥堆肥

随着城市人口增加和人民生活水平的提高，生活垃圾的排出量逐年增加，其成分也不断变化。除生活垃圾外，食品工业废渣和城市污水处理厂的剩余污泥都可成为环境的污染物，也都可作为微生物堆肥的材料。

关于以上固体废物对人类生存环境的危害，利用其进行堆肥的原理、方法、条件和堆肥过程中起作用的微生物等已在本书第 7 章中有较详细的叙述，这里不再重复。堆肥作为一种废物资源化方法具有重要意义，它不但可防止环境污染，而且产品和农家肥料一样含有丰富的腐殖质，无机氮、磷、钾化合物，具有改良土壤、增加土壤肥力和明显的增产效应。

9.5.3.2 发酵饲料

农业废物，尤其是禾本科植物的茎叶每年的产出极为丰富，废纸的产量也极为可观，其中含有大量纤维素和半纤维素等糖类物质，牲畜直接食用营养价值很低。各国微生物学家们都在致力于寻找纤维素酶高产菌株，用来处理植物茎叶，水解纤维素和半纤维素，使之转变为易被牲畜利用的简单糖类。例如分离到的绿色木霉（*Trichoderma viride*）产纤维素酶活性较高，经遗传学改良后的菌株，纤维素酶活性可提高 19 倍。用纤维素酶处理旧报纸可生产葡萄糖，其转化率高达 50%。如果使植物茎叶保持一定湿度，接种该菌也具有较高的糖化率。

用糖化后的植物茎叶作为牲畜饲料，牲畜爱吃，可节省精饲料（粮食），而且牲畜生长快、上膘，具有良好的经济效益，是解决人类食物危机的良好途径之一。

9.5.3.3　湿法冶金

高温冶金是千百年来从矿石中提炼各种金属的传统方法。在高温冶金中由于能耗大、成本高，所以一些低品位的尾矿就失去了冶炼价值，成为废物。这些废物抛弃在地面，以多种方式影响环境质量，使其中的一些宝贵的金属变成了对人类有害的废物。因此，科学工作者们一直在寻求利用低品位尾矿中的贵重金属，消除有关污染物的方法。湿法冶金就是其研究的重要成果之一。

利用细菌冶金的研究始于 20 世纪 50 年代，20 世纪 60 年代成功地用细菌冶金法从尾矿石中生产出了贵重金属铜，后来用此法又陆续从尾矿石中提出了铀、钴、镅、锌、锰等十几种金属，并使细菌冶金形成了较成熟的成套工艺。

（1）用于湿法冶金的微生物　用于湿法冶金的微生物主要是化能自养的硫化细菌，即能够氧化硫产生硫酸的细菌，如氧化亚铁硫杆菌、氧化硫硫杆菌等。这些细菌的共同特点是：①化能自养；②耐酸，能在高酸度（pH 值 2 左右）的环境中生长；③能利用还原态硫作为生命活动的能源物质，并将硫最终氧化为硫酸，即具有产酸作用。

（2）湿法冶金的原理　湿法冶金是通过尾矿石与硫酸作用，从矿石中溶出有用贵重金属成为其硫酸盐，然后用化学置换的方法从液体中沉淀出金属元素。例如铜的湿法冶炼过程可简略表示如下。

$$铜矿石 + H_2SO_4 \longrightarrow CuSO_4 + 残余物$$
$$CuSO_4 + Fe \longrightarrow FeSO_4 + Cu\downarrow$$

因此，不少人认为湿法冶金为化学作用，细菌只是利用矿石中的硫产生硫酸，也就是细菌的作用为间接作用。但是，也有研究证明细菌可以直接作用于矿石表面侵蚀矿石。

（3）细菌冶金方法　细菌冶金包括细菌培养、矿石浸提和金属代换三个过程。在硫化菌培养中，重要的问题是：①选育优良菌种；②选择和创造硫化菌生长繁殖的条件，如根据尾矿的组分选择合适的氮源、碳源物质和浓度，选择适宜的 pH 值（3~4）和培养温度（28~30℃），选择适当的供氧方式，以使硫化菌快速增殖产酸；③正确地选择培养终点，一般可用培养物的 pH 值或细菌密度确定。

矿石中金属的浸提是将细菌培养液反复喷淋在矿体上，或将矿石浸在细菌培养液中。为了浸提完全，矿石应粉碎成小颗粒，并不断搅动一定时间。

金属的回收的方法可用电解法、离子交换法、溶剂萃取法和置换法。其中置换法应用最普遍，在回收贵重金属中置换物常用廉价易得的铁屑作置换剂。

9.6　微生物技术与农、牧、渔业发展

9.6.1　微生物技术与渔、牧业生产

在水产人工养殖中，微生物学研究和有益微生物的应用也发挥着越来越大的作用。例如将光合细菌作为饵料添加剂可促进鱼、虾等的生长和增产，这是早为人知的事实。此外，日本和美国研制的一些有益微生物合剂，不仅可使鱼、虾增产，而且可防止因投加饵料造成的

泥腐污染，使水体延长使用周期，减少换水次数，它不仅减少生产费用，降低成本，具有良好的经济效益，而且可防止或减少由换水造成的环境污染。

因此，在水产人工养殖中利用有益微生物，将是经济效益和环境效益显著的新措施。当前由于国外生产商的技术封锁，进口制剂价格昂贵还难以大规模应用，但是相信不久将会有我国自己的有效微生物制剂，它也将在我国渔业生产和环境保护中发挥巨大作用。

畜牧业生产的问题主要是饲料问题，用粮食饲养家禽、家畜不但成本高，而且与人类争粮食对农业造成压力。用秸秆作饲料利用率低，牲畜生长慢、效率低，所以饲料质量是增产关键。发酵糖化饲料是节粮增产的有效途径；光合细菌不仅营养丰富，而且富含生物活性物质，用其作饲料添加剂是提高生产效率的有效措施。此外，畜用抗生素的微生物生产和应用可以有效地防治畜禽疾病，是牧业生产的保证措施。

据资料介绍人工有效菌制剂处理家禽、家畜粪便可使之不产生臭味，能实现清洁生产，处理后的粪便可用做其他动物的饲料，最后用作农田、果园的肥料，从而有效利用资源，防止环境污染。

9.6.2　微生物技术与农业生产

在农业生产中，除优良品种的选育和使用外，病虫害防治和施肥也是重要的丰产措施。本节仅就微生物技术在植物保护和农业环境保护方面的作用做一简单介绍。

虫口夺粮是防治农业虫害、夺取农业丰收的重要措施之一。第二次世界大战以来各国广泛使用化学杀虫剂取得了很好的经济效益，但是化学农药多为人工合成毒物，不但能杀死有害昆虫，也损害了益鸟、益虫和土壤微生物群落，破坏了自然生态系统的平衡。同时化学农药的长期使用使一些害虫产生了耐药性，在失去天敌的情况下大量繁殖，造成恶性循环；而且有些农药稳定性强，难生物降解，在作物可食部分和土壤中积累富集造成社会公害，既影响农业生产，又危害人体健康。

利用微生物技术防治农业害虫具有成本低、效果好、专一性强、对人体和其他生物无害，所以发展微生物农药是夺取农业丰收、保护自然环境和人类健康的重要措施。目前在农业上有效利用的微生物有细菌中的杀螟杆菌、苏云金杆菌和日本金龟子芽孢杆菌等；霉菌中的白僵菌和一些昆虫病毒。

微生物容易培养，适合大规模生产；杀虫微生物多为害虫的寄生微生物，对寄主侵害专一性强，所以对人和其他动植物无害，也不污染环境。因此，微生物杀虫剂作为化学农药的替代产品是非常有发展前途的。

9.7　微生物与绿色环保产品

据统计，全世界每年约有 200 万人农药中毒，其中约有 4 万人死亡。长期使用化学农药使害虫产生耐药性，为此不得不加大农药用量。化学农药杀死害虫的同时，也杀死害虫的天敌，破坏了生态平衡，形成恶性循环。更让人担忧的是，残存的农药散布在田野上，渗透到土壤里，侵入作物秸秆和果实中及地下水，由此进入生物链循环，这种长期的慢性积累构成了潜在威胁。面对这一严重问题，有识之士发出了"绿色革命"的呼吁。治理污染不仅要抓"终端"，更要重视"源头"，要抓生产的全过程。采用微生物技术在生产无公害、少污染产品的开发中有其独特的优势，由微生物生产的产品一般都比较容易生物降解。如用微生物生产聚羟基烷酸（PHA）塑料以替代人工合成的难降解塑料，用微生物生产的絮凝剂来替代化学法合成的有机和无机絮凝剂等。除了产品具有可生物降解的特点外，其生产过程中废水的发生量仅为化学法的 1/20。农业生产中农药和化肥的大量使用已日益显示出其对生态的巨大破坏作用。由于农药对其他有益昆虫有害，并通过食物链对食害虫的鸟类的杀灭，因此 20 世纪 60 年代《寂静的春天》一书中描绘的生态多样性遭破坏的景象到处可见。化学肥料的大量施用造成土壤板结、地力下降等结果都会使农作物产量下降及给新一轮病虫害的暴发创造机会。因此重视对绿色环保产品的开发和推广应用已被人们越发重视。

9.7.1 微生物肥料

利用微生物的生命活动及其代谢产物的作用，改善作物养分供应，向农作物提供营养元素、生长物质，调控其生长，达到提高产量和品质、减少化肥使用、提高土壤肥力、减少或降低病虫害的发生、改善环境质量的目的，其制品即通称的微生物肥料（接种剂、菌肥）。

微生物肥料实质上是存在于土壤域植物体上与植物共生的微生物，它们的存在，一方面为植物营养开辟了一条新的途径，改善了植物的营养和代谢状况，增强了植物抵御病虫害的能力；另一方面抑制了植物病原菌的生长和繁殖，削弱了病害的发病条件，从而起到较好的生物防治效果。如植物生长生物制剂"共生菌-1"在农业生产中广泛进行播前种子处理，可使谷类作物、蔬菜、马铃薯增产 10%～35%。土壤以 0.0001% "共生菌-2" 灌溉可使番茄、黄瓜、谷类作物等增产 16.4%～52%。为了提高根际微生物对植物营养转化和抑制病原菌的能力，科学家们已开始对有益微生物进行分子遗传方面的研究。有几个与促进和控制植物生长有关的基因，如调节杀虫蛋白、抗生素、磷酸盐增溶酶和植物生长激素等有关基因已被克隆，它们均有利于基因工程方法和开发高效根际微生物。美国一公司对一种基因重组的根瘤菌进行了大田试验，该菌株固氮能力高，且拮抗土壤病原菌的能力亦强。美国农业研究服务处园艺研究室提出微生物组合体应用于现代农业生产和环境保护，即把有益的细菌与根瘤菌配合，能把土壤和空气中的氮转化为植物可利用的速效态氮；把土壤中的其他真菌、细菌和根瘤菌结合移植于植物根系，能帮助植物吸收营养和抗病。

我国生物肥料的研究与开发尚处于初级阶段，但也有了一定的发展。中国农业大学等单位研制的增产菌（芽孢杆菌属）等有益菌剂应用面积已超过亿亩（15 亩＝1 公顷）。黑龙江省农科院与有关科研单位共同承担的国家 863 计划中，对生物技术领域有关转基因根瘤菌研究取得可喜成果，经对大豆接种表明，接种大豆基因工程根瘤菌比不接种的每亩增产 20.4～23.2kg，抗逆性有很大改善。菌肥"5406"在 40 多年前生产上广泛使用过，由于它在生产、运输、保管、使用等方面有易受外界环境条件影响等特点，曾影响了"5406"在农业生产上的应用。后经中国农业科学院研制成"长春秋收"植物细胞分裂素，它不但克服了"5406"菌肥的缺点，而且有效成分含量提高，适用作物种类提高，使用灵活简便，可与其他农药化肥配合使用，无毒无副作用。"长春秋收"植物细胞分裂素能加速细胞分裂，促进叶绿素形成和蛋白质的合成，有增强抗逆和抑制病害的效果。目前已在小麦、马铃薯、茄果类蔬菜，以及一些经济作物上较大面积的应用都收到较好的效果。近年来，国内又发展了玉米根际联合固氮菌肥、小麦根际联合固氮菌肥，并在内蒙古、河北、新疆、湖北、天津等省（自治区、直辖）市推广应用收到了较好的增产效果。

9.7.2 生物农药

生物农药一般是指直接利用某些有益微生物或从某些生物中获取的具有杀虫、防病等作用的生物活性物质，利用农副产品通过工厂化生产加工的制品。它具有对人畜安全，对生态环境污染少的特点。

进入 20 世纪 80 年代，许多国家把保护人类赖以生存的生态环境作为首要的目标。许多国家全面停止生产使用一些残留期长或剧毒的化学农药。EPA（美国环保署）于 1990 年公布了 31 种撤销登记、禁止销售使用的农药品种清单。进入 20 世纪 90 年代后，生物农药出现了迅速发展的势头，其产量每年上升 10%～20%，市场前景良好，在产品开发投入方面也大大低于化学农药。

我国生物农药的研究与开发，自 20 世纪 80 年代后期开始打破几十年停滞不前的局面，苏云金杆菌和井冈霉素杀菌剂，已成为我国年产量逾万吨的生物农药产品，生物农药已发挥出作用，我国绿色食品产业的兴起更为生物农药开创了广阔的前景。我国生物农药的研究开发已有一些新的突破。其中苏云金杆菌杀虫剂原粉质量（有效杀虫成分）达到国际同类产品水准，产品开始正式出口。新研制成的用于防治作物细菌性病害的中性菌素，防治水稻白叶枯病防效达到 80%，超过化学农药的效果，应用成本下降 50%。国内首例利用生物技术进行改造，得到的实用荧光 93 遗传工程菌剂，已在我国部分麦区用于防治小麦全蚀病。

9.7.3 可生物降解的塑料

随着石油化学工业的发展，塑料制品加工业也相应迅速发展，至 2000 年末全世界塑料年总产量超过 1 亿吨，并以每年约 30% 的速度增长。如今，人们的衣食住行已直接或间接地和合成塑料联系在一起，然而废弃的化学塑料却产生了严重的环境污染。生存环境的压力迫使人们探索可被生物降解的制品替换石油化学塑料的可能性，其中用微生物生产的可生物降解的塑料——聚羟基烷酸（PHA）成了这类研究中的一个突出的热点。

许多微生物能产生聚 β-羟基丁酸，后来发现聚 β-羟基丁酸只是 PHA 中的一员，它是 PHA 中最早发现及最主要的成员。能产生 PHA 的微生物分布极广，包括光能和化能自养及异养菌计 65 个属中的许多种。合成 PHA 的主要微生物有产碱杆菌属、假单胞菌属、甲基营养菌、固氮菌属、红螺菌属等，它们分别利用不同的碳源产生不同的 PHA。

9.7.4 微生物絮凝剂

传统的絮凝剂可分为两大类，一类是无机絮凝剂，如硫酸铝、聚氯化铝、氯化铁、活性硅酸，经常被用于自来水及废水的处理；另一类是有机高分子絮凝剂，如聚丙烯酰胺、聚乙烯亚胺、聚乙烯嘧啶、聚丙烯酸钠等，由于合成这些聚合物的单体有强致癌性，且化学絮凝剂会对环境造成二次污染。有关研究表明，由于铝系絮凝剂的频繁使用，导致饮用水中含有过量的铝离子，摄入过多的铝离子的人群中，老年性痴呆症的患者比例较高。

微生物絮凝剂是具有广阔应用前景的一种天然高分子絮凝剂，自 20 世纪 70 年代以来，已引起科学界的高度重视。美国、日本、英国、法国、德国、芬兰、葡萄牙、以色列、韩国和中国对微生物絮凝剂进行了大量的研究，取得了许多研究成果。

能产生絮凝剂的微生物有很多种类，细菌、放线菌、真菌以及藻类等都可以产生絮凝剂。这些已经鉴定的絮凝微生物，大量存在于土壤、活性污泥和沉积物中。从这些微生物中分离出的絮凝剂不仅可以用于处理废水和改进活性污泥的沉降性能，还能用在微生物发酵工业中进行微生物细胞和产物的分离。

微生物絮凝剂的化学成分主要是多聚糖和蛋白质以及一些金属离子，因而其提取方法与一般的多聚糖和蛋白质提取方法并无多大的差异。提取方法现有多种，因絮凝剂的具体结构而异。微生物絮凝剂可以应用于废水悬浮颗粒的去除、有色废水的脱色、乳化液的油水分离、污泥沉降性能的改善、污泥脱水、畜牧场废水的处理等方面，还可作为发酵工业和食品工业中安全有效的絮凝剂，为取代传统工艺中离心和过滤分离细胞的方法提供了可能。

微生物絮凝剂在微生物发酵工业、医药工业和废水处理中有广阔的应用前景。但目前微生物絮凝剂的研究还主要停留在实验室研究阶段，要达到大规模的工业应用，尚需对微生物合成絮凝剂的条件和影响微生物絮凝剂絮凝活性的因素进行更深入的研究，以便寻找廉价的培养基和控制絮凝剂发挥作用的最优条件，同时还应注意利用基因工程的手段和生化工程的技术提高微生物絮凝剂的生产效率，并研究适用于工业大生产的絮凝剂收获提取方法。

9.7.5　丙烯酰胺

丙烯酰胺是一种重要的有机原料，广泛用于医药、农药、染料、涂料、助剂、溶剂、催化剂、絮凝剂、防腐剂、土壤改良剂、纤维素改良剂等。其中作为水处理剂（絮凝剂）应用在欧美占丙烯酰胺总量的 $50\%\sim70\%$。自 20 世纪 80 年代以来，丙烯酰胺用硫酸水合法和催化水合法生产，生产成本高，废水量大，每生产 1t 丙烯酰胺要产生 3～5t 含脂废水，而且用化学法生产丙烯酰胺时，聚合度不高。1985 年日本首先采用了微生物法生产丙烯酰胺。我国 1993 年由上海农药研究所与浙江桐庐生化厂完成 3500t/年的微生物法生产丙烯酰胺。微生物法生产丙烯酰胺不但大幅度降低了废水量，仅为化学法废水量的 1/20，而且提高了聚丙烯酰胺的聚合度。

拓展阅读 9

扫描二维码可拓展阅读《美丽中国新篇章　盘点五年生态文明建设成就》。

本章小结

1. 废水生物脱氮的基本原理是在传统二级生物处理中，在将有机氮转化为氨氮的基础上，通过硝化菌的作用，将氨氮通过硝化转化为亚硝态氮、硝态氮，然后再利用反硝化菌将硝态氮转化为氮气，从而达到从废水中脱氮的目的。

2. 生物除磷工艺就是在原有活性污泥工艺的基础上，通过设置一个厌氧阶段，选择能过量吸收并贮藏磷的微生物（即聚磷菌）作用，从而降低出水的磷含量的工艺。

3. 固定化技术，是指利用化学的或物理的手段将游离的细胞（微生物）或酶，定位于限定的空间区域并使其保持活性和可反复使用的一种技术。包括固定化酶技术和固定化微生物技术。微生物被固定后，细胞内酶系统保存完整，相当于一个多酶反应器，可进行复杂的多步降解反应。

4. 生物修复是通过人为强化污染环境中微生物及其他生物的作用，使污染环境的质量和功能得到恢复的技术系统。自然界中贮存着巨大的微生物基因库，微生物对多种物质具有极大的转化和利用能力，所以通过对自然界中微生物基因库的开发和利用，用遗传工程等育种手段，微生物技术必将在废物综合利用、变废为宝和防止环境污染，解决人类食物缺乏、能源不足和生活资料、生产资料不足等诸方面做出巨大贡献。

复习思考题

1. 污水为什么要脱氮除磷？
2. 微生物脱氮工艺有哪些？
3. 简述污水脱氮原理。
4. 参与脱氮的微生物有哪些？它们有什么生理特征？
5. 有哪些除磷工艺？在运行操作中与脱氮有何不同？
6. 为获得好的除磷效果要掌握哪些运行操作条件？
7. 何谓固定化酶和固定化微生物？
8. 酶和微生物细胞的固定化方法有几种？各用什么载体？
9. 固定化酶和固定化微生物有什么特点？存在什么问题？
10. 生物膜是固定化微生物吗？为什么？
11. 絮凝剂有几类？微生物絮凝剂在废水生物处理中起什么作用？
12. 简述废水处理中微生物絮凝剂的作用原理。
13. 生物修复的主要类型有哪些？生物修复中应该注意哪些问题？
14. 用于生产单细胞蛋白的微生物应该具备什么特性？
15. 利用微生物技术开发的绿色环保产品有哪些？

10 环境微生物实训

实训一 光学显微镜的使用及微生物个体形态的观察

一、目的和要求

1. 学习光学普通显微镜的结构、各部分的功能和使用方法。
2. 学习并掌握油镜的原理和使用方法。
3. 认识酵母菌的个体形态。
4. 学会生物图的绘制。

二、仪器和材料

1. 菌种

酵母菌菌悬液。

2. 溶液或试剂

香柏油、二甲苯。

3. 仪器或其他用具

显微镜、擦镜纸。

实训一　光学显微
镜的使用及微生物
个体形态的观察

三、操作步骤

(一) 显微镜的构造及功能

普通光学显微镜的构造可分为两大部分 (见实训图 1-1),即机械装置和光学系统,这两部分很好的配合才能发挥显微镜的作用。

1. 显微镜的机械装置

(1) 镜筒　镜筒上端装目镜,下端为转换器。镜筒有单筒和双筒两种。双筒是倾斜式的,其中一个筒有屈光度调节装置,以备两眼视力不同者调节使用。两筒间距离可以调节,以适应两眼宽度不同者调节使用。

(2) 物镜转换器　转换器安装在镜筒的下端,其上装有 3～4 个不同放大倍数的物镜,可以通过转动物镜转换器选用合适的物镜。

(3) 载物台　载物台中央有一孔,为光线通路。在台上装有弹簧标本夹和推动器,其作用为固定或移动标本的位置,使镜检对象恰好位于视野中心。载物台上有标本移动器,其作用是夹住和移动标本,转动螺旋可使标本前后左右移动,显微镜在纵横架杆上刻有刻度标尺,构成很精密的平面坐标系,可指明标本所在位置。

(4) 镜臂　镜臂支撑镜筒、载物台、聚光器和调节器。镜臂有固定式和活动式 (可改变

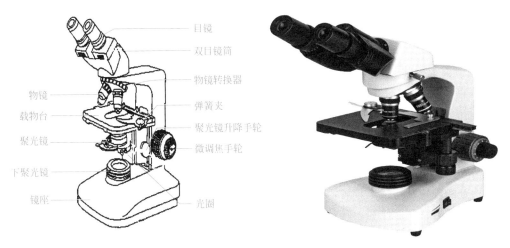

实训图 1-1　显微镜构造示意图

倾斜度）两种。

（5）镜座　镜座为马蹄形，支撑整台显微镜，其上有反光镜。

（6）粗调旋钮　粗动螺旋是移动镜筒调节接物镜和标本间距离的机件，镜检时，右手向前扭载物台上升，让标本接近物镜，反之则下降，标本脱离物镜。

（7）微调旋钮　用粗动螺旋只可以粗放的调节焦距，要得到最清晰的物像，需要用微动螺旋做进一步调节。微动螺旋每转一圈镜筒移动 0.1mm（100μm）。

2. 显微镜的光学系统

（1）内光源　内光源是较好光学显微镜自身带有的照明装置，安装在镜座内部，由强光灯泡发出的光线通过安装在镜座上的集光镜射入聚光镜。集光镜上有一视场光阑，可改变照明视场的大小。

（2）聚光器（又称聚光镜）　聚光器安装在载物台下，是由多块透镜构成，其作用是将光源经反光镜反射来的光线聚焦于样品上，以得到最强的照明，使物象获得明亮清晰的效果。升高时增强聚光，下降时减弱聚光。聚光器内附有虹彩光圈，可开大和缩小，以调节进入镜头的光线的强弱。光圈大小合适，能得到更清晰的物像。

（3）物镜　物镜是显微镜中很重要的光学部件，由多块透镜组成。根据物镜的放大倍数和使用方法的不同，分为低倍物镜、高倍物镜和油镜三种，其相应的放大倍数常是 10、40（或 45）、100（或 90）。

物镜上标有 NA1.25、100×、OI、160/0.17、16mm 等字样，其小 N. A. 1.25 为数值孔径，100× 为放大倍数，160/0.17 中 160 表示镜筒长，0.17 表示要求盖玻片的厚度。OI表示油镜（即 Oil immersion），16mm 表示焦距。

物镜的性能取决于物镜的数值孔径（简写为 NA），每个物镜的数值孔径都标在物镜的外壳上，数值孔径越大，物镜的性能越好。

（4）目镜　目镜的作用是把物镜放大了的实像再放大一次，并把物像映入观察者的眼中。通常有 5×、10×、16× 等规格。

（二）显微镜的使用操作及微生物形态观察

1. 观察前的准备

（1）显微镜从显微镜柜或镜箱内拿出时，要用右手紧握镜臂，左手托住镜座，平稳地将显微镜搬运到实验桌上。

（2）将显微镜放在自己身体的左前方，离桌子边缘约 10cm 左右，右侧可放记录本或绘图纸。

（3）制备水浸片

（4）调节光照　将 10×物镜转入光孔，将聚光器上的虹彩光圈打开到最大位置，用左眼观察目镜中视野的亮度，转动反光镜，使视野的光照达到最明亮最均匀为止。带光源的显微镜，可通过调节电流旋钮来调节光照强弱。

2. 低倍镜观察（工作距离 7.0mm）

检验任何标本都要养成必须先用低倍镜观察的习惯。因为低倍镜视野较大，易于发现目标和确定检查的位置。将标本片放置在载物台上，用标本夹夹住，移动推动器，使被观察的标本处在物镜正下方，侧面注视，转动粗调节旋钮，使物镜调至接近标本处（距离约 0.5cm），用目镜观察并同时用粗调节旋钮慢慢升起镜筒（或下降载物台），直至物像出现，再用细调节旋钮使物像清晰为止。用推动器移动标本片，找到合适的目的像并将它移到视野中央进行观察。

3. 高倍镜观察（工作距离 0.5mm）

在低倍物镜观察的基础上转换高倍物镜。较好的显微镜，低倍、高倍镜头是同焦的，在正常情况下，高倍物镜的转换不应碰到载玻片或其上的盖玻片。再用细调节旋钮调至物像清晰为止。若使用不同型号的物镜，在转换物镜时要从侧面观察，避免镜头与玻片相撞。然后从目镜观察，调节光照，使亮度适中，缓慢调节粗调节旋钮，使载物台上升（或镜筒下降），直至物像出现，再用细调节旋钮调至物像清晰为止，找到需观察的部位，并移至视野中央进行观察。

4. 油镜观察（工作距离 0.2mm）

油浸物镜的工作距离（指物镜前透镜的表面到被检物体之间的距离）很短，一般在 0.2mm 以内，再加上一般光学显微镜的油浸物镜没有"弹簧装置"，因此使用油浸物镜时要特别细心，避免由于"调焦"不慎而压碎标本片并使物镜受损。

使用同焦显微镜时，在高倍镜或低倍镜下找到要观察的区域后，移开镜头，在待观察的区域滴加一两滴香柏油，将油镜转至油中，调节光照，使视野的亮度合适，用细调节器调节物像清洗为止。

使用不等焦显微镜时，用粗调节器下降载物台或升高镜筒，使物镜远离玻片，在待观察的区域滴加镜油，然后将油镜转至正下方，在侧面注视下，用粗调节器上升载物台（或下降镜筒），使油镜浸入镜油中至油圈不再扩大即止，调节光线，用粗调节器缓慢下降载物台或上升镜筒，直到视野中出现物像，用细调节器使其清晰。

5. 观察后的收回

（1）观察完毕，下降载物台，将油镜头转出，先用擦镜纸擦去镜头上的油，再用擦镜纸蘸少许乙醚酒精混合液（乙醚 2 份，纯酒精 3 份）或二甲苯，擦去镜头上残留油迹，最后再用擦镜纸擦拭 2~3 下即可（注意向一个方向擦拭）。

（2）将各部分还原，转动物镜转换器，使物镜头不与载物台通光孔相对，而是成八字形位置，再将载物台（或镜筒）下降至最低，降下聚光器，反光镜与聚光器垂直，用一个干净手帕将接目镜罩好，以免目镜镜头沾污。最后用柔软纱布清洁载物台等机械部分，然后将显微镜放回柜内或镜箱中。

（三）注意事项

（1）显微镜使用后，取下标本片，将物镜呈八字叉开，下降载物台（或镜筒），下降聚光器，关闭光圈，装入箱内。

（2）显微镜的光学部分应用擦镜纸擦净，不可用手擦或口吹。

（3）不得随意拆卸显微镜的零件，不要粗暴地旋转粗、细调节器和其他螺旋。活动关节不要随意弯曲。

（4）显微镜应保存在清洁、干燥的地方，保存处最好要有除湿设备。不能与酸、碱或其他腐蚀性药品接触。也不要放置于日光下或靠近热源处。

四、实训报告

1. 绘出油镜下所观察到的酵母菌的形态和大小。
2. 简述油镜的使用方法。

五、思考题

1. 用油镜观察标本时应注意哪些问题？在载玻片和镜头之间滴加什么油？起什么作用？
2. 根据实训体会，谈谈应如何根据所观察微生物的大小，选择不同的物镜进行有效的观察。
3. 为什么在使用高倍镜及油镜时应特别注意避免粗调节器的误操作？

实训二　细菌的革兰染色

一、目的和要求

1. 掌握微生物涂片技术。
2. 掌握革兰染色法。

二、仪器和材料

1. 菌种

大肠杆菌、金黄色葡萄球菌约 24h 营养琼脂斜面培养物，蜡样芽孢杆菌或枯草芽孢杆菌 12~20h 营养琼脂斜面培养物。

2. 溶液或试剂

革兰染色液、香柏油、二甲苯。

3. 仪器或其他用具

显微镜、擦镜纸、酒精灯、载玻片、接种环、生理盐水等。

三、基本原理

细菌的不同显色反应是由于细胞壁对乙醇的通透性和抗脱色能力的差异，主要是由肽聚糖层厚度和结构决定的。经结晶紫染色的细胞用碘液处理后形成不溶性复合物，乙醇能使它溶解，在 G^+ 细胞中，乙醇还能使厚的肽聚糖层脱水，导致孔隙变小，由于结晶紫和碘的复合物分子太大，不能通过细胞壁，保持着紫色。在 G^- 细胞中，乙醇处理不但破坏了细胞壁外膜，还可能损伤肽聚糖层和细胞质膜，于是被乙醇溶解的结晶紫和碘的复合物从细胞中渗漏出来，当再用衬托的染色液复染时，显现红色。

四、操作步骤

1. 涂片

取两块载玻片，各滴加一小滴无菌的生理盐水（或蒸馏水）于玻片中，用接种环以无菌操作（见实训图 2-1）从大肠杆菌斜面上挑取少许菌苔于水滴中，混匀并涂成薄膜。同样方法从蜡样芽孢杆菌或枯草芽孢杆菌的斜面上挑取少许菌苔涂片于另一块载玻片上。

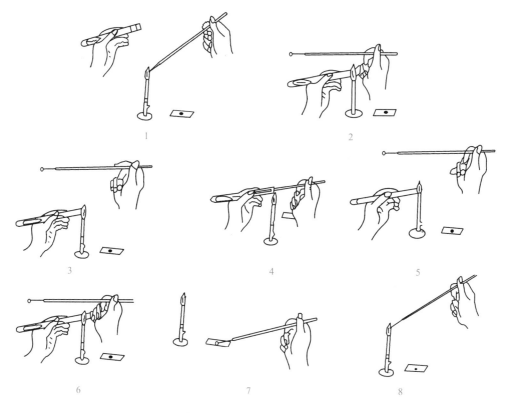

实训图 2-1　无菌操作过程

1—烧灼接种环；2—拔去棉塞；3—烘烤试管口；4—挑取少量菌体；
5—再烘烤试管口；6—将棉塞塞好；7—做涂片；8—烧去残留的菌体

【注意】载玻片要洁净无油迹；滴生理盐水和取菌不宜过多；涂片要涂抹均匀，不宜过厚。

2. 干燥

涂片后在室温下自然干燥，也可在酒精灯上略加温，使之迅速干燥，但勿靠近火焰。

3. 固定

手持载玻片一端，标本面朝上，在灯的火焰外侧快速来回移动 3～4 次，共约 3～4s。要求玻片温度不超过 60℃，以玻片背面触及手背皮肤不觉过烫为宜，放置待冷后染色。

4. 染色

（1）初染　加草酸铵结晶紫一滴（以刚好将菌膜覆盖为宜），约 1min，水洗。

（2）媒染　滴加碘液冲去残水，并覆盖约 1min，水洗。

（3）脱色　用滤纸吸去玻片上的残水，将玻片倾斜，并衬以白背景，用 95% 酒精滴洗至流出酒精刚刚不出现紫色时为止，约 30s，立即用水冲净酒精。

（4）复染　用番红液染 1～2min，水洗。

5. 镜检

干燥后，先用低倍镜寻找标本清晰部位，再换高倍镜、油镜观察细胞形态及染色结果。革兰阴性菌呈红色，革兰阳性菌呈紫色。以分散开的细菌的革兰染色反应为准，过于密集的细菌常常呈假阳性。

革兰染色程序见实训图 2-2。

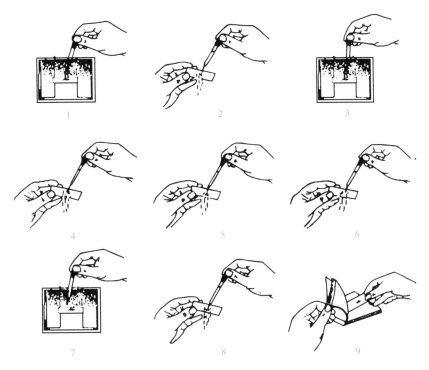

实训图 2-2 革兰染色程序

1—加草酸铵结晶紫染 1～2min；2—水洗；3—加碘液媒染 1min；4—水洗；5—乙醇脱色约 20～30s；6—水洗；7—番红复染约 2min；8—水洗；9—用吸水纸吸干

五、实训报告

绘出油镜下观察到的细菌形态图，注明细胞颜色，说明染色反应。

六、思考题

1. 哪些因素会影响革兰染色结果的正确性？其中的关键环节是什么？
2. 涂片后为什么要进行固定？固定时应注意什么？
3. 革兰染色法为何要求用幼龄菌进行染色？

实训三　培养基的制备及玻璃器皿的包扎灭菌

一、目的和要求

1. 熟悉玻璃器皿的包扎方法。

2. 掌握培养基的制备方法。

3. 掌握高压蒸汽灭菌技术。

二、仪器和材料

1. 溶液或试剂

10％HCl、10％NaOH、牛肉膏、蛋白胨、氯化钠、琼脂、蒸馏水、可溶性淀粉、葡萄糖、孟加拉红、链霉素、1mol/L NaOH、1mol/L HCl、KNO_3、NaCl、$K_2HPO_4 \cdot 3H_2O$、$MgSO_4 \cdot 7H_2O$、$FeSO_4 \cdot 7H_2O$。

2. 仪器或其他用具

pH 试纸、培养皿、试管、移液管、锥形瓶、烧杯、量筒、培养基分装器、高压蒸汽灭菌锅、酒精灯、纱布、棉花、牛皮纸（或报纸）、玻璃棒、天平、牛角匙、记号笔。

三、操作步骤

1. 玻璃器皿的洗涤和包装

（1）洗涤　玻璃器皿在使用前必须洗涤干净。培养皿、试管、锥形瓶等可用洗衣粉加去污粉洗刷并用自来水冲净。移液管先用洗液浸泡，再用水冲洗干净。洗刷干净的玻璃器皿自然晾干或放入烘箱中烘干、备用。

（2）包装

① 移液管包装　将干燥的移液管的吸端用细铁丝塞入少许棉花构成 1～1.5cm 长的棉塞，以防细菌吸入口中，并避免将口中细菌吹入管内。棉塞要塞得松紧适宜，吸时既能通气，又不致使棉花滑入管内。将塞好棉花的移液管的尖端，放在 4～5cm 宽的长纸条的一端，移液管与纸条约成 30°夹角，折叠包装纸包住移液管的尖端，用左手将移液管压紧，在桌面上向前搓转，纸条螺旋式地包在移液管外面，余下纸头折叠打结。包好的多个移液管可再用一张大的报纸包好。

② 试管和锥形瓶等的包装　用棉塞或泡沫塑料塞将试管管口和锥形瓶瓶口部塞住（棉塞的制作见实训图 3-1），然后在棉塞与管口和瓶口的外面用两层报纸与细线（或用铝箔）包扎好，放在铁丝或铜丝篓内待灭菌。

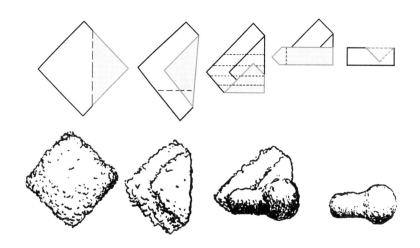

实训图 3-1　棉塞的制作

③ 培养皿的包装　培养皿由一底一盖组成一套，用牛皮纸或报纸将每套培养皿（皿底朝里，皿盖朝外）包好。如果将培养皿放金属筒内进行干热灭菌，则不用纸包。

空的玻璃器皿一般用干热灭菌，若用湿热灭菌，则要多用几层报纸包扎，外面最好加一层牛皮纸或铝箔。

2. 培养基的制备

培养基是微生物生长繁殖和积累代谢产物的营养基质。通常根据微生物生长繁殖所需要的各种营养物配制而成。其中含水分、碳化合物、氮化合物、无机盐和生长因子等，这些营养物可提供微生物碳源、能源、氮源等，组成细胞及调节代谢活动。按培养目的不同，或微生物种类不同可配成各种培养基。不同微生物对 pH 值要求不一样，所以配制培养基时，还应根据不同微生物对 pH 值的要求将培养基调到合适的 pH 值范围。

（1）牛肉膏蛋白胨培养基的配制　牛肉膏蛋白胨培养基是一种普通而又应用最广泛的细菌基础培养基。其配方如下：牛肉膏 3g，蛋白胨 10g，NaCl 5g，琼脂 15～20g，水 1000mL，pH 值 7.4～7.6。

① 称量和溶解　按培养基配方逐一称取牛肉膏、蛋白胨等营养成分依次加入烧杯中，再加定量无菌水，用玻棒搅匀，加热溶解，待全部溶解后，加水补足因加热蒸发的水量。

【注意】在加热溶解时要不断搅拌，避免琼脂糊底烧焦。

② 调节 pH 值　用精密 pH 试纸测培养基的 pH 值，按 pH 值的要求用浓度 100g/L NaOH 或体积分数 10％ HCl 调整至所需 pH 值，边加边搅拌，并随时用 pH 试纸测试其 pH 值。

③ 过滤　趁热用纱布过滤即可。如果培养基杂质很少或实验要求不高，可不过滤。

④ 分装　按实训图 3-2 所示，将培养基分装于试管中或锥形瓶中（注意！防止培养基沾污管口或瓶口，避免浸湿棉塞引起杂菌污染），装入试管的培养基量视试管的大小及需要而定，一般制斜面培养基时，每支试管装的量为试管高度的 1/4～1/3，待培养基冷凝之后即成斜面，如实训图 3-3 所示。

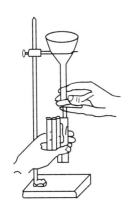
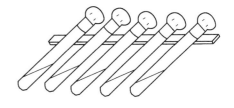

实训图 3-2　培养基的分装　　　　　　实训图 3-3　试管摆斜面

（2）高氏 1 号培养基的配制　高氏 1 号培养基是用于分离和培养放线菌的合成培养基。其配方如下：可溶性淀粉 20g，KNO$_3$ 1g，NaCl 0.5g，K$_2$HPO$_4$·3H$_2$O 0.5g，MgSO$_4$·7H$_2$O 0.5g，FeSO$_4$·7H$_2$O 0.01g，琼脂 20g，水 1000mL，pH 值 7.2～7.4。

① 称量和溶解　先计算后称量，按用量先称取可溶性淀粉，放入小烧杯中，并用少量冷水

将其调成糊状，再将其加至少于所需水量的沸水中，继续加热，边加热边搅拌，至其完全溶解。再加入其他成分依次溶解。对微量成分 $FeSO_4 \cdot 7H_2O$，可先配成高浓度的贮备液后再加入，方法是先在 100mL 水中加入 1g 的 $FeSO_4 \cdot 7H_2O$，配成浓度为 0.01g/mL 的贮备液，再在 1000mL 培养基中加入以上贮备液 1mL 即可。待所有药品完全溶解后，补充水分到所需的总体积。如要配制固体培养基，其琼脂溶解过程同"牛肉膏蛋白胨培养基的配制"。

② pH 值调节、分装、包扎、灭菌及无菌检查同"牛肉膏蛋白胨培养基的配制"。

（3）马丁培养基的配制　K_2HPO_4 1g，$MgSO_4 \cdot 7H_2O$ 0.5g，蛋白胨 5g，葡萄糖 10g，琼脂 15～20g，水 1000mL，自然 pH 值。

① 称量和溶解　先计算后称量，按用量称取各成分，并将其溶解在少于所需量的水中。待各成分完全溶解后，补充水分到所需体积。再将孟加拉红配成 1% 的水溶液，在 1000mL 培养液中加入 1% 孟加拉红溶液 3.3mL，混匀后，加入琼脂加热溶解，方法同"牛肉膏蛋白胨培养基的配制"。

② 分装、包扎、灭菌及无菌检查同"牛肉膏蛋白胨培养基的配制"。

③ 加入链霉素　由于链霉素受热易分解，所以临用时，将培养基熔化后待温度降至 45℃ 左右时才能加入。可先将链霉素配成 1% 的溶液，在 100mL 培养基中加入 1% 的链霉素 0.3mL，使每毫升培养基中含链霉素 $30\mu g$。

（4）豆芽汁葡萄糖培养基的配制　10% 豆芽汁 100mL，葡萄糖 5g，琼脂 1.5～2g，自然 pH 值。

① 称量和溶解　先称量琼脂，加热溶解，然后加入葡萄糖，待溶解后，与豆芽汁混合。

② 分装、包扎、灭菌及无菌检查　同"牛肉膏蛋白胨培养基的配制"。

3. 灭菌

（1）灭菌方法

① 干热灭菌法　培养皿、移液管、试管及其他玻璃器皿可用干热灭菌。先将已包装好的上述物品放入恒温箱中，将温度调至 160℃ 后维持 2h，把恒温箱的调节旋钮调回零处，待温度降到 50℃ 左右，才可将物品取出。

【注意】灭菌时温度不得超过 170℃，以免包装纸烧焦；灭菌好的器皿应保存好，切勿弄破包装纸，否则会染菌。

② 高压蒸汽灭菌法　该法使用高压灭菌锅，在 121℃，0.105MPa 压力下灭菌 15～30min。微生物实验所需的一切器皿、器具、培养基（不耐高温者除外）等都可用此法灭菌。

高压蒸汽灭菌锅是能耐一定压力的密闭金属锅，有立式和卧式（见实训图 3-4）两种。灭菌锅上附有压力表、排气阀、安全阀、加水口、排水口等。卧式灭菌锅还附有温度计。有的还有蒸汽入口。灭菌锅的加热源有电、煤气和蒸汽三种。

（2）高压蒸汽灭菌的操作过程

① 加水　立式锅是直接加水至锅内底部隔板以下 1/3 处。有加水口者由加水口加入至止水线处。

② 装锅　把需灭菌的器物放入锅内（注意：器物不要装得太满，否则灭菌不彻底），加盖时将

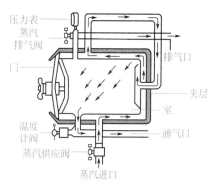

实训图 3-4　卧式灭菌锅

盖上的排气软管插入内层锅的排气槽内。关严锅盖（对角式均匀拧紧螺旋）。

③ 加热 用电源或煤气加热，同时打开排气阀，使水沸腾以排出锅内的冷空气。待冷空气完全排出后关上排气阀。让锅内温度随蒸汽压力增加而逐渐上升，当锅内压力升到所需压力时，控制热源，维持压力至所需时间。

④ 中断热源 达到灭菌时间要求后停止加热，任其自然降压，当指针回到 0 时，打开排气阀（注意：排气阀不能过早打开，否则培养基因压力突降，内外压力不平衡而翻腾冲到棉塞处，既损失培养基又沾污了棉塞）。

⑤ 揭开锅盖，取出器物，排掉锅内剩余水。

待培养基冷却后置于 37℃ 恒温箱内培养 24h，若无菌生长则放入冰箱或阴凉处保存备用。

四、思考题

1. 培养基根据什么原理配制成？牛肉膏蛋白胨培养基中不同成分各起什么作用？
2. 在制备培养基的过程中应注意些什么问题？
3. 在使用高压蒸汽灭菌锅时，怎样杜绝一切不安全的因素？

实训四 微生物的纯种分离

一、目的和要求

1. 掌握从环境（土壤和活性污泥等）微生物群体中获得纯种微生物的分离和培养技术。
2. 掌握无菌操作技术。

二、仪器和材料

（1）扭力天平、取土样工具、涂布棒（接种棒）。
（2）无菌锥形瓶、试管、培养皿、移液管、玻璃珠。
（3）无菌水。
（4）培养基：①牛肉膏蛋白胨培养基；②高氏 1 号培养基；③马丁培养基；④豆芽汁葡萄糖培养基。配方见实训二。

三、操作步骤

1. 稀释平板分离法
（1）取土样 选定取样点，按对角交叉（五点法）取样。先除去表层约 2cm 的土壤，将铲子插入土中数次，然后取 2～10cm 处的土壤。盛土的容器应是无菌的。将五点样品约 1kg 充分混匀，除去碎石、植物残根等。土样取回后应尽快投入实验，同时取 10～15g，称量后经 105℃ 烘干 8h，置于干燥器中冷却后再次称量，计算含水量。

（2）倒平板 熔化已灭菌的上述 4 种培养基并冷却至 45℃ 左右倒平板（见实训图 4-1），凝固待用，每种培养基每个稀释度各 3 只平板。

（3）编号 取 5 支无菌空试管（15mm×150mm）依次编号为 10^{-3}、10^{-4}、10^{-5}、10^{-6}、10^{-7}。

（4）分装无菌水 按无菌操作用 5mL 移液管分别吸取 4.5mL 无菌水于编号的各无菌空试管中。

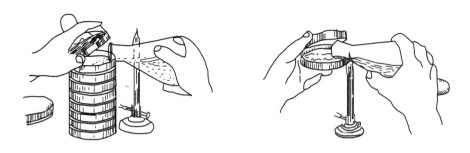

实训图 4-1　倒平板

（5）制备土壤稀释液　称土样 1g 于盛有 99mL 无菌水（或无菌生理盐水）并装有玻璃珠的锥形瓶中，振荡 10～20min，使土样中的菌体、芽孢或孢子均匀分散，此即为 10^{-2} 的菌悬液。用无菌移液管吸取悬液 0.5mL 于 4.5mL 无菌水试管中，用移液管吹吸 3 次、摇匀，此即为 10^{-3} 的菌悬液。同样方法，依次稀释到 10^{-7}。稀释过程需在无菌室或无菌操作条件下进行，整个稀释过程如实训图 4-2 所示。

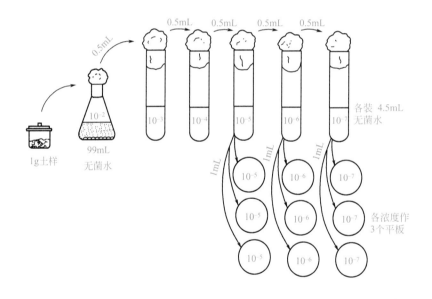

实训图 4-2　菌液逐级稀释过程示意

（6）取样　细菌分离分别精确吸取 10^{-7}、10^{-6}、10^{-5} 三个稀释度的菌液 1mL；放线菌分离分别吸取 10^{-5}、10^{-4}、10^{-3} 三个稀释度的菌液 1mL；霉菌分离分别吸取 10^{-4}、10^{-3}、10^{-2} 三个稀释度的菌液 1mL；酵母菌分离分别吸取 10^{-6}、10^{-5}、10^{-4} 三个稀释度的菌液 1mL，对号加在已凝固的平板上，同时做空白对照，空白对照只加培养基，不接种菌液。

（7）涂布　菌液一旦加入平板上，应立即用涂布棒迅速将菌液均匀涂开，即左手握培养皿，并使皿盖打开一缝，右手拿涂布棒在培养基表面涂布。操作时不要用力过猛，以免培养基被推破。微生物接种和分离工具见图 4-3。

（8）培养　将涂布后的平板倒置于恒温箱中，细菌在 37℃下培养 24～48h，霉菌在 28℃下

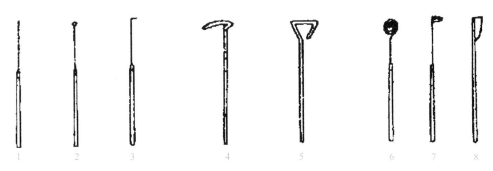

实训图 4-3　接种和分离工具

1—接种针；2—接种环；3—接种钩；4,5—玻璃涂棒；6—接种圈；7—接种锄；8—小解剖刀

培养 3～5 天，放线菌在 28℃下培养 5～7 天，酵母菌 30℃下培养 2～3 天，观察结果。

（9）计数　选菌落分散、菌落数适量且各平行皿菌落数接近的稀释度的平板计数，通常细菌和放线菌选取菌落数在 30～300 的平板，霉菌选菌落数在 10～100 的平板，最后换算成每克干土所含菌数。

$$每克干土含菌数 = \frac{同一稀释度的平均菌落数 \times 稀释倍数}{1 - 土壤含水量(\%)}$$

（10）挑取单菌落培养　将典型的单菌落移接到适当的斜面培养基上，经培养后即得到纯种微生物。

2. 平板划线分离法

（1）倒平板　将已灭菌的上述 4 种培养基熔化，冷却至 45℃左右倒平板，水平静置待凝。

（2）画线　将接种环经火焰灭菌并冷却后，蘸一环菌悬液，按实训图 4-4 的方式在平板上画线，注意勿使接种环将平板表面划破。

（3）画线完毕，将培养皿倒置于恒温培养箱中培养，2～5 天后，挑取单个菌落，并移种于斜面上培养。如果只有一种菌生长，即得纯培养菌种。如有杂菌，可取培养物少许，制成悬液，再作画线分离，有时要反复几次，才能得到纯种。

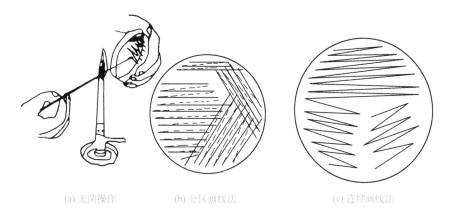

(a) 无菌操作　　　　(b) 分区画线法　　　　(c) 连续画线法

实训图 4-4　平板画线分离法

四、实训报告

将所检测样品中四大类微生物的菌落数填入下表。

采样日期与地点：

类别	各稀释度的平均菌落数						样品含菌数/g
	10^{-7}	10^{-6}	10^{-5}	10^{-4}	10^{-3}	10^{-2}	
细菌							
放线菌							
酵母菌							
霉菌							

五、思考题

1. 用一根无菌移液管接种几个浓度的水样时应从哪个浓度开始？为什么？
2. 琼脂平板接种后，为什么要倒置培养？

实训五　环境中主要微生物菌落、菌体形态的识别及大小测定技术

一、目的和要求

① 掌握细菌、放线菌、霉菌和酵母菌的特征，并能够识别它们。
② 学会测微技术，测量酵母菌细胞的大小。

二、基本原理

微生物细胞的大小可使用测微尺测量。测微尺由目镜测微尺和镜台测微尺两部分组成。镜台测微尺是一块在中央有精确刻度尺的载玻片。刻度尺总长 1mm，等分为 100 小格，每小格为 0.01mm，专门用来标定目镜测微尺在不同放大倍数下每小格的实际长度。

目镜测微尺是一块圆形的特制玻片，其中央是一个带刻度的尺，等分成 50 或 100 小格。每小格的长度随显微镜的不同放大倍数而定，测定时需用镜台测微尺进行校正，求出在某一放大倍数时目镜测微尺每小格代表的实际长度，然后用校正好的目镜测微尺测量菌体大小（实训图 5-1）。

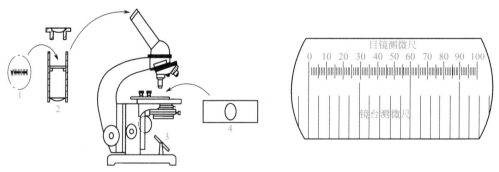

实训图 5-1　目镜测微尺和镜台测微尺装置法及用镜台测微尺校正目镜测微尺
1—目镜测微尺；2—目镜；3—显微镜；4—镜台测微尺

三、仪器和材料

显微镜、酒精灯、载玻片、接种环、擦镜纸、生理盐水、镜台测微尺、目镜测微尺。

吕氏美蓝染色液、石炭酸复红染色液、乳酸石炭酸棉蓝染色液。

四、菌落观察

从实训四培养的不同平板上选择不同类型的菌落进行肉眼观察，根据菌落的形状、大小、表面结构、边缘结构、高度、颜色、透明度、气味、黏滞性、质地软硬情况、表面光滑与粗糙情况等，区分细菌、酵母菌、放线菌、霉菌的菌落形态特征。

1. 细菌菌落

多为光滑型、湿润、质地软、表面结构及边缘结构特征很多，呈现各种颜色，易从培养基上挑取。

2. 酵母菌菌落

呈圆形，较细菌菌落大而且厚，表面光滑、质地软、颜色多为白色和红色。

3. 放线菌菌落

菌落较小、干燥、质密、坚实，不易挑取，且与基质结合紧密、不易被针挑取，菌落表面呈粉状或皱褶呈裂状，呈各种颜色，且正面和背面颜色不同。

4. 霉菌菌落

菌落较大、疏松，常呈绒毛状或絮状，能蔓延生长，用接种环易挑取孢子和气生菌丝，菌落呈各种颜色，正面和背面的颜色也不相同。

五、形态观察

1. 细菌形态观察

以无菌操作挑取少许菌落制成简单染色片或革兰染色片，在油镜下观察细菌形态。必要时可进行芽孢染色、荚膜染色或鞭毛染色后观察。

2. 放线菌的观察

（1）压菌法　用接种铲或小刀横向切取小片菌落，可连同少许培养基，置载玻片中央。用另一载玻片将菌块压碎，弃去培养基，制成涂片。经风干加热固定后用石炭酸复红染色液染色 1min，水洗，干燥后在油镜下仔细观察菌丝及孢子丝的着生、分枝、排列、卷曲等形态。

（2）印片法　在载玻片上加一滴美蓝染色液。取清洁盖玻片一块，在菌落上面轻轻按一下，然后将印有痕迹的一面朝下放在有一滴美蓝染色液的载玻片上，将孢子等印浸在染液中，制成印片，用油镜观察。

3. 霉菌的观察

在干净的载玻片上，滴加一滴乳酸石炭酸棉蓝染色液，用解剖针从菌落的边缘处取小量带有孢子的菌丝于染液中，再仔细将菌丝挑开，然后盖上盖玻片，显微镜下观察菌丝的形态。

4. 酵母菌的观察

在载玻片中央滴加一滴美蓝染色液，按无菌操作法从培养基上挑取少量酵母菌，放在美蓝染色液中，使菌体与染色液充分混匀，加上盖玻片。显微镜下观察酵母菌的形态和出芽情况。

六、酵母细胞大小的测定

（1）目镜测微尺的标定

① 放置测微尺　将目镜测微尺（刻度朝下）放入目镜中的隔板上（实训图 5-1），镜台测微尺（刻度朝上）放在载物台上，并对准聚光器。

② 镜检标定　先用低倍镜，观察时光线不宜太强，调好焦距后，将镜台测微尺移入视野中央。然后转动目镜，使目镜测微尺的刻度与镜台测微尺的刻度平行，并使两尺左边的一条线重合，向右寻找另一条两尺的重合线。最后记录两重合线间两尺各自所占的格数（实训图 5-1）。

③ 计算方法

$$目镜测微尺每格长度(\mu m)=\frac{两条重合线间镜台测微尺格数\times10}{两条重合线间目镜测微尺格数}$$

以同样的方法可分别标出使用高倍镜和油镜时每小格的实际长度。

④ 计算示例　测得高倍镜下目镜测微尺 50 格相当于镜台测微尺的 7 格。

$$则目镜测微尺每格(\mu m)=\frac{7\times10}{50}=1.4（\mu m/格）$$

（2）酿酒酵母菌细胞大小的测量　取下镜台测微尺，换上酿酒酵母染色涂片或水浸片，在高倍镜下测出 10 个酿酒酵母细胞的直径（球状体），或长和宽（椭球状体的长轴方向和短轴方向的尺寸），测定时，转动目镜测微尺或移动载玻片，记录测定值。

测定完毕，取出目镜测微尺，将接目镜放回镜筒，再将目镜测微尺和镜台测微尺用擦镜纸擦拭干净，放回盒内保存。

七、实训结果和报告

1. 绘图说明你观察到的细菌、放线菌、霉菌、酵母菌的形态并描述所观察的细菌、放线菌和霉菌、酵母菌菌落的主要特征。

2. 酵母菌大小测定结果填实训表 5-1 和实训表 5-2。

实训表 5-1　目镜测微尺标定结果

物镜倍数	目镜倍数	目尺格数	台尺格数	目尺每格长度/μm
10				
40				

实训表 5-2　酵母菌直径（宽度）测定记录

菌号	1	2	3	4	5	6	7	8	9	10	目尺平均格数	实际直径/μm
目尺格数												

实训六　蓝细菌及藻类的形态观察

一、目的和要求

1. 学习水浸片的制作方法。
2. 识别水体中几种常见的蓝细菌及藻类的形态。
3. 学习生物图的绘制方法。
4. 掌握浮游生物定性样品的采集方法。

二、基本原理

蓝细菌又称蓝藻或蓝绿藻，是一类光能自养型的原核生物。在自然界分布极广，喜生长在含氮量高、有机质多且是碱性的淡水中，是导致湖泊发生水华的常见种类。

蓝细菌有单细胞体、群体和丝状体。有光合色素，多呈蓝绿色，但没有色素体。

三、仪器和材料

1. 材料

采集自然界各种水域样品。

2. 试剂

鲁哥碘液、硫代硫酸钠饱和液。

3. 仪器及其他用具

显微镜、载玻片、盖玻片、滴管、吸水纸、25 号浮游生物网。

四、操作步骤

1. 采样：在水面下 0.5m 处以每秒 20～30cm 的速度作"∞"采集水样 5～10min。

2. 制片

用滴管吸取水样，置载玻片中央，盖上盖玻片，注意不要产生气泡，用吸水纸吸去盖玻片上面和周围多余的水分。

3. 镜检

先在低倍镜下，后在高倍镜下观察，识别样品中出现的蓝细菌及藻类的形态、结构。

五、思考题

1. 绘出所观察到的蓝细菌细胞的形态图，并注明分类地位。
2. 蓝细菌有叶绿体和真正的细胞核吗？它们多呈什么颜色？
3. 绘出所观察的藻类细胞形态构造图，并注明分类地位。
4. 通过观察，区别绿藻、裸藻、硅藻、隐藻、甲藻等生物的形态。

实训七　微型动物的形态观察

一、目的和要求

通过对水体中原生动物和微型后生动物的形态观察，识别水体中几种常见的原生动物和微型后生动物。

二、基本原理

原生动物是一类单细胞动物，在细胞内可分化出行使各种生理功能的胞器，根据其运动胞器和摄食方式的不同主要分成四大类，即肉足虫类、鞭毛虫类、纤毛虫类和吸管虫类。

微型后生动物是一类多细胞的低等动物，水体中常见的类群有轮虫类、枝角类、桡足类、水蚯蚓和线虫等，它们的主要识别要点分述如下。

1. 轮虫类

轮虫是线形动物门轮虫纲的生物，其主要识别要点是具头冠和咀嚼器。头冠是指轮虫头部的许多纤毛组成的左右两个纤毛环，纤毛摆动时似旋转的两个车轮。咀嚼器由咀嚼囊内的砧板和槌板构成，常见有节律地咀嚼食物，咀嚼器有槌形、杖形、砧形等多种类型，是鉴定种类的重要依据之一。

2. 枝角类

枝角类是节肢动物门、甲壳纲枝角亚纲的生物。身体左右侧扁，分头部和躯干部。头部有两对触角。第二触角强大有力，呈枝角状，其内外肢的节数和刚毛数是分属的主要依据。

3. 桡足类

桡足类是节肢动物门，甲壳纲、桡足亚纲生物。成虫身体纵长，异律分节明显，可分成较宽的头胸部和较窄的腹部。头部有触角两对，其中第一触角的节数是区分哲水蚤、剑水蚤和猛水蚤三大类群的主要依据之一。

4. 水蚯蚓

水蚯蚓是环节动物门寡毛纲的生物。水蚯蚓身体圆筒形，同律分节，节上多有成束刚毛。刚毛有发状、钩状、梳状和针状等类型，其着生的位置、数目及类型因种而异，是分类的重要依据。常见类群有颤体虫（分节不明显）和颤蚓（分节明显）。

5. 线虫

线虫是线形动物门线虫纲的生物。身体长线形，后端尖细，蛇形运动。

三、仪器和材料

1. 微型动物样品

采集自然界各种水域试样。

2. 仪器及其他用具

显微镜、载玻片、盖玻片、解剖针、滴管、吸水纸、擦镜纸等。

四、操作步骤

1. 制片

用滴管吸取水样，置载玻片中央，盖上盖玻片，注意不要产生气泡，用吸水纸吸去盖玻片周围多余的水分。

2. 镜检

一般用低倍镜进行观察，识别试样中出现的微型后生动物。

五、思考题

1. 绘出所观察的微型动物形态构造简图，并注明分类地位（门、属、种）。

2. 如何区分轮虫、枝角类与桡足类以及水蚯蚓与线虫？

实训八　微生物显微直接计数法

一、目的和要求

1. 了解血细胞计数板和计数框的构造和计数原理。

2. 掌握使用血细胞计数板和计数框进行微生物计数的方法。

3. 掌握浮游生物定量水样采集的方法。

二、基本原理

在显微镜下利用血细胞计数板、S-R计数框或网格计数框等计数工具直接进行微生物计数是最常用的计数方法。该方法是将菌悬液或浓缩后的水域试样中的浮游生物，置于计数板

（或计数框）和盖玻片之间的计数室中，在显微镜下进行计数。因为计数室中的容积是一定的，所以，可通过显微镜下观察到的微生物数目来计算单位体积内的微生物总数。

三、计数工具的结构及方法

（一）细菌计数板与血细胞计数板的结构及计数方法

1. 结构

细菌计数板和血细胞计数板的结构基本一致，其正面和侧面见实训图 8-1，二者的差别在于计数室的高度，前者为 0.02mm，可用于计数细菌等较小微生物；后者为 0.1mm，可用于计数酵母菌、藻尖等较大微生物。

血细胞计数板是一块特制的厚型载玻片（实训图 8-1），载玻片上的 4 条槽将玻片分成 3 个平台，中间的较宽平台又被一短横槽分隔成两个平台，在两个平台上各有 1 个相同的方格网，每个方格网被划分成 9 个大格，在中央的大格是计数室，计数室的边长为 1mm，面积为 1mm^2，盖上盖玻片后，高度为 0.1mm，故计数室的体积为 0.1mm^3。

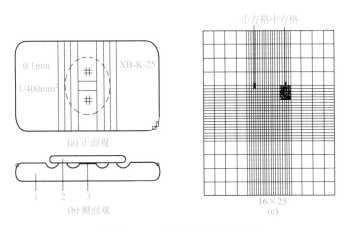

实训图 8-1　血细胞计数板的构造

1—计数板；2—盖玻片；3—计数室

计数室的规格有两种：一利是将计数室分成 25 个中方格，每个中方格又分为 16 个小方格（实训图 8-2）。另一种是将计数室分成 16 个中方格，每个中方格又分成 25 个小方格。两种规格计数室都由 400 个小方格组成。

2. 计数方法

计数时，规格为 16×25 的计数板只计算左上、左下、右上和右下 4 个中格（即 100 小格）内的酵母菌数。若是 25×16 的计数板，除统计上述 4 个中格外，还需增加中央 1 个中格（即 80 小格）的酵母菌数。每个样品重复计数 2～3 次（每次计数结果差别不应过大，否则重新操作），取其平均值。然后计算单位体积受检样含有的微生物数目。

$$微生物细胞数（个/mL）= 平均每小格内细胞数 \times 400 \times 10^4 \times 稀释倍数$$

（二）浮游生物计数框的结构及计数方法

浮游生物是指随波逐流地生活在水体中的微型生物。它包括浮游植物和浮游动物两大类。在淡水中，浮游植物主要是藻类，它们以单细胞、群体或丝状体的形式出现。浮游动物主要包括原生动物、轮虫、枝角类和桡足类。水中浮游生物（尤其是浮游植物）的密度可直接反映水体的营养状况。若水中浮游植物大量繁殖，密度过大的话，说明水体有富营养化

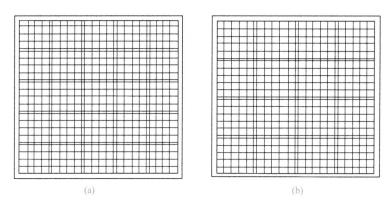

实训图 8-2　两种不同规格的计数板

(a) 25 中方格×16 小方格计数板；(b) 16 中方格×25 小方格计数板

趋势。

1. 结构

用于水体中浮游生物直接计数的计数框的容量有 0.1mL、1mL、5mL 和 8mL 四种，可根据浮游生物的大小选用。工具常用的有塞奇威克-拉夫脱计数框（S-R 计数框）和网格计数框两种。

S-R 计数框：长 50mm、宽 20mm、深 1mm，总面积为 1000mm^2，总体积为 1mL，见实训图 8-3。

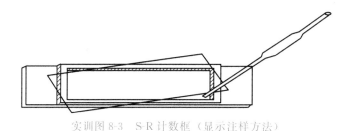

实训图 8-3　S-R 计数框（显示注样方法）

网格计数框：长 20mm、宽 20mm、深 0.25mm，总面积为 400mm^2，总体积为 0.1mL，计数框底部刻 100 个均等的小方格，见实训图 8-4。

实训图 8-4　网格计数框构造

2. 计数方法

（1）长条计数法　首先将目测微尺放入目镜中，然后用台测微尺去校正目尺的长度（校正原理及方法见实训八），再用 S-R 计数框或网格计数框计数，以目测微尺的长度作为一个长条的宽度，从计数框的左边一直计数到计数框的右边称为一个长条。计数的长条数取决于浮游生物的多少，浮游生物越少，计数的长条就要越多，一般藻类、原生动物可计数 2～4 个长条，轮虫则在低倍镜下全片计数。计数时，浮游植物和浮游动物要分开计数，然后分别计算单位体积中的浮游植物数和浮游动物数。其计算公式如下。

$$浮游植物（动物）数（个/mL）=\frac{1000C}{LWDS}$$

式中　C——计数的浮游植物（动物）数；

　　　L——一个长条的长度，即计数框的长度，mm；

　　　W——一个长条的宽度，即目尺的长度，mm；

　　　D——一个长条的深度，即计数框的深度，mm；

　　　S——计数的长条数。

（2）网格计数法　网格计数法必须要用网格计数框计数，计数时如果浮游生物密度不大，可将框内生物全部数出，密度大时，可利用计数框上的刻度，计数其中的几行（如2、5、8行），其计算公式如下。

$$浮游生物数（个/L）=\frac{CV_1}{V_2}$$

式中　C——计数的生物个数；

　　　V_1——由 1L 水浓缩成的样品水量，mL/L；

　　　V_2——计数的样品水量，mL。

（3）视野计数法　先用台测微尺测出显微镜视野的直径，然后算出视野的面积，再用 S-R 计数框或网格计数框计数。计数时以视野为单位计数。其计算公式如下。

$$浮游生物数（个/mL）=\frac{1000C}{ADF}$$

式中　A——一个视野面积，mm^2；

　　　D——视野的深度，mm；

　　　F——计数的视野数（一般至少 10 个）；

　　　C——计数的生物个数。

四、仪器和材料

1. 材料

酵母菌、池塘浓缩水样。

2. 仪器及其他用具

显微镜、血细胞计数板、S-R 计数框或网格计数框、盖玻片、吸管、吸水纸。

五、操作步骤

（一）血细胞计数板测定酵母菌悬液

1. 稀释

根据待测菌悬液浓度，加无菌水适量稀释，以每小格 5～10 个菌体为宜。

2. 制片

取一清洁干燥的血细胞计数板，盖上盖玻片。将菌悬液摇匀，用无菌滴管吸取少许，沿盖玻片的边缘滴一小滴，使其自行渗入计数室。注意不可产生气泡！两个平台都滴加菌液。多余菌液用吸水纸吸去。

3. 显微镜计数

静置 3～5min 后镜检。先用低倍镜找到计数室（光线不宜太强），然后转换高倍接物镜进行计数。计数时，如菌体位于中方格的双线上，只统计上线和右线上的菌体数。对于出芽的酵母菌，当芽体达母细胞大小一半时，可作为 2 个菌体计数。计数时注意转动细调节器，以便上下液层的菌体均可观测到。每个样品重复计数 2～3 次（每次数值不应过大，否则重新操作），取其平均值。

4. 计算

按上述公式计算出每毫升菌液所含酵母菌细胞数。

5. 清洗

计数板使用完毕后，用自来水龙头的急水流冲洗，切勿用硬物洗刷。洗后自然晾干或电吹风吹干，也可用滤纸吸干水分后再用擦镜纸擦干，镜检计数室内无残留菌体或其他沉淀物即可。否则应重新清洗干净。

6. 注意事项

(1) 在显微镜下寻找计数板方格网时注意光线不宜过强。

(2) 在滴加酵母菌液时既应注意不能产生气泡，也不能加得过多，否则影响计数的准确性。

(3) 如果计数的是病原微生物，则需先浸泡在 5% 的石炭酸溶液中进行消毒后再进行清洗。

(二) 用 S-R 计数框测水中浮游生物数量

1. 水样量的采集

采集定量水样常用采水器（实训图 8-5）。在选好的采样点采集水样，采集水样量一般要根据浮游生物的密度来定，密度低水量要多（5～10L），反之则少（1～2L）。

实训图 8-5　有机玻璃采水器　　　　　　实训图 8-6　浮游生物网
1—进水阀门；2—压重铅圈；
3—温度计；4—溢水门；5—橡皮管

2. 样品的固定与浓缩

定量水样采集后一般马上加固定液固定，以免标本变质。藻类、原生动物和轮虫按 10% 比例加鲁哥碘液，枝角类和桡足类按水样量 4%～5% 的比例加入 4% 的福尔马林或 70% 的酒精液固定，样品固定后通过 25 号浮游生物网（实训图 8-6）过滤或沉淀的方法浓缩水样，然后把水样放入烧杯中，最后定容至 30mL。

3. 定量测定——以长条计数法为例

(1) 目测微尺长度的校正：用台测微尺在 10× 目镜、40× 物镜下校正并计算目尺长度（方法见实训五）。

(2) 将定量样品加入计数框，加水样时，先将盖玻片斜放在计数框上（实训图 8-3），把样品摇匀后用吸管慢慢注入样品，注满后把盖玻片移正。静置 5～10min 再计数。

(3) 计数：随机计数 2～4 个长条中浮游植物或浮游动物数。计数单位是每个分离的细胞或每个自然的群体。

4. 计算

根据上述公式分别计算每毫升水样中浮游植物和浮游动物数。

5. 注意事项

(1) 样品中加入鲁哥碘液以后，浮游植物会变色而影响观察，这时可加入 1~2 滴硫代硫酸钠的饱和液，使其恢复原色。

(2) 计数时显微镜的放大倍数应与校正目尺长度时的放大倍数一致。

(3) 向计数框中加样时，一定要先把盖玻片斜盖在计数框上，再加样，然后再移正盖玻片，以免产生气泡。

六、实训报告

1. 将计数结果填实训表 8-1 和实训表 8-2 中。

实训表 8-1　血细胞计数法计数结果

项目	各中格中细胞数					5 个中方格总数	稀释倍数	两室平均值	总菌/(个/mL)
	左上	右上	右下	左下	中间				
第一室									
第二室									

实训表 8-2　长条计数法计数结果

浮游生物类群	各长条中浮游生物数				4 个长条浮游生物总数	浮游生物总数/(个/L)
	1	2	3	4		
浮游植物						
浮游动物						

2. 讨论

① 根据你的体会，血细胞计数板和 S-R 计数框计算的误差主要来自哪些方面？如何减少误差？

② 向血细胞计数板和 S-R 计数框中加样时，为什么不能产生气泡？

实训九　空气中微生物的检测

一、目的和要求

1. 学习并掌握空气中微生物的检测方法。

2. 了解空气中微生物的种类和数量。

3. 掌握不同微生物类群的菌落特征。

二、基本原理

空气中的细菌等微生物自然沉降于培养基的表面，经培养后计数出其上生长的菌落数，按公式计算出 $1m^3$ 空气中的细菌总数。此法能粗略计算空气污染程度及了解被测区微生物的种类和其菌落特征。

三、仪器和材料

（1）无菌培养基：牛肉膏蛋白胨营养琼脂培养基（检测细菌）；查氏培养基（检测霉菌）；高氏 1 号培养基（检测放线菌）。

（2）无菌平板、酒精灯等。

四、操作方法

沉降法。

五、操作步骤

1. 倒平板

将牛肉膏蛋白胨琼脂培养基、查氏培养基及高氏 1 号琼脂培养基熔化后分别倒入无菌平板，凝固后包好备用。

2. 放置待测地点

将包好的平板置于待测地点（每个采样点每种培养基至少放置 3 个平行样品），打开皿盖，在空气中暴露 5min，盖好皿盖，包好后送到实验室。

3. 倒置培养

细菌 37℃培养 24～48h，霉菌 28℃培养 3～4 天，放线菌 28℃培养 5～6 天。

4. 观察结果

培养结束后观察各类微生物的菌落特征，并计数菌落。

5. 计算 1m³ 空气中微生物数量

根据奥梅梁斯基定义：面积为 100cm² 和平板琼脂培养基暴露在空气中 5min，37℃培养 24h 后所生长的菌落数与 10L 空气中所含的细菌数相当。其计算公式如下。

$$X = \frac{N \times 100 \times 100}{\pi r^2}$$

式中　X——每 1m³ 空气中的细菌个数；

　　　N——平板暴露 5min，经 37℃培养 24h 后所生长的菌落数；

　　　r——平板底半径，cm。

六、结果与计算

1. 记录空气中微生物的种类和数量（实训表 9-1）。

实训表 9-1　空气中微生物的种类和数量一览

环境	时间	平均菌落数		
		细菌	霉菌	放线菌
室内	5min			
室外	5min			

2. 描述细菌、霉菌和放线菌的菌落特征。

3. 计算 1m³ 环境空气中所含的细菌数。

实训十　水中细菌菌落总数（CFU）的测定

细菌总数是指 1mL 水样在营养琼脂培养基中（牛肉膏蛋白胨琼脂培养基），37℃下培养

48h后所生长的细菌菌落总数。水中的细菌总数可以作为水体有机污染的指标。《生活饮用水卫生标准》（GB 5749—2006）规定：1mL水中菌落总数不能超过100CFU。

一、目的和要求

1. 掌握水样的采集方法和水样细菌总数测定方法。
2. 了解水源水的平板菌落计数原则。

二、基本原理

本实训是应用平板菌落计数技术测定水中细菌总数。由于水中细菌种类繁多，它们对营养和其他生长条件的要求差别很大，不可能找到一种培养基在一种条件下，使水中所有的细菌均能生长繁殖。因此，在一定的培养基平板上培养出来的菌落，计算得到的水中细菌总数仅是一种近似值。目前一般采用普通牛肉膏蛋白胨琼脂培养基培养水中细菌。

三、仪器和材料

（1）无菌的牛肉膏蛋白胨琼脂培养基。
（2）无菌水、无菌培养皿、无菌试管、无菌吸管、无菌采样瓶。

四、操作方法

平板混匀法。

五、操作步骤

（一）水样的采集

1. 自来水

先将水龙头打开至最大，放水约3~5min，然后关闭水龙头，用酒精灯火焰将水龙头灼烧3~5min灭菌，或用70%酒精消毒水龙头，再打开水龙头，放水1min后，再用无菌的容器接取水样。如果水样中含余氯，则采样瓶在灭菌前应加入硫代硫酸钠溶液（每500mL水样中加入3%的硫代硫酸钠溶液1mL），以消除余氯的影响，避免其继续存在产生杀菌作用。

2. 池水、河水或湖水

如采集的是表层水，可握住采样瓶下部，直接将灭菌的带玻璃塞瓶插入距水面10~15cm的深层处，除去玻璃塞，瓶口朝水流方向，使水样灌入瓶内后将瓶塞盖好，将瓶从水中取出待测。

如果采集的是一定深度的水样时，可使用特制的采样器，采样品的种类很多，实训图10-1所示是其中的一种。采样器外部是一金属框，内装玻璃瓶，器底有沉坠，可按需要坠入一定的深度，瓶盖系有绳索，控制瓶盖启闭，拉起绳索即打开瓶盖装水，松放绳索即自行盖上。采样前应对玻璃瓶做灭菌处理。采样时将采样器下沉到预定深度，扯动挂绳，打开瓶塞，待水灌满后，迅速提出水面，弃去上层水样，盖好瓶盖。在取水时应同步测定取水的深度。水样采集后，将采样瓶迅速送回实验室进行检验。

实训图10-1　采样器

3. 水样的处置

采集的水样最好立即检验，一般从取样到检验不宜超过 2h，如不能立即检验，可在 1～5℃下冰箱存放，但较清洁的水样应在 12h 内测定，污水则必须在 6h 内测定完毕。若无法在规定时间内完成，则应考虑采用延迟培养法，或者在报告中注明水样采集与测定的间隔时间。

取样时要注明日期、温度、水的来源、环境状况、水的用途等，以供水质评价时参考。

（二）菌落总数的测定

1. 自来水及生活饮用水的测定

① 以无菌操作方法用无菌吸管吸取 1mL 充分混匀的水样，注入无菌平皿中，倾注入约 15mL 已融化并冷却至 45℃左右的营养琼脂培养基，并立即旋转平皿，使水样与培养基充分混匀。每次检验时应做一平行接种，同时另用一个平皿只倾注营养琼脂培养基做空白对照。

② 待冷却凝固后，包好，翻转平皿，使底面朝上，置于 36℃±1℃培养箱内培养 48h，进行菌落计数。算出两个平板上生长的菌落总数的平均值即为 1mL 水样中的细菌总数。

2. 水源水或其他水样的测定

① 稀释水样：以无菌操作方法吸取 1mL 充分混匀的水样，注入盛有 9mL 生理盐水或无菌水的试管中，混匀成 1∶10 的稀释液。

② 吸取 1∶10 的稀释液 1mL 注入盛有 9mL 生理盐水或无菌水的试管中，混匀成 1∶100 稀释液。按同法依次稀释成 1∶1000 和 1∶10000 稀释液等备用。如此递增稀释，必须更换 1mL 灭菌试管。

③ 稀释倍数视水质而定，以培养后平板的菌落数在 30～300 个的稀释度最为合适。一般中等污染水样，取 10^{-1}、10^{-2}、10^{-3} 三个连续稀释度，污染严重的取 10^{-3}、10^{-4}、10^{-5} 三个连续稀释度。若三个稀释度的菌数均多到无法计数或少到无法计数，则需继续稀释或减少稀释倍数。

④ 接种培养：用灭菌吸管吸取未稀释的水样和 2～3 个适宜稀释度的水样 1mL，分别注入灭菌平皿内，每一稀释度做 2 个平皿，系列稀释及接种示意图如实训图 10-2 所示。

⑤ 在已经加入稀释水样的平板中倾注入约 15mL 已融化并冷却至 45℃左右的营养琼脂培养基，并立即旋转平皿，使水样与培养基充分混匀。

⑥ 待冷却凝固后，包好，翻转平皿，使底面朝上，置于 36℃±1℃培养箱内培养 48h，进行菌落计数。

（三）菌落计数方法

先计算相同稀释度的平均菌落数。若其中一个平板有较大片状菌落生长时，则不应采用，而应以无片状菌落生长的平板作为该稀释度的平均菌落数。若片状菌落的大小不到平板的一半，而其余的一半菌落分布又很均匀时，则可将此一半的菌落数乘 2 以代表全平板的菌落数，然后再计算该稀释度的平均菌落数。

（四）不同稀释度的选择及报告方法

① 首先选择平均菌落数在 30～300 的，当只有一个稀释度的平均菌落数符合此范围时，则以该平均菌落数乘其稀释倍数即为该水样的细菌总数（实训表 10-1 例 1）。

② 若有两个稀释度的平均菌落数均在 30～300，则按两者菌落总数之比值来决定。若其比值小于 2，应采取两者的平均数（实训表 10-1 例 2）；若大于 2，则取其中较小的菌落总数（实训表 10-1 例 3）。

③ 若所有稀释度的平均菌落数均大于 300，则应按稀释度最高的平均菌落数乘以稀释倍数（实训表 10-1 例 4）。

④ 若所有稀释度的平均菌落数均小于 30，则应按稀释度最低的平均菌落数乘以稀释倍

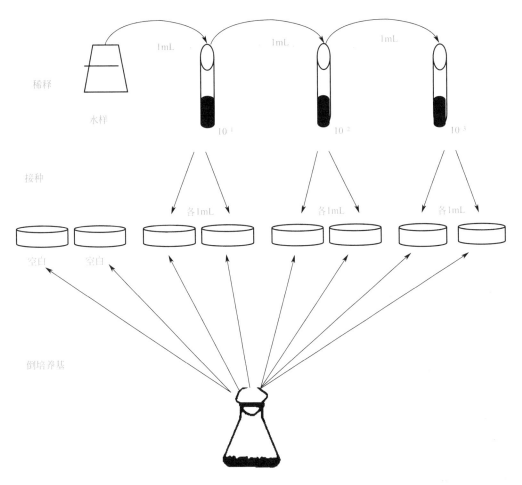

实训图 10-2 系列稀释法及接种示意图

数（实训表 10-1 例 5）。

　　⑤ 若所有稀释度的平均菌落数均不在 30～300，则以最近 300 或 30 的平均菌落数乘以稀释倍数（实训表 10-1 例 6）。

　　⑥ 若所有稀释度均无菌落长出，则以未检出报告之。

　　⑦ 若所有平板上都菌落密布，不可用"多不可计"报告，而应该在稀释度最大的平板上任意数其中 2 个平板 1cm² 中的菌落数，除以 2 求出每 1cm² 内平均菌落数，乘以皿底面积，再乘以稀释倍数作报告。

　　⑧ 菌落计数的报告方式。菌落数在 100 以内时按实际数报告，大于 100 时，采用两位有效数字，两位有效数字后，按四舍五入计算，为简洁表达，常用 10 的指数表示。在报告菌落数为"无法计数"时，应注明水样的稀释倍数。

实训表 10-1 计算菌落总数方法举例

举例	不同稀释度的平均菌落数			两个稀释度菌落总数之比	菌落总数/(个/mL)	
	10^{-1}	10^{-2}	10^{-3}		实际数	报告数
例 1	1365	164	20	—	16400	16000 或 $1.6×10^4$

续表

举例	不同稀释度的平均菌落数			两个稀释度菌落 总数之比	菌落总数/(个/mL)	
	10^{-1}	10^{-2}	10^{-3}		实际数	报　告　数
例2	2760	295	46	1.6	37750	38000 或 3.8×10^4
例3	650	271	60	2.2	27100	27000 或 2.7×10^4
例4	无法计数	1650	513	—	513000	510000 或 5.1×10^5
例5	27	11	5	—	270	270 或 2.7×10^2
例6	无法计数	305	12	—	30500	31000 或 3.1×10^4

六、结果与讨论

1. 将菌落计数结果填入实训表 10-2 和实训表 10-3 中，并计算细菌总数。

实训表 10-2　自来水的细菌总数

菌落数			平均菌落数	细菌总数 /(个/mL)
平板 1	平板 2	平板 3		

实训表 10-3　池水、河水或湖水等的细菌总数

稀　释　度	10^{-1}		10^{-2}		10^{-3}	
平板	1	2	1	2	1	2
菌落数						
平均菌落数						
计算方法						
菌落总数/(个/mL)						

2. 讨论

① 根据实训检测自来水的菌落总数结果，评价其是否达到饮用水标准。

② 你所检测的水源水的污染程度如何？

实训十一　水中大肠菌群数的检测——多管发酵法

一、目的和要求

1. 掌握用多管发酵法测定水中大肠菌群数量的方法。

2. 了解大肠菌群的特性。

3. 了解大肠菌群作为卫生指标的意义。

二、基本原理

大肠菌群是一群需氧或兼性厌氧的、在 37℃ 培养 24～48h 能发酵乳糖产酸产气的革兰阴性无芽孢杆菌。它们普遍存在于肠道中，具有数量多、与多数肠道病原菌存活期相近、易于培养和观察等特点。该菌群包括肠道杆菌科中的埃希菌属、肠杆菌属、柠檬酸细菌数和克

雷伯菌属。大肠菌群数是指每升水中含有的大肠菌群的近似值。通常可根据水中大肠菌群的数量判断水源是否被粪便污染，并可间接推测水源受肠道病原菌污染的可能性。

中国现行《生活饮用水卫生标准》（GB 5749—2006）规定：1L 自来水中大肠菌群数不得检出。对于那些只经过加氯消毒即作生活饮用水的水源水，其大肠菌群数平均每升不得超过 1000 个；经过净化处理及加氯消毒后供作生活饮用水的水源水，其大肠菌群数平均每升不得超过 10000 个。

目前检测大肠菌群的标准分析法是多管发酵法。多管发酵法是以最大可能数（most probable number，MPN）来表示检测结果的。大量实验证明，该方法的检测结果有可能大于实际的数量，但只要适当增加每个稀释度试管的重复数目，就能减少这种误差。因此，在实际监测过程中，应根据要求数据的准确性来确定发酵试管的重复数目。多管发酵法包括初步发酵试验、平板画线分离和复发酵试验三个部分。

三、实训器材

（1）小试管（18mm×180cm）、小导管、灭菌移液管、灭菌培养皿（直径 90mm）、接种环、试管架等。

（2）革兰染色液一套：草酸铵结晶紫、革兰碘液、95%乙醇、番红染液等。

（3）显微镜。

（4）10% NaOH、10% HCl、精密 pH 试纸 6.4～8.4。

（5）培养基：①无菌的乳糖蛋白胨培养液（供多管发酵法的发酵用）；②无菌的 2 倍浓缩乳糖蛋白胨培养液（供多管法初发酵用）；③无菌的伊红美蓝培养基（供多管发酵法的平板画线分离用）；④无菌的品红亚硫酸钠培养基（即远藤培养基，供多管发酵法的平板画线分离用）。

注：③、④两种培养基任选一种。

四、操作步骤

1. 乳糖发酵实验

（1）生活饮用水　取 10mL 水样接种到 10mL 双料乳糖蛋白胨培养液中，取 1mL 水样接种到 10mL 单料乳糖蛋白胨培养液中，另取 1mL 水样注入 9mL 灭菌生理盐水中，混匀后吸取 1mL（即 0.1mL 水样）注入 10mL 单料乳糖蛋白胨培养液中，每一稀释度接种 5 管。如实训图 11-1 所示。

（2）出厂自来水　对已处理过的出厂自来水，需经常检验或每天检验一次的，可直接接种 5 份 10mL 水样到双料乳糖蛋白胨培养液中，每份接种 10mL 水样。

（3）检验水源水　检验水源水时，如污染较严重，应加大稀释度，可接种 1mL，0.1mL，0.01mL 甚至 0.1mL，0.01mL，0.001mL，每个稀释度接种 5 管，每个水样共接种 15 管，接种 1mL 以下水样时，必须做 10 倍递增稀释后，取 1mL 接种，每递增稀释一次，换用 1 支 1mL 灭菌刻度吸管。

将接种管置 36℃±1℃培养箱内，培养 24h±2h，如所有乳糖蛋白胨培养管都不产酸产气，则可报告为总大肠菌群阴性，如有产酸产气者，则按下列步骤进行。

（4）结果分析

① 若培养基仍呈紫色，其中的小导管内没有气体，既不产酸又不产气，为阴性反应，表明无大肠菌群存在。

② 若培养基由紫色变为黄色，小导管内有气体产生，既产酸又产气，为阳性反应，说

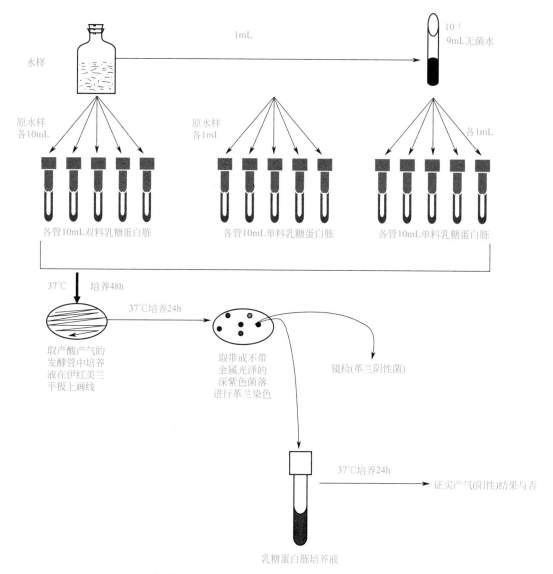

实训图 11-1 生活饮用水中大肠菌群检测流程图

明有大肠菌群存在。

③ 若培养基由紫色变成黄色说明产酸，但不产气，仍为阳性反应，表明有大肠菌群存在，结果为阳性者，说明水可能被粪便污染，需进一步检验。

④ 若有气体产生，而培养基的颜色不变，也不浑浊，说明技术操作上有问题，需重做检验。

2. 分离培养

将产酸产气的发酵管分别转种在伊红美蓝琼脂平板上，于（36±1）℃培养箱内培养18～24h，观察菌落形态，挑取符合下列特征的菌落做革兰染色、镜检和证实试验。

① 淡紫黑色、具有金属光泽的菌落；

② 紫黑色、不带或略带金属光泽的菌落；

③ 淡紫红色、中心较深的菌落。

3. 证实试验

经上述染色镜检为革兰阴性无芽孢杆菌，同时接种到乳糖蛋白胨培养液中，置36℃±

1℃培养箱中培养（24±2）h，有产酸产气者，即证实有总大肠菌群存在。

4.结果报告

根据证实为总大肠菌群阳性的管数，查 MPN（most probable number，最可能数）检索表，报告每 100mL 水样中的总大肠菌群最可能（MPN）值。5 管法结果见实训表 11-1，15 管法结果见实训表 11-2。稀释样品查表后所得结果应乘稀释倍数。如所有乳糖发酵管均阴性时，可报告总大肠菌群未检出。

总大肠菌群检测的流程见实训图 11-2。

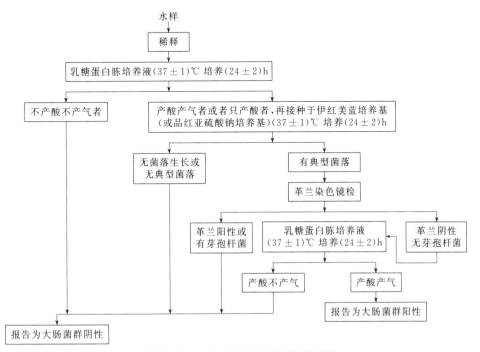

实训图 11-2　总大肠菌群检测的流程图

实训表 11-1　用 5 份 10mL 水样时各种阳性和阴性结果组合时的最可能数

5 个 10mL 阳性管数	最可能数（MPN/100mL）
0	<2.2
1	2.2
2	5.1
3	9.2
4	16.0
5	>16

实训表 11-2　总大肠菌群 MPN 检索表

（总接种量 55.5mL，其中 5 份 10mL 水样，5 份 1mL 水样，5 份 0.1mL 水样）

接种量/mL			总大肠菌群	接种量/mL			总大肠菌群
10	**1**	**0.1**	（MPN/100mL）	**10**	**1**	**0.1**	（MPN/100mL）
0	0	0	<2	1	0	0	2
0	0	1	2	1	0	1	4
0	0	2	4	1	0	2	6
0	0	3	5	1	0	3	8
0	0	4	7	1	0	4	10
0	0	5	9	1	0	5	12

接种量/mL			总大肠菌群	接种量/mL			总大肠菌群
10	1	0.1	（MPN/100mL）	10	1	0.1	（MPN/100mL）
0	1	0	2	1	1	0	4
0	1	1	4	1	1	1	6
0	1	2	6	1	1	2	8
0	1	3	7	1	1	3	10
0	1	4	9	1	1	4	12
0	1	5	11	1	1	5	14
0	2	0	4	1	2	0	6
0	2	1	6	1	2	1	8
0	2	2	7	1	2	2	10
0	2	3	9	1	2	3	12
0	2	4	11	1	2	4	15
0	2	5	13	1	2	5	17
0	3	0	6	1	3	0	8
0	3	1	7	1	3	1	10
0	3	2	9	1	3	2	12
0	3	3	11	1	3	3	15
0	3	4	13	1	3	4	17
0	3	5	15	1	3	5	19
0	4	0	8	1	4	0	11
0	4	1	9	1	4	1	13
0	4	2	11	1	4	2	15
0	4	3	13	1	4	3	17
0	4	4	15	1	4	4	19
0	4	5	17	1	4	5	22
0	5	0	9	1	5	0	13
0	5	1	11	1	5	1	15
0	5	2	13	1	5	2	17
0	5	3	15	1	5	3	19
0	5	4	17	1	5	4	22
0	5	5	19	1	5	5	24
2	0	0	5	3	0	0	8
2	0	1	7	3	0	1	11
2	0	2	9	3	0	2	13
2	0	3	12	3	0	3	16
2	0	4	14	3	0	4	20
2	0	5	16	3	0	5	23
2	1	0	7	3	1	0	11
2	1	1	9	3	1	1	14
2	1	2	12	3	1	2	17
2	1	3	14	3	1	3	20
2	1	4	17	3	1	4	23
2	1	5	19	3	1	5	27
2	2	0	9	3	2	0	14
2	2	1	12	3	2	1	17
2	2	2	14	3	2	2	20
2	2	3	17	3	2	3	24
2	2	4	19	3	2	4	27
2	2	5	22	3	2	5	31

续表

接种量/mL			总大肠菌群	接种量/mL			总大肠菌群
10	1	0.1	（MPN/100mL）	10	1	0.1	（MPN/100mL）
2	3	0	12	3	3	0	17
2	3	1	14	3	3	1	21
2	3	2	17	3	3	2	24
2	3	3	20	3	3	3	28
2	3	4	22	3	3	4	32
2	3	5	25	3	3	5	36
2	4	0	15	3	4	0	21
2	4	1	17	3	4	1	24
2	4	2	20	3	4	2	28
2	4	3	23	3	4	3	32
2	4	4	25	3	4	4	36
2	4	5	28	3	4	5	40
2	5	0	17	3	5	0	25
2	5	1	20	3	5	1	29
2	5	2	23	3	5	2	32
2	5	3	26	3	5	3	37
2	5	4	29	3	5	4	41
2	5	5	32	3	5	5	45
4	0	0	13	5	0	0	23
4	0	1	17	5	0	1	31
4	0	2	21	5	0	2	43
4	0	3	25	5	0	3	58
4	0	4	30	5	0	4	76
4	0	5	36	5	0	5	95
4	1	0	17	5	1	0	33
4	1	1	21	5	1	1	46
4	1	2	26	5	1	2	63
4	1	3	31	5	1	3	84
4	1	4	36	5	1	4	110
4	1	5	42	5	1	5	130
4	2	0	22	5	2	0	49
4	2	1	26	5	2	1	70
4	2	2	32	5	2	2	94
4	2	3	38	5	2	3	120
4	2	4	44	5	2	4	150
4	2	5	50	5	2	5	180
4	3	0	27	5	3	0	79
4	3	1	33	5	3	1	110
4	3	2	39	5	3	2	140
4	3	3	45	5	3	3	180
4	3	4	52	5	3	4	210
4	3	5	59	5	3	5	250
4	4	0	34	5	4	0	130
4	4	1	40	5	4	1	170
4	4	2	47	5	4	2	220
4	4	3	54	5	4	3	280
4	4	4	62	5	4	4	350
4	4	5	69	5	4	5	430

续表

接种量/mL			总大肠菌群	接种量/mL			总大肠菌群
10	1	0.1	(MPN/100mL)	10	1	0.1	(MPN/100mL)
4	5	0	41	5	5	0	240
4	5	1	48	5	5	1	350
4	5	2	56	5	5	2	540
4	5	3	64	5	5	3	920
4	5	4	73	5	5	4	1600
4	5	5	81	5	5	5	>1600

五、结果与讨论

（一）结果报告

1. 生活饮用水

根据证实有大肠菌群存在的阳性发酵管数，查实训表 11-1，报告每升水样中大肠菌群数。

2. 池水、河水或湖水等

根据证实有大肠菌群存在的阳性发酵管数，查实训表 11-2，报告每升水样中大肠菌群数。

（二）讨论

1. 根据我国饮用水和河流污染的水质标准，讨论本次检测结果。

2. 为什么选用大肠菌群作为水的卫生指标？

实训十二　水中粪大肠菌群数的检测——多管发酵法

一、目的和要求

1. 掌握测定水中粪大肠菌群数量的多管发酵法。
2. 了解粪大肠菌群的数量在卫生学上的重要性。

二、基本原理

粪大肠菌群是总大肠菌群中的一部分，主要来自温血动物的粪便，其特点是在 $(44.5\pm0.2)℃$ 下能生长，并发酵乳糖产酸产气。因此可通过提高培养温度的方法，造成不利于来自自然环境的大肠菌群生长的条件，使培养出来的细菌主要为来自粪便中的大肠菌群，从而更准确地反映出水质受粪便污染的情况，具有重要的卫生学意义。

目前我国地表水环境质量标准是：1L 水中，粪大肠菌群数≤200 个为 I 类水，≤2000 个为 II 类水，≤10000 个为 III 类水，≤20000 个为 IV 类水，≤40000 个为 V 类水。

粪大肠菌群的测定可以用多管发酵法、滤膜法和延迟培养法。这里仅介绍多管发酵法。

三、仪器和材料

（1）接种环、酒精灯、灭菌大试管、灭菌小试管、灭菌移液管、灭菌锥形瓶（取水样用）、采样器等。

（2）无菌水。

（3）培养基：无菌的浓缩乳糖蛋白胨培养液；无菌的双料乳糖蛋白胨培养液；无菌的 EC 培养液。

四、操作步骤

1. 自总大肠菌群乳糖发酵实验中的阳性管（产酸产气）中取 1 滴转种于 EC 培养基中，置 44.5℃±0.5℃ 水浴箱或隔水式恒温培养箱内（水浴箱的水面应高于试管中培养基页面），培养 24h±2h，如所有管均不产气，则报告为阴性，如有产气者，则转种于尹红美蓝琼脂平板上，置 44.5℃ 培养 18~24h，凡平板上有典型菌落者（同实训十一），则证实为耐热大肠菌群阳性。

2. 如检测未经氯化物消毒的水，且只想检测耐热大肠菌群时，或调查水源水的耐热大肠菌群污染时，可用直接多管耐热大肠菌群的方法，即在第一步乳糖发酵实验时按总大肠菌群接种乳糖蛋白胨培养液在 44.5℃±0.5℃ 水浴中培养，以下步骤同 1。

五、结果与讨论

1. 计算与结果报告

根据不同接种量的发酵管所出现阳性结果数目，从 MPN 表中查得相应 MPN 指数，按大肠菌群数的计算方法计算，并报告每升水中含粪大肠菌群的数目。

2. 讨论

为什么说提高温度培养出的大肠菌群更能代表水质受粪便污染的情况？

实训十三　大肠菌群数的检测——滤膜法

一、目的和要求

掌握采用滤膜法测定水中大肠菌群的方法。

二、基本原理

滤膜法系采用滤膜过滤器将水样过滤，细菌被截留于滤膜上，然后将滤膜贴放于品红亚硫酸钠培养基或伊红美蓝培养基上进行培养，大肠菌群能够在膜上生长，故可直接计数。

滤膜法适用于自来水及低浊度的水源水且水样量要大。

三、仪器和材料

（1）过滤器、真空泵、无齿镊子、夹钳、烧杯、滤膜（醋酸纤维素膜或多孔硝化纤维素膜，其孔径约 0.45μm）。

（2）培养基：品红亚硫酸钠琼脂平板或伊红美蓝琼脂平板；乳糖蛋白胨发酵管（内有小导管）。

（3）无菌水。

四、操作步骤

1. 准备工作

① 滤膜灭菌：将滤膜放进有蒸馏水的烧杯中，煮沸灭菌 3 次，每次 15min，前两次煮沸后换水洗涤 2~3 次，清除滤膜上残留的溶剂。

② 滤器灭菌：高压蒸汽（121℃）灭菌 20min 或点燃酒精棉球火焰灭菌。

2. 水样过滤

① 用灭菌镊子（浸泡在 95％的乙醇内，用时通过火焰灭菌）夹取灭菌滤膜边缘部分，粗糙面朝上，贴放于无菌的滤床上，稳妥地固定好过滤器，加入一定量的水样，加盖，开启滤器阀门，于－50662.5Pa（－0.5atm）下进行抽滤。被过滤的水量以培养后滤膜上长出的菌落数不超过 50 个为宜。污染严重的水要进行稀释，稀释度的取舍以合适的菌落数而定；污染不严重的地面水取样量为 1～10mL；经处理过的地面水或清洁的深井水取样量为 300～500mL，加盖。

② 打开真空泵抽滤 5s 左右，加入适量的无菌水再抽滤一次，以冲洗附着在漏斗壁上的细菌。滤毕，关闭真空泵，取下过滤器。

3. 转移滤膜

用灭菌镊子夹住滤膜的边缘取下，贴放在伊红美蓝平板上（菌面朝上），滤膜与培养基之间不得留气泡。

4. 培养

将平板倒置于 37℃恒温培养 24h。

5. 检验

选取符合大肠菌群特征的菌落（参见实训十一），进行涂片、革兰染色、镜检。

6. 转接、判定

将革兰染色阴性无芽孢杆菌的菌落转接到乳糖蛋白胨发酵管中（一支），37℃培养 24h，产酸产气者判定为大肠菌群阳性。过滤器、滤膜转移及培养结果见实训图 13-1。

实训图 13-1 过滤器、滤膜转移及培养结果

7. 计算

$$每升水样中大肠菌群数＝滤膜上大肠菌群菌落数 \times \frac{1000(\text{mL})}{\text{水样量}(\text{mL})}$$

五、结果与讨论

1. 结果

① 记录滤膜上的大肠菌群菌落数。

② 计算 1L 水样中的大肠菌群菌落数。

2. 讨论

试比较多管发酵法与滤膜法测定大肠菌群的优点和缺点。

实训十四　微生物对有机物降解及转化能力的定性分析

一、目的和要求

1. 了解细菌鉴定中常用的生化反应及其原理。

2. 了解不同种类的细菌对碳水化合物及含氮化合物的分解利用情况，从而认识微生物代谢类型的多样性。

3. 学习平板接种法及穿刺接种法。

二、基本原理

由于各种微生物的新陈代谢不同，因此对各种物质利用后所产生的代谢产物也不同，故可利用化学反应来测定微生物的代谢物（这种反应称为生化反应），并以此作为鉴定微生物的依据。

三、仪器和材料

1. 菌种

枯草芽孢杆菌、大肠杆菌、产气杆菌、金黄色葡萄球菌。

2. 培养基

淀粉培养基、油脂培养基、蛋白胨培养液、葡萄糖蛋白胨培养基、明胶培养基、蛋白胨水培养基、柠檬酸铁铵半固体培养基等。培养基的配制见附录Ⅰ。

3. 试剂

鲁哥碘液、碱液、甲基红试剂、40％NaOH 溶液、奈氏试剂、α-萘酚、吲哚试剂、乙醚等。

4. 其他物品

无菌培养皿、无菌试管、接种环、酒精灯、接种针等。

四、实训内容

1. 淀粉水解试验

淀粉遇碘呈蓝紫色，在淀粉酶作用下，淀粉可分解为遇碘不显色的糊精等小分子物质，因而可根据培养基在加入碘液后颜色变化来观察淀粉水解情况。

操作步骤如下。

(1) 制备淀粉水解实验用培养基。

(2) 倒好的琼脂平板放在37℃恒温箱过夜，检查是否污染并烘干冷凝水，然后取新鲜菌种点种，每一个平板可分成若干格，一次接种多个菌种（如枯草芽孢杆菌、大肠杆菌或产气杆菌等）。

(3) 培养2～5天，形成明显菌落后，在平板上滴加鲁哥碘液，菌落周围或菌落下面琼脂不变色表示淀粉已水解，如果变色则表示淀粉没水解。

2. 脂肪水解试验

脂肪是由甘油和各种脂肪酸组成。某些种类的细菌能产生脂肪酶水解脂肪形成甘油和脂肪酸，脂肪酸与中性红结合形成红色斑点。脂肪酸也可与重金属盐如硫酸铜反应形成浅绿-蓝色沉淀。

操作步骤如下。

(1) 将含有油脂的营养琼脂培养基置于沸水浴中熔化，取出充分振荡，使油脂分布均匀，再倾入无菌培养皿中，静置冷却制成平板。

(2) 用接种环挑取少量待测菌种（如金黄色葡萄球菌、大肠杆菌或产气杆菌等），在平板上画线接种。倒置于27～30℃温箱中培养4天，每日取出观察。

(3) 观察结果　在平板上滴加中性红做指示剂，菌落下面如有红色斑点出现，表示脂肪已被水解。或用饱和硫酸铜溶液淹没油脂琼脂平板，使试剂与培养基反应15min，倾去多余试剂，再静置约10min，如脂肪已被水解则菌落周围形成浅绿-蓝色。

3. 产氨实验

某些细菌具有脱氨酶，能使氨基酸脱去氨基，生成氨和各种有机酸。所产生的氨可用奈氏试剂检验，氨与奈氏试剂作用产生黄色或棕红色碘化氧双汞铵沉淀。

操作步骤如下。

(1) 将待测菌种接种（如大肠杆菌或产气杆菌等）于牛肉膏蛋白胨培养液中，将石蕊试纸及奈氏试纸条借助棉塞悬于试管两侧。置于28～30℃温箱内培养5天，在1天、2天、3天、5天时检查试验结果。

(2) 取少量培养液在白色比色瓷盘反应室内加奈氏试剂1～2滴，如产生黄色或棕红色沉淀，则为阳性反应，说明有氨存在。若石蕊试纸变蓝色，奈氏试纸变黄色，也表示有氨产生。

4. 乙酰甲基甲醇（V.P.）试验

某些细菌在糖代谢过程中，能分解葡萄糖产生丙酮酸，两个分子丙酮酸经缩合和脱羧生成乙酰甲基甲醇。乙酰甲基甲醇在碱性条件下，被氧化成二乙酰，二乙酰与蛋白胨中精氨酸的胍基起作用，生成红色化合物。此为V.P.试验的阳性反应。在试管中加入少量的α-萘酚作为颜色增强剂可使反应加快。

丙酮酸　　　　乙酰乳酸　　　　乙酰甲基甲醇　　　二乙酰

$$二乙酰 \quad\quad 胍基 \quad\quad\quad 红色化合物$$

操作步骤如下。

（1）分别接种大肠杆菌和产气杆菌于装有葡萄糖蛋白胨培养基的试管中，置于 37℃ 恒温箱内培养 24～48h，有时需延长培养到 10 天。

（2）在已培养两天的试管内，先加入 40％KOH 溶液 10～20 滴，然后再加入等量的 α-萘酚溶液，拔去棉塞，用力振荡，再放入 37℃ 恒温箱中保温 15～30min（或在沸水浴中加热 1～2min）。如培养液出现红色，为 V.P. 阳性反应。

5. 吲哚试验

有些细菌能氧化分解蛋白胨中的色氨酸，生成吲哚。吲哚无色，可与对二甲基氨基苯甲醛结合，生成红色的玫瑰吲哚。

色氨酸 吲哚

吲哚 玫瑰吲哚
对二甲基氨基苯甲醛

操作步骤如下。

（1）以无菌操作分别将产气杆菌和大肠杆菌接种在蛋白胨水培养基中，置 37℃ 恒温箱内培养 48h。

（2）观察结果时，在培养液中加入乙醚 1～2mL（使呈明显的乙醚层），充分振荡，使吲哚溶于乙醚中，静置片刻，使乙醚层浮于培养基的上层，然后沿试管壁加入 10 滴吲哚试剂。如果有吲哚产生，则乙醚层呈现玫瑰红色（注意：加入吲哚试剂后，切勿摇动，否则红色不明显）。

6. 甲基红（M.R.）试验

有些细菌在糖代谢过程中，可把培养基中的糖分解为丙酮酸，丙酮酸再被分解为甲酸、乙酸、乳酸等。酸的产生可由加入甲基红指示剂的变色而指示。甲基红的变色范围 pH 值 4.2（红色）～6.3（黄色）。由于细菌分解葡萄糖产酸，使培养液由原来的橘黄色变为红色，此为 M.R. 的阳性反应。

操作步骤如下。

（1）取葡萄糖蛋白胨培养基两支，一支接入大肠杆菌，另一支接入产气杆菌，置 37℃恒温箱内培养 48h。

（2）观察结果时，沿管壁加入甲基红指示剂 3～4 滴，若培养液变红色即为阳性，变黄色则为阴性。

7. 明胶液化试验

明胶是一种动物蛋白。明胶培养基本身在低于 20℃时凝固，高于 25℃则自行液化。有些细菌能生产蛋白酶（胞外酶），将明胶水解成小分子物质，使培养后的培养基由原来的固体状态变成液体状态，即使在低于 20℃的温度下也不再凝固。

操作步骤如下。

（1）用穿刺接种法分别接种大肠杆菌和产气杆菌于明胶培养基中，然后置于 20℃恒温箱中培养 48h。

（2）观察明胶液化情况。

8. H_2S 产生试验

某些细菌能分解含硫有机物，如胱氨酸、半胱氨酸、甲硫氨酸等产生硫化氢，硫化氢遇培养基中的铅盐或铁盐时，会形成黑色的硫化铅或硫化铁沉淀（也可在液体培养基中接种细菌，在试管棉塞下吊一块浸有醋酸铅的滤纸）。

以半胱氨酸为例，其化学反应过程如下：

$$CH_3SHCHNH_2COOH + H_2O \longrightarrow CH_3COCOOH + NH_3 + H_2S$$
$$H_2S + Pb(CH_3COO)_2 \longrightarrow PbS\downarrow + 2CH_3COOH$$
$$（黑色）$$
$$H_2S + FeSO_4 \longrightarrow H_2SO_4 + FeS\downarrow$$
$$（黑色）$$

操作步骤如下。

（1）取 2 支柠檬酸铁铵半固体培养基，分别用穿刺接种法接种大肠杆菌和普通变形杆菌，置 37℃恒温箱内培养 48h。

（2）观察结果，如培养基中出现黑色沉淀线者为阳性反应，同时注意观察接种线周围有无向外扩展情况，如有表示该菌具有运动能力。

五、实训报告

将实训结果填入实训表 14-1。"＋"表示阳性反应，"－"表示阴性反应。

实训表 14-1　微生物生化反应实验结果

试验名称 / 菌种	淀粉水解试验	油脂水解试验	产氨试验	V. P. 试验	M. R. 试验	明胶液化试验	吲哚试验	硫化氢产生试验
大肠杆菌								
产气杆菌								
金黄色葡萄球菌								
普通变形杆菌								
枯草芽孢杆菌								

六、思考题

1. 大肠杆菌和产气杆菌都是革兰阴性无芽孢杆菌，如要区别它们，可根据哪项生化反应加以鉴别？

2. 淀粉、油脂能否不经分解而直接被细菌吸收？为什么？

3. 在吲哚试验和硫化氢产生试验中细菌各分解何种氨基酸？

4. 明胶液化试验中，为什么只能将接种后的培养基置于 20℃恒温箱中培养？

实训十五　活性污泥和生物膜生物相的观察

一、目的和要求

本实训目的是学习观察活性污泥中的絮绒体及生物相，初步分析生物处理池内运转是否正常。

二、基本原理

活性污泥和生物膜中生物相比较复杂，以细菌、原生动物为主，还有真菌、后生动物等。某些细菌能分泌胶黏物质形成菌胶团，成为活性污泥和生物膜的主要组分。原生动物常作为污水净化指标，当固着型纤毛虫占优势时，一般认为污水处理池运转正常。丝状微生物构成污泥絮绒体的骨架，少数伸出絮绒体外，当其大量出现时，常可造成污泥膨胀或污泥松散，使污泥池运转失常。当后生动物轮虫等大量出现时，意味着污泥极度衰老。

三、仪器和材料

1. 活性污泥：取自污水处理厂曝气池。

2. 量筒、载玻片、盖玻片、玻璃小吸管、橡胶吸头、镊子。

3. 显微镜、目镜测微尺。

四、操作步骤

1. **肉眼观察**

取曝气池的混合液置于量筒内，观察活性污泥在量筒中呈现的絮绒体外观及沉降性能（30min 沉降后的污泥体积）。

2. **制片镜检**

取混合液 1～2 滴于载玻片上，加盖玻片制成水浸标本片，在显微镜下观察生物相。

（1）污泥菌胶团絮绒体　形状、大小、稠密度、折光性、游离细菌多少等。

（2）丝状微生物　伸出絮绒体外的多少，观察哪一类占优势。

（3）微型动物　识别其中原生动物、后生动物的种类。

五、思考题

1. 将镜检和计数结果填入下表。

絮绒体形态	圆形、不规则形
絮绒体结构	开放；封闭
絮绒体紧密度	紧密；疏松
丝状菌数量	0；±；＋；＋＋；＋＋＋

游离细菌	几乎不见;少;多
优势种动物名称及状态描述	
其他动物种名称	
每滴稀释液中的动物数	
每毫升混合液中的动物数	

2. 绘制所观察原生动物和微型后生动物的形态图。

3. 根据实训观察情况，试对污水厂活性污泥质量及运行情况作初步评价。

实训十六　活性污泥脱氢酶活性的测定

一、目的和要求

通过本实训要掌握活性污泥脱氢酶活性的测定方法；另外，通过测定活性污泥在不同工业废水中脱氢酶活性情况来评价工业废水成分的毒性及其可生物降解性。

二、基本原理

活性污泥中微生物所产生的各种酶，能够催化污水中的各类有机物进行氧化还原反应，其中脱氢酶是一类氧化还原酶，它的作用是催化氢从被氧化的有机物上传递给氢受体。单位时间内脱氢酶活化氢的能力表现为它的活性。

脱氢酶活性的定量测定，常通过指示剂的还原变色速度，来确定脱氢过程的强度。常用的指示剂有 2,3,5-氯化三苯基四氮唑（TTC）或亚甲蓝，它们在从氧化状态接受脱氢酶活化的氢而被还原为 TF 时具有稳定的颜色，可通过比色的方法，来推测脱氢酶的活性。

三、材料与器皿

(1) 721 型分光光度计、恒温器、离心机（4000r/min）、离心管、移液管、试管。

(2) 试剂：Tris-HCl 缓冲液、2,3,5-氯化三苯基四氮唑（TTC）、亚硫酸钠、丙酮（或正丁醇及甲醇）、连二亚硫酸钠、浓硫酸、生理盐水。

四、操作步骤

1. 标准曲线的制备

(1) 配制 1mg/mL TTC 溶液：称取 50.0mg TTC，置于 50mL 容量瓶中，以蒸馏水定容至刻度。

(2) 配制不同浓度 TTC 液：从 1mg/mL TTC 液中分别吸取 1mL、2mL、3mL、4mL、5mL、6mL、7mL 放入每个容量为 50mL 的一组容量瓶中，用蒸馏水定容至 50mL，各瓶中 TTC 浓度分别为 20μg/mL、40μg/mL、60μg/mL、80μg/mL、100μg/mL、120μg/mL、140μg/mL。

(3) 取 8 支试管分别加入 2mL Tris-HCl 缓冲液、2mL 蒸馏水、1mL TTC 液（从低浓度到高浓度一次加入）；对照管不加 TTC 溶液，所得每只试管内 TTC 含量分别为 20μg、40μg、60μg、80μg、100μg、120μg、140μg。

(4) 每管各加入连二亚硫酸钠 10g 混匀，使 TTC 全部还原，生成红色的 TF。

（5）在各管加入 5mL 丙酮（或正丁醇及甲醇），抽提 TF。

（6）在 721 型分光光度计上，于 485nm 波长下测光密度（OD 值）。

（7）以 OD 值为纵坐标，TTC 浓度为横坐标绘出标准曲线。

2. 活性污泥脱氢酶活性的测定

（1）活性污泥悬浮液的制备：取活性污泥混合液 50mL，打碎、离心后弃去上清液，再用生理盐水补足，充分搅拌洗涤后，再次离心弃去上清液；如此反复洗涤 3 次后再以生理盐水稀释至原来体积备用。

（2）在 3 组（每组 3 支）带有塞的离心管内分别加入以下材料与试剂（如实训表 16-1 所示）。

实训表 16-1　脱氢酶活性测定中各组试剂加量

组　别	活性污泥悬浮液/mL	Tris-HCl 缓冲液/mL	$Na_2S_2O_3$ 液/mL	基质(或污水)/mL	TTC 液/mL	蒸馏水/mL
加基质	2	1.5	0.5	0.5	0.5	—
不加基质	2	1.5	0.5	—	0.5	0.5
对照	2	1.5	0.5	—	—	1.0

（3）样品试管摇匀后，立即放入 37℃ 恒温水浴锅内，并轻轻摇动，记下时间。反应时间依显色情况而定（一般采用 10min）。

（4）对照组试管，在加完试剂后立即加一滴浓硫酸。另两组试管在反应结束后各加一滴浓硫酸中止反应。

（5）向各试管中各加入丙酮（或正丁醇及甲醇）5mL，充分摇匀，90℃ 恒温水浴锅中抽提 6～10min。

（6）4000r/min 离心 10min 后取上清液，在 485nm 波长下比色，读出 OD 值，读数应在 0.8 以下，如色度过浓应以丙酮稀释后再比色。

（7）在标准曲线上查出相应的 TF 值。

五、结果与分析

1. 标准曲线的制备

（1）将标准曲线测定时的数值填入实训表 16-2 中。

实训表 16-2　标准曲线 OD 实测值

TTC/μg	OD 值			
	1	2	3	4
20				
40				
60				
80				
100				
120				
140				

（2）根据实训表 16-2 中数据以 TTC 为横坐标，OD 值为纵坐标绘制标准曲线。

2. 活性污泥脱氢酶活性的测定

（1）将样品组的 OD 值（平均值）减去对照组 OD 值后，在标准曲线上查 TF 产生值。

（2）算得样品组（加基质与不加基质）的脱氢酶活性 X [以产生 $\mu g/(mL$ 活性污泥·h)表示]。

$$X[TF\mu g/(mL 活性污泥·h)]=ABC$$

式中　X——脱氢酶活性；

　　　A——标准曲线上的读数；

　　　B——反应时间校正＝60min/实际反应时间；

　　　C——比色时稀释倍数。

实训十七[❶]　含酚污水降解菌的分离、纯化与筛选

一、目的和要求

本实训的目的是掌握从含酚工业废水、活性污泥中筛选酚降解菌的方法和从活性污泥中培养驯化和分离耐酚菌的方法。

二、基本原理

在工业废水的生物处理中，对污染成分单一的有毒废水常可选育特定的高效菌种进行处理。这些菌具有处理效率高、耐受毒性强等特点。

三、材料和器皿

（1）培养基：营养肉汤液体培养基；营养肉汤琼脂培养基；尿素培养基；蛋白胨培养基。

（2）测酚试剂及需用的仪器。

（3）摇床、恒温培养箱。

（4）锥形瓶、无菌培养皿、试管。

四、操作步骤

1. 采样

在高浓度含酚废水流经的场所或在处理含酚废水的构筑物中获取微生物样品。

2. 单菌株分离

（1）将上述采得样品，在摇床上振荡分散、匀化。

（2）分别以稀释平板法和划线分离法在营养肉汤琼脂平板上进行分离。为了减少无关杂菌的生长，可先在无菌培养皿中加入数滴浓酚液，再将加热熔化并冷却至 48℃ 左右的营养肉汤琼脂倾入平板内，使培养基内最终酚浓度为 50mg/L 左右，然后再作划线分离或稀释分离。

（3）在 28℃ 下培养 48h 和 72h，分别挑取单菌落，接入营养肉汤琼脂斜面上，28℃ 培养 48h。

（4）将斜面培养物再次在营养肉汤琼脂平板上作划线分离，培养后长出的单菌落外观一致，证明无杂菌后，接入斜面培养，置于冰箱中待测。

---

❶　这个实训所需时间比较长，需要多次观察测定，因此可作为课外活动安排。

3. 酚分解能力的测定

（1）将所分得的菌株在营养肉汤培养液中振荡培养至对数生长期（28℃，约 16～24h）。

（2）在培养物中加入少量浓酚液，使培养液内酚浓度达到 10mg/L 左右，进行酚分解酶的诱发。

（3）继续振荡培养 2h 后再次加入浓酚液，使培养液酚浓度提高到 50mg/L 左右，继续振荡培养 4h。

（4）用四氨基安替比林比色法测定培养液中残留酚的浓度，并算出酚的去除率。

4. 菌胶团形成能力试验

（1）将已选的酚分解能力较强的斜面菌株，分别接种在盛有 50mL 灭菌的尿素培养基和蛋白胨培养基的锥形瓶内。

（2）28℃摇床上振荡培养 12～16h，凡能形成菌胶团的菌株，培养物形成絮状颗粒。

凡酚分解能力较强，且又能形成菌胶团的菌株即为入选菌株，经扩大培养后即可提供生产上使用。

五、结果与分析

1. 将所分离到菌株的酚去除率和形成菌胶团能力列表记录，并说明其中哪些菌株有提供生产性应用的价值。

2. 请为所筛选到的高效酚分解菌种设计一个扩大培养，并用生物转盘上挂膜的方法。

附 录

附录一　教学用培养基的配制

一、牛肉膏蛋白胨培养基

牛肉膏 3g，蛋白胨 10g，NaCl 5g，琼脂 15～20g，水 1000mL，pH 值 7.4～7.6。

灭菌：121℃，20min。

二、查氏培养基

NaNO$_3$ 2g，MgSO$_4$ 0.5g，琼脂 15～20g，K$_2$HPO$_4$ 1g，FeSO$_4$ 0.01g，蒸馏水 1000mL，KCl 0.5g，蔗糖 30g，pH 值自然。

灭菌：0.1MPa（121℃），20min。

三、马铃薯培养基

马铃薯 200g，蔗糖（或葡萄糖）20g，琼脂 15～20g，水 1000mL，pH 值自然。

灭菌：121℃，20min。

制法：马铃薯去皮，切成块煮沸 30min，然后纱布过滤，再加糖及琼脂，熔化后补充水至 1000mL。

四、淀粉琼脂培养基（高氏 1 号培养基）

可溶性淀粉 20g，KNO$_3$ 1g，NaCl 0.5g，K$_2$HPO$_4$·3H$_2$O 0.5g，MgSO$_4$·7H$_2$O 0.5g，FeSO$_4$·7H$_2$O 0.01g，琼脂 20g，水 1000mL，pH 值 7.2～7.4。

灭菌：121℃，20min。

制法：配制时，先用少量冷水将淀粉调成糊状，在火上加热，边搅拌边加水及其他成分，溶解后，补足水至 1000mL。

五、麦芽汁培养基

1. 取大麦或小麦若干，用水洗净，浸水 6～12h，置 15℃阴暗处发芽，上盖纱布，每日早中晚淋水一次，麦根伸长至麦粒的两倍时，停止发芽，摊开晒干或烘干，贮存备用；

2. 将干麦芽磨碎，一份麦芽加四份水，在 65℃水浴锅中糖化 3～4h（糖化程度可用碘滴定）；

3. 将糖化液用 4～6 层纱布过滤，滤液如浑浊不清，可用鸡蛋澄清，即将一个鸡蛋的蛋白加水约 20mL，调匀至生泡沫时为止，然后倒在糖化液中搅拌煮沸后再过滤；

4. 将滤液稀释到 5～6°Bé，pH 值约 6.4，加入 2%琼脂即成。

灭菌：121℃，20min。

六、蛋白胨水培养基

蛋白胨 10g，NaCl 5g，水 1000mL，pH 值 7.6。
灭菌：121℃，20min。

七、半固体培养基

肉汤蛋白胨液 100mL，琼脂 0.35～0.4g，pH 值 7.6。
灭菌：121℃，20min。

八、糖发酵培养基

蛋白胨水培养基 1000mL，1.6%溴甲酚紫乙醇溶液 1～2mL（pH 值 7.6），另配 20%糖溶液（葡萄糖、乳糖、蔗糖等）各 10mL。

1. 将上述含指示剂的蛋白胨水培养基（pH 值 7.6）分装于试管中，在每管内放一倒置的小玻璃管，使其充满培养液。

2. 将一份装好的蛋白胨水培养基和 20%的各种糖溶液分别灭菌，前者 121℃，20min，后者 112℃，30min。

3. 灭菌后，每管以无菌操作分别加入 20%的无菌糖溶液 0.5mL（按每 10mL 培养基中加入 20%的糖溶液 0.5mL，则成 1%的浓度）。

配制用的试管必须洗干净，避免结果混乱。

九、硝酸盐培养基

肉汤蛋白胨培养基 1000mL，KNO_3 1g，pH 值 7.0～7.6。
制法：将上述成分加热溶解，调 pH 值 7.6，过滤，分装试管。
灭菌：121℃，20min。

十、葡萄糖蛋白胨培养基

蛋白胨 10g，葡萄糖 5g，K_2HPO_4 2g，蒸馏水 1000mL。
制法：将上述各成分溶于 1000mL 水中，调 pH 值 7.0～7.2，过滤，分装试管，每管 10mL。
灭菌：112℃，30min。

十一、淀粉培养基（实验淀粉水解用）

蛋白胨 10g，NaCl 5g，牛肉膏 5g，可溶性淀粉 2g，蒸馏水 1000mL，琼脂 15～20g。
制法：先将可溶性淀粉加少量蒸馏水调成糊状，再加入熔化好的培养基中调匀即可。
灭菌：121℃，20min。

十二、伊红美蓝培养基（EMB 培养基）

蛋白胨琼脂培养基 100mL，20%乳糖溶液 2mL，2%伊红水溶液 2mL，0.5%美蓝水溶液 1mL。

制法：将已灭菌的蛋白胨水琼脂培养基（pH 值 7.6）加热熔化，冷却至 60℃ 左右时，将已灭菌的乳糖溶液、伊红水溶液及美蓝水溶液按上述量以无菌操作加入。摇匀后，即倒平板。乳糖在高温灭菌易被破坏，所以必须严格控制灭菌温度，一般 115℃，灭菌 20min。

十三、乳糖蛋白胨培养液

蛋白胨 10g，牛肉膏 3g，乳糖 5g，NaCl 5g，1.6% 溴甲酚紫乙醇溶液 1mL，蒸馏水 1000mL。

将蛋白胨、牛肉膏、乳糖及 NaCl 加热溶解于 1000mL 蒸馏水中，调 pH 值至 7.2～7.4。加入 1.6% 溴甲酚紫乙醇溶液 1mL，充分混匀，分装于有小导管的试管中。115℃，灭菌 20min。

十四、三倍浓缩乳糖蛋白胨培养液（供 "水的细菌学检验" 用）

按 "乳糖蛋白胨培养液" 中各成分的 3 倍量配制，蒸馏水仍为 1000mL。

十五、油脂培养基

蛋白胨 10g，NaCl 5g，牛肉膏 5g，香油或花生油 10g，中性红（1.6% 水溶液）约 0.1mL，琼脂 15～20g，蒸馏水 1000mL。

调 pH 值为 7.2，0.1MPa 下灭菌 20min。

十六、明胶培养基

牛肉膏 0.5g，蛋白胨 10g，NaCl 0.5g，明胶 12～18g，蒸馏水 100mL。
调 pH 值为 7.2，0.1MPa 下灭菌 20min。

十七、柠檬酸铁铵半固体培养基

蛋白胨 20g，NaCl 5g，柠檬酸铁铵 0.5g，$Na_2S_2O_3 \cdot 5H_2O$（硫代硫酸钠）0.5g，琼脂 5～8g，蒸馏水 1000mL。
调 pH 值为 7.2，0.1MPa 下灭菌 20min。

十八、牛肉膏蛋白胨培养液

配方与 "牛肉膏蛋白胨培养基" 相同，但不加琼脂。

十九、品红亚硫酸钠培养基（远藤培养基）

蛋白胨 10g，乳糖 10g，磷酸氢二钾 3.5g，琼脂 20～30g，蒸馏水 1000mL，无水亚硫酸钠 5g 左右，5% 碱性品红乙醇溶液 20mL。

制法：先将琼脂加入 900mL 蒸馏水中加热溶解，然后加入磷酸氢二钾及蛋白胨，混匀使之溶解，加蒸馏水补足至 1000mL，调整 pH 为 7.2～7.4，再加入乳糖，混匀后定量分装于锥形瓶内，置高压灭菌锅内以 115℃ 灭菌 20min，取出置于阴冷处备用。

二十、EC 培养液

蛋白胨 20g，乳糖 5g，胆盐三号 1.5g，K_2HPO_4 4g，KH_2PO_4 1.5g，NaCl 5g，蒸馏水

100mL。

制法：将上述成分加热溶解，然后分装于内有倒置小导管的试管中。置高压蒸汽灭菌器内，115℃灭菌20min。灭菌后pH值应为6.9。

附录二 染色液及试剂的配制

一、吕氏（Loeffler）碱性美蓝染液

A液：美蓝0.6g，95％乙醇30mL。
B液：KOH 0.01g，蒸馏水100mL。
分别配制A液和B液，配好后混合即可。

二、齐氏（Ziehl）石炭酸复红染色液

A液：碱性复红0.3g，95％乙醇10mL。
B液：石炭酸5.0g，蒸馏水95mL。
将碱性复红在研钵中研磨后，逐渐加入95％乙醇，继续研磨使其溶解，配成A液。将石炭酸溶解于水中配成B液。

混合A液和B液即成。通常可将此混合液稀释5～10倍使用，稀释液易变质失效，一次不宜多配。

三、革兰（Gram）染色液

1. 草酸铵结晶紫染色液
A液：结晶紫2g，95％乙醇20mL。
B液：草酸铵0.8g，蒸馏水80mL。
混合A液、B液，静置48h后使用。
2. 鲁哥（Lugol）碘液
碘片1g，碘化钾2g，蒸馏水300mL。
先将碘化钾溶解在少量水中，再将碘片溶解在碘化钾溶液中，待碘全溶后，加足水分即成。
3. 95％乙醇溶液
4. 番红复染液
番红2.5g，95％乙醇100mL。
取上述配好的番红乙醇溶液10mL与80mL蒸馏水混匀即可。

四、乳酸石炭酸棉蓝染色液

石炭酸10g，乳酸（相对密度1.21）10mL，甘油20mL，蒸馏水10mL，棉蓝（cotton blue）0.02g。

将石炭酸加在蒸馏水中加热溶解，然后加入乳酸和甘油，最后加入棉蓝，使其溶解即成。

参 考 文 献

[1] 夏北成主编. 环境污染物生物降解. 北京：化学工业出版社，2002.

[2] 孔繁翔，尹大强，严国安. 环境生物学. 北京：高等教育出版社，2000.

[3] 郑平主编. 环境微生物学. 杭州：浙江大学出版社，2002.

[4] 国家环境保护总局. 环境工作通讯. 北京：中国环境报社，2001.

[5] 贺延龄，陈爱侠主编. 环境微生物学. 北京：中国轻工业出版社，2001.

[6] 马放主编. 污染控制微生物学实验. 哈尔滨：哈尔滨工业大学出版社，2002.

[7] 于自然，黄熙泰. 现代生物化学. 北京：化学工业出版社，2001.

[8] 黄秀梨主编. 微生物学. 北京：高等教育出版社，2001.

[9] 许保玖，龙腾锐. 当代给水与废水处理原理. 北京：高等教育出版社，2000.

[10] 晓林等编著. 生物科学和生物工程. 北京：新时代出版社，2002.

[11] 沈耀良，黄勇等编著. 固定化微生物污水处理技术. 北京：化学工业出版社，2002.

[12] 姜成林，徐丽华主编. 微生物资源开发利用. 北京：中国轻工业出版社，2001.

[13] 郭银松. 水净化微生物学. 武汉：武汉水利电力大学出版社，2000.

[14] 周群英，高廷耀主编. 环境微生物工程. 北京：高等教育出版社，2000.

[15] 沈阳化工研究院环保室. 农药废水处理. 北京：化学工业出版社，2000.

[16] 张景来，王剑波等. 环境生物技术及应用. 北京：化学工业出版社，2002.

[17] 林玉锁，龚瑞忠，朱忠林. 农药与生态环境保护. 北京：化学工业出版社，2000.

[18] 冯生华. 城市中小型污水处理厂的建设与管理. 北京：化学工业出版社，2001.

[19] 国家环境保护总局科技标准司. 城市污水处理及污染防治技术指南. 北京：中国环境科学出版社，2001.

[20] 胡国臣，张清敏主编. 环境微生物学. 天津：天津科技出版公司，2002.

[21] 沈萍. 微生物学. 北京：高等教育出版社，2000.

[22] 顾德兴等. 普通生物学. 北京：高等教育出版社，2000.

[23] 尼克林 J，格雷米-库克 K，派吉特 T，基林顿 R.A. 微生物学. 林稚兰译. 北京：科学出版社，2001.

[24] 李军，杨秀山主编. 微生物与水处理工程. 北京：化学工业出版社，2002.

[25] 胡庆昊，朱亮，朱智清. 固定化细胞技术应用于废水处理的研究. 环境污染与防治，2003，25（1）：35-38.

[26] 王新，李培军，巩宗强等. 固定化细胞技术的研究与进展. 农业环境保护，2001，20(2)：120-122.

[27] 于霞，柴立元，甘雪萍等. 细胞固定化技术及其在废水处理的应用研究. 工业水处理，2001，21（10）：9-12.

[28] 周德庆. 微生物学教程. 北京：高等教育出版社，2001.

[29] 王建龙，文湘华. 现代环境生物技术. 北京：清华大学出版社，2001.

[30] 孙福来. 微生物降解土壤有机污染物的研究进展. 农业环境与发展，2002，(5)：29-31.

[31] 陈炳卿，孙长颢. 食品污染与健康. 北京：化学工业出版社，2002.

[32] 朱乐敏. 食品微生物. 北京：化学工业出版社，2006.

[33] 肖琳，杨柳艳，尹大强，等. 环境微生物实验技术. 北京：中国环境科学出版社，2004.

[34] 苏锡南. 环境微生物. 北京：中国环境科学出版社，2006.

[35] 苑宝玲，李云琴. 环境工程微生物实验. 北京：化学工业出版社，2006.

[36] 乐毅全，王士芬. 环境微生物学. 北京：化学工业出版社，2005.

[37] Madigan M T, Martinko J M. Brock Biology of Microorganisms. 9th ed. New Jersey：Prentice Hall，2000.